호르몬은 어떻게 나를 움직이는가

호르몬은 어떻게 나를 움직이는가

막스 니우도르프 지음 | 배명자 옮김

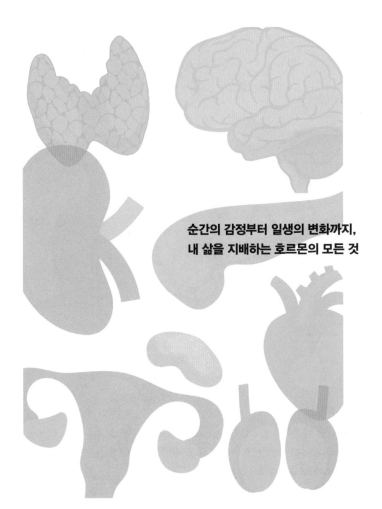

순간의 감정부터 일생의 변화까지,
내 삶을 지배하는 호르몬의 모든 것

어크로스

일러두기

- 이 책은 네덜란드 원서 《*Wij zijn onze hormonen*(우리는 호르몬입니다)》를 게르트 부세Gerd Busse가 독일어로 옮겼고, 독일어 번역본인 《*Achtung, Hormone*(호르몬에 주목하세요)》를 한국어로 옮겼다.
- 번역서가 국내에 출간된 경우 한국어판 제목으로, 출간되지 않은 경우에는 원서 제목을 직역해 적고 원서명을 병기했다.

저자의 말

"이 모든 과정에서 나는 내가 과거의 나와 얼마나 달라졌는지 또는 앞으로 해마다 어떻게 달라질지 확신할 수 없었다(그리고 지금도 확신할 수 없다). 호르몬은 겉으로 드러나는 특성 대부분을 좌우한다. 내분비계가 뒤틀리면, 생각과 감정도 바뀐다. 변화가 변화로 이어진다."

— 힐러리 맨틀Hilary Mantel, 《유령 포기하기Giving up the Ghost》[1]

힐러리 맨틀이 자신의 자궁내막증에 관해 쓴 위의 인용문은 호르몬의 변화가 자아상에 미치는 영향이 얼마나 큰지 명확히 보여준다. 그리고 의사라는 나의 직업을 내가 아주 좋아하는 이유도 여기에 있다. 의사는 진료실에서 한 사람의 내밀한 삶을 엿볼 수 있고 질병이 한 사람의 성격을 어떻게 바꿔놓았는지 확인하게 된다.

친척 대부분이 의료계에 종사했고, 그래서 나도 의사가 되었다. 학창시절에는 외교관이나 역사학자를 꿈꿨지만, 운명(그리고 선발시스템)의 결정은 달랐고, 나는 친척들과 마찬가지로 위트레흐트 의과대학(醫科大學)에 입학했다.

나는 대학에서 평생의 친구들을 만났고 인생의 동반자가 될 운명적 사랑도 찾았다. 이런 환상적인 대학 생활과 별개로, 이 기간은 행운의 기회였다. 내가 상상했던 것과 달리 의대에서는 약물 처방이나 수술 그 이상을 다뤘다. 나는 실험실에서 실험하는 법을 배웠고, 의사들이 숨은 질병과 그에 따른 고통, 그러니까 환자들이 자신도 모르는 채로 진료실에 가져오는 고통을 알아내는 방식에 감명을 받았다.

위트레흐트 의과대학은 의학 교육 그 이상을 제공했다. 나는 세이먼 뒤르스마Sijmen Duursma 교수의 '의학과 미술' 강의를 즐거운 추억으로 간직하고 있는데, 뒤르스마 교수는 이 강의에서 환자들이 등장하는 유명한 그림들을 교재로 활용했다.

진료실에서 시작되는 환자와의 친밀함과 상호작용에 매료되어, 수련 기간이 끝날 무렵 나는 내과에 집중하는 동시에 연구에 매진하리라 결심했다. 호르몬과 장내미생물 분야에는 아직 발견할 것이 많았기 때문이다. 거의 모든 친척이 당뇨병, 갑상샘 질환, 심지어 부신 종양에 이르는 다양한 형태의 호르몬 질환을 앓았던 탓에, 나는 더욱 자극을 받아 호르몬을 다루는 내분비내과 전문의가 되기로 했다.

의사로 일한 지 거의 20년이 된 지금, 환자들이 수년에 걸쳐 내게 물었지만 때로는 명확히 답할 수 없었던 질문들에 자극을 받아 이 책을 쓰기 시작했다. 내분비계에 관심이 있는 모든 사람에게 호르몬의 매력을 좀 더 이해하기 쉽게 전달할 뿐 아니라, 호르몬의 힘을 올바른 관점에서 이해하게 하고 싶었다.

원제인 '우리는 호르몬입니다Wij zijn onze hormonen'라는 제목은, 호르몬이 우리 몸의 지휘자임을 알리고, 나의 동료 디크 스왑Dick Swaab의 훌륭한 책《우리는 우리 뇌다》(2011)에서 살짝 힌트를 얻은 것이기도 하다. 뇌는 우리가 내리는 모든 결정에서 중요한 역할을 하고, 호르몬은 그런 뇌의 기능 방식에 영향을 미친다. (예를 들어, 갑상샘이 너무 열심히 일하는 바람에 성적 억제력을 완전히 상실하고만 여자 환자는 모든 남자 환자의 침대에 올라갔었다. 이 환자는 수술로 갑상샘을 제거하고 나서야 서서히 다시 예전 상태로 돌아갔다). 그래서 호르몬 불균형은 우리의 성격과 일상생활을 완전히 망칠 수 있다.

나는 이 책을 아침저녁 자투리 시간에 썼는데, 근무시간은 진료와 연구, 병원 관리로 꽉 찼고, 어린아이가 있는 가정인 데다 아내가 조산사로 온종일 일해서 사생활마저 일에 시간을 할애해야 했기 때문이다. 그럼에도 글쓰기는 놀라운 에너지 원천이었다. 코로나19 팬데믹 동안 병동에서 환자를 치료할 뿐 아니라 그들의 죽음까지 지켜봐야 했을 때, 절실히 필요했던 에너지를 나는 글쓰기에서 얻을 수 있었다.

이 책은 가장 넓은 의미에서 의학 정보와 재밌는 이야기의 혼합이다. 나는 의학책을 쓰고 싶진 않았지만, 흔히 언급되는 고통의 해결책이 호르몬 투여라고 주장하는 유사과학을 불식시키고 싶었다. 나는 우리가 호르몬(또는 뇌)의 노예라고 절대 말하고 싶지 않다. 언제나 환경과 신체, 정신 사이에 상호작용이 있기 때문이다. 어쩌면 호르몬 때문에 우리의 결정 능력이 약해질 수도 있겠지만, 그렇다고 호르몬에 그 책임을 미루며 우리의 행동에 면죄부를 주어선 안 된다.

이 책을 쓰면서 나는 우리의 탁월한 내분비계를 전보다 훨씬더 존경하게 되었다. 우리 의사들은 내분비계에 과하게 개입해서는 안 되지만, 그렇다고 가만히 손 놓고 앉아 있어서도 안 된다. 우리는 이 매력적인 물질을 더 깊이 이해하기 위해 계속 노력해야 하고, 더 나은 치료법 찾기를 멈추지 말아야 한다. 유명한 치료사 살바도르 미누친Salvador Minuchin이 일찍이 다음과 같이 말했기 때문이다. "안정은 변화의 적이다."

2022년 8월, 암스테르담

프롤로그

호르몬의 짧은 역사

2001년에 나는 남아프리카공화국 프리토리아의 한 병원에서 일했다. 아파르트헤이트 시대에 생겨난 타운십(인종차별정책인 아파르트헤이트 정책의 결과로 만들어진 흑인 밀집 주택지구 – 옮긴이)의 임산부들이 진통을 견디며 병원으로 왔다. 이곳은 시설이 그다지 좋지 않았다. 임산부들은 커튼이 쳐진 침대에서 분만 준비를 할 수 있기까지, 병원 앞 잔디밭에 펼쳐진 종이 판자 위에 누워 진통을 견뎌야 했다. 나는 평균 20명 정도를 보살펴야 했다. 매일 밤 아기가 여러 명 태어났고, 나는 이 방에서 저 방으로 뛰어다녔다. 나는 이 아기들 가운데 한 명인 무나라는 여자아이를 한참 뒤에 내 진료실에서 다시 만났다. 무나는 성장 지연으로 입원했다. 무나는 관심을 끌려는 나의 쾌활한 인사에 아무런 반응을 보이지 않았고, 얼굴이 다소 부어 있었으며, 반사 신경이 매우 느렸다. 갑상샘호르몬이 혈액에서 거의 검출되지 않았으므로, 나는 결핍을 바로잡기 위해 즉시 갑상샘호르몬제를 처방했다.

몇 년 후, 남아프리카공화국에서 열린 학회에 참석하기 위해 그 병원을 다시 찾았을 때, 무나가 이제 심각한 장애로 집에서 할머니의 보살핌을 받고 있다는 얘기를 한 간호사에게 전해 들었다. 치료를 받지 못한 첫 몇 달이 무나에게 큰 타격을 입힌 것 같았다. 무나는 다시는 독립적으로 살아갈 수 없고, 폐렴이나 욕창으로 조기 사망할 위험이 컸다.

무나의 이야기는 호르몬이 성장 발달에 얼마나 중요한지를 보여준다. 우리의 몸이 자체 생산해 혈류를 통해 기관과 조직에 공급하여 다양한 신체 기능을 조절하는 이 물질이 없으면, 우리는 살 수 없다. 우선 태아는 엄마의 호르몬에 의존한다. 3개월이 지나야 태아 스스로 호르몬을 생산하는 데 필요한 세포와 기관이 발달한다. 갑상샘은 초기에 발달하는데, 이는 우리가 사는 데 이 기관이 얼마나 중요한지를 잘 보여준다. 갑상샘호르몬은 가장 많은 대사 과정에 관여한다.

임신 초기의 어떤 문제로 무나는 갑상샘이 발달하지 못했고, 그래서 선천성 갑상샘기능저하증이라고도 하는 선천성 갑상샘 호르몬 결핍증을 앓고 있었다. 네덜란드에서는 매년 약 80명이 이 질환을 갖고 태어난다. 신생아의 경우 이 병을 진단하기가 쉽지 않고, 상대적으로 늦게 발현되면 무나의 사례에서 알 수 있듯이, 광범위한 결과를 초래한다. 그래서 로테르담 에라스무스대학의 인간유전학 종신교수인 한스 할야르트Hans Galjaard는 선천성 질환 검사를 네덜란드의 정치 의제로 올리고자 했다. 그의 노력 덕분에 1974년부터 네덜란드 상담센터와 조산사는 모든 아기의 발뒤꿈치에서 혈액을 채취한다. 선천성 질환으로 어린 나이에 죽은 형제가[2] 있었던 할야르트는 끈질긴 정치 로비 끝에 이 '발꿈치 찌르기'를 관철했고, 이렇게 채취한 혈액은 현재 32가지 선천성 질환을 탐지하는 데 사용된다. 할야르트가 말했듯이, "치료할 수 없는 상태가 되기 전에 그런 상태가 되지 않게 막는 것이 최선이다."

그 결과 수천 명의 어린이가 무나의 운명을 피했다. 나는 생기 넘치는 30대가 된 그들을 병원에서 다시 만난다. 그들은 갑상샘 호르몬제 하루 한 알과 할야르트의 선견지명 덕분에 삶이 완전히 달라졌다.

호르몬의 약력

영국의 생리학자 어니스트 스탈링Ernest Starling과 그의 처남 윌리엄 베일리스William Bayliss가 1902년에 이 물질을 처음 발견했고, 얼마 후 이 물질에 '호르몬'이라는 이름을 붙였다. 그들은 소화가 어떻게 이루어지고 음식이 어떻게 특성 물질에 분해되어 장

에서 흡수되는지를 함께 조사했다.[3,4]

2년 후 이반 파블로프Iwan Pawlow가 소화 연구로 노벨생리의학상을 받았다.[5] 특히 조건화 연구로 잘 알려졌고 여전히 유명한 파블로프 반사(1897)의 창시자인 이 러시아 의사는 신경계가 소화에 관여한다는 것을 입증했다.

그러나 스탈링과 베일리스는 신경계가 손상된 실험실 동물에게도 소화가 일어난다는 것을 발견했다. 인근 분비샘에서 특수물질이 혈액에 방출되어 소화가 진행되었다. 이런 물질 중 하나가 세크레틴(영어 'to secrete'에서 유래함)이었다. 이것은 눈에 보이지 않지만 우리의 삶에 깊이 관여하는 여러 호르몬 중에서 가장 먼저 발견되었다.

스탈링과 베일리스는 고대 그리스어로 '움직이게 하다, 추진하다, 자극하다'라는 뜻인 호르몬이라는 단어를 이런 물질의 총칭으로 제안한 사람들이기도 하다. 호르몬은 내분비샘에서 생성되는 신호물질이다. 이 물질은 혈액과 기타 체액을 타고 목적지(특정 세포 또는 기관)에 도달한 다음 그곳에서 임무를 수행한다. 대다수 호르몬에는 조절기능이 있다. 이를테면 그들은 특정 과정을 시작하거나 막을 수 있다. 그리고 자기들끼리도 서로 영향을 미친다.

호르몬의 중앙본부는 뇌의 중앙, 안구 바로 뒤에 있다. 여기에는 딸기 크기의 시상하부와 완두콩 크기의 뇌하수체도 있다. 시상하부와 뇌하수체는 전문화된 신경세포로, 우리의 '감정 뇌'인 변연계의 일부다(자세한 내용은 5장에서). 이들은 사령관처럼 신경계와 호르몬계를 모두 통솔하며 자신의 부대를 주의 깊게 감시한다.

그러나 이런 중요한 신호물질의 효과는 스탈링과 베일리스보다 50년 전에 발견되었다. 독일 과학자 아르놀트 베르톨트Arnold Berthold는 1849년에, 거세된 수탉(카폰)과 거세되지 않은 수탉을 비교하여 거세된 수탉에게서 신체적 변화와 행동의 변화가 일어났음을 보여주었다.[6] 재이식 또는 이식을 통해 카폰의 고환이 회복되고, 나중에 발견된 호르몬인 테스토스테론의 생산이 재개되자, 수탉은 다시 힘차게 울 수 있었다. 이런 실험은 오늘날에도 계속해서 작가와 과학자의 상상력을 자극하고 있다. 그것이 무엇보다 '영원한 젊음'의 묘약을 약속하기 때문이다.

작곡가 알렉산더 라스카토프Alexander Raskatow의 오페라 〈개의 심장A Dog's Heart〉이 좋은 예다. 미하일 불가코프Michail Bulgakow의 1925년 소설에서 영감을 받은 이 오페라는 악명 높은 범죄자의 뇌하수체와 고환을 이식받은 길거리 개 샤릭의 운명을 이야기한다.[7] 이식 수술로 이 동물은 부도덕한 범죄자 샤리코프로 변하고, (호르몬이 조종하는) 충동에 따라 행동하고 결정한다. 테스토스테론에 고통받는 개를 구원할 방법은 오직 재수술뿐이다.

구약성경 같은 오래된 문헌에서도 호르몬의 존재가 언급된다.

당시에는 혈액 안에 호르몬이 있다는 것을 감지할 수 있는 기술이 없었음에도, 레위기 17장 11절에 다음과 같이 적혀 있다. "생물의 생명력은 피에 있다." 성경에 등장하는 특정 인물들은 분명 선천성 호르몬 질환을 앓았을 터이다. 예를 들어, 거인 골리앗은 성장호르몬이 아주 풍부했을 것이다. 이집트 신 베스의 왜소증과 클레오파트라의 과민성 및 과도한 에너지는 갑상샘 기능장애에서 비롯되었을 확률이 매우 높다.

영원한 젊음을 약속하는 남성호르몬의 매력으로 돌아가보자. 모리셔스계 프랑스인 신경학자 샤를 에두아르 브라운세카르Charles Édouard Brown-Séquard는 1889년 72세에 동물의 고환추출물을 자신에게 투여하는 실험을 했다.[8] "나는 개나 돼지의 고환에서 방금 채취한 액체, 정자, 혈액 이 세 가지 추출물을 물에 섞어 직접 내 피부 아래에 주입했다." 교수의 건강은 비교적 양호했지만, 자가실험 전에는 힘들게 일한 날에 늘 피곤했고 관절 및 근육통은 물론이고 속 쓰림도 잦았다. 관절통과 근육통은 분명 노인들에게 흔한 퇴행성관절염에 의한 마모 때문일 것이다.

그해 5월과 6월에 브라운세카르는 매일 10회(!)씩 이런 주사를 맞았다. 마치 생명력과 에너지가 그의 몸으로 즉시 되돌아오는 것 같았다. 그는 더 강해진 느낌이었고 글자 그대로 다시 계단을 올라갈 수 있었다. 팔뚝도 더 굵어진 것 같았고, 피로도 사라졌으며, 전해진 바로는 생식능력도 돌아왔다. 그러나 테스토스테론은(이에 대해서는 다음 장에서 자세히 설명하겠다) 지용성 호르몬이고, 브라운세카르의 주사액은 수용성이었으므로 플라시보 효과였을 확률이 높다.[9]

이런저런 실험과 발견이 지난 수백 년 동안 우리의 호르몬 지식을 매우 풍부하게 해주었다. 기술발전 덕분에 동물의 신체에서 호르몬을 분리해 인간과 동물에 주입한 후 그 효과를 관찰할 수 있게도 되었다. 이는 의학 분야에서 수많은 중요한 새로운 발견으로 이어졌다. 그리고 현재 가장 잘 알려진 여성호르몬인 에스트로겐, 남성호르몬인 테스토스테론, 수정란이 자궁내막에 착상하는 데 중요한 역할을 하는 프로게스테론이 발견되어 1920년과 1930년 사이에 여러 차례 노벨상이 수여되었다. 이들 세 호르몬은 단순히 의학계뿐 아니라 사회적·경제적으로도 큰 파급력을 미쳤다. 예를 들어, 1950년대 '피임약'의 개발은 수백만 젊은 여성의 해방과 자기결정권에 중요한 역할을 했다. 또한 다양한 질병에서 호르몬 치료가 적절히 이뤄진 덕분에 질병 부담이 전체적으로 크게 줄었고, 그것은 제약산업에도 큰 기회를 의미했다.

불행히도 우리의 호르몬 보조제가 항상 완전히 안전했던 건 아니다. 1962년에 미국 생물학자 레이첼 카슨Rachel Carson이 자신의 책《침묵의 봄》에서 환경, 식품, 신체에 미치는 살충제의 심각한 영향을 지적한 이후, 우리는 그런 독성물질이 얼마나 심하게 우리의 호르몬을 교란할 수 있는지 더 명확히 알게 되었다.[10] 예를 들어, 죽은 사람의 뇌샘에서 성장호르몬을 추출하여 주사했을 때, 상당히 많은 환자에게 치명적인 크로이츠펠트-야코프병이 전염되는 고통스러운 결과가 있었다.[11] 1950년대와 1960년대에 유산 방지를 위해 임산부에게 대량으로 처방되었던 인공 에스트로겐 DES(디에틸스틸베스트롤) 역시 암이나 불임 위험을 높이는 부작용으로 딸들의 건강에 심각한 영향을 미쳤고, 심지어 손자들에게도 이상 증상을 초래했다.[12]

갑상샘호르몬 결핍으로 정신적·육체적 장애를 겪은 어린 무나와 마찬가지로, 우리와 우리 자손의 건강은 호르몬 균형에 크게 좌우된다. 이 책에서 나는 요람에서 무덤까지, 삶의 각 단계에 미치는 다양한 호르몬의 영향과 그들의 상호의존성을 설명할 것이다. 또한 호르몬 부족이나 과잉의 결과뿐 아니라, 이런 강력한 물질이 우리의 정신과 육체의 안녕에 미치는 (때로는 파괴적인) 영향도 깊이 탐구할 것이다. 우리의 몸과 삶에서 호르몬이 어떤 역할을 하는지 알고, 당신도 나처럼 이 놀라운 호르몬에 매료되기를 바란다.

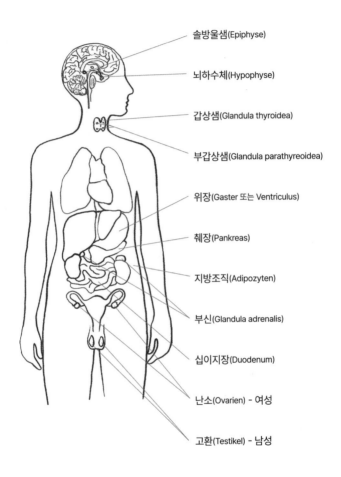

솔방울샘(Epiphyse)

뇌하수체(Hypophyse)

갑상샘(Glandula thyroidea)

부갑상샘(Glandula parathyreoidea)

위장(Gaster 또는 Ventriculus)

췌장(Pankreas)

지방조직(Adipozyten)

부신(Glandula adrenalis)

십이지장(Duodenum)

난소(Ovarien) - 여성

고환(Testikel) - 남성

솔방울샘 개수: 1, 크기: 0.5×0.5센티미터, 솔방울처럼 생겼고, 멜라토닌을 생산한다. 기능: 밤과 낮의 리듬과 수면의 질, 사춘기 이전까지 성호르몬 생산을 억제한다.

뇌하수체 신체를 지휘한다. 개수: 1, 크기: 1×1센티미터, 완두콩처럼 생겼다. 성장호르몬, 프로락틴, 황체형성호르몬(LH), 난포자극호르몬(FSH), 부신피질자극호르몬(ACTH), 바소프레신으로도 알려진 항이뇨호르몬(ADH)을 생산한다. 기능: 호르몬을 생산하도록 다른 분비샘을 자극한다.

갑상샘 개수: 2, 크기: 5×3센티미터, 나비 날개처럼 생겼다. (뇌하수체에서 분비되는 갑상샘자극호르몬 방출호르몬(TRH)과 갑상샘자극호르몬(TSH)을 통해) 티록신(T4)과 트리요오드티로닌(T3)을 생산한다. 기능: 물질대사, 심장박동, 체온을 조절한다.

부갑상샘 개수: 4, 크기: 0.5×0.5센티미터, 쌀알처럼 생겼다. 뼈의 조직과 칼슘대사에 중요한 부갑상샘호르몬(PTH)을 생산한다.

위장 개수: 1, 크기: 30×10센티미터, J자 모양의 주머니처럼

생겼다. 그렐린(배고픔 호르몬)과 가스트린(위장관 호르몬)을 생산한다. 기능: 소화.

췌장 개수: 1, 크기: 14×3센티미터, 옆으로 누운 혀처럼 생겼다. 인슐린과 글루카곤을 생산한다. 기능: 혈당수치 조절과 지방대사.

지방조직 몸 전체에 있고, 특히 복부에 많으며, 크기는 다양하다. 죽처럼 보인다. 렙틴을 생산하고 테스토스테론에서 에스트라디올을 생성한다. 기능: 에너지 비축, 피부 탄력

부신 개수: 2, 크기: 약 3×5센티미터, 골무처럼 생겼다. 시상하부에서 분비되는 부신피질자극호르몬 방출호르몬(CRH)과 뇌하수체에서 분비되는 부신피질자극호르몬의 영향을 받아 알도스테론, 코르티솔, 에스트로겐, 디하이드로에피안드로스테론(DHEA), 테스토스테론을 생산한다. 혈압, 당대사, 염분대사, 면역체계, 성욕에 중요하다. 부신수질은 아드레날린과 노르아드레날린을 생산하는데, 둘 다 스트레스 반응에 중요하다.

십이지장 개수: 1, 길이: 약 25센티미터(손가락 12개를 나란히 붙여놓았을 때의 길이), 자전기 타이어 절반을 잘라놓은 것처럼 생

졌다. 콜레시스토키닌(CCK), 세로토닌, 글루카곤유사펩타이드-1(GLP-1)을 생산한다. 기능: 소화.

난소 개수: 2, 크기: 5×3센티미터, 완자처럼 생겼다. 에스트로겐, 프로게스테론, 생식샘자극호르몬 방출호르몬(GnRH)의 영향을 받아 테스토스테론, 난포자극호르몬, 뇌하수체를 통해 황체형성호르몬을 생산한다. 기능: 월경주기, 가슴 발육, 생식, 뼈의 밀도와 조직.

고환 개수: 2, 크기: 4~5센티미터, 자루 안에 든 작은 달걀처럼 보인다. 테스토스테론을 생산한다. 기능: 정자 생산, 생식, 성욕, 근육량, 수염 성장, 뼈의 밀도와 조직.

1

인간의 탄생은 배 속이 아니라 뇌에서 시작한다

임신과 출산

35세의 여성 안나는 남편과 함께 진료를 받으러 왔다. 임신이 되지 않는 것이 문제였다. 자궁에 피임장치(IUD)를 한 것도 아닌데, 2년째 월경을 하지 않았다. 사춘기 때는 월경이 정상이었으나 로스쿨에 입학한 이후 주기가 불규칙해졌다. 산부인과를 비롯해 여러 진료를 받았지만 아무런 이상도 발견되지 않았고, 적어도 거식증 때문은 아니라고 정신과 의사가 확인해주었다. 안나는 자신이 우등생이라고 다소 수줍게 인정했다. 완벽주의자지만 자존감은 다소 약한 사람이었다. 쉽게 열등감을 느끼고, 이를 보상하기 위해 일에 몸을 던진다. 1년 동안 심리치료를 받았지만, 거의 도움이 안 되었다고 한다.

안나는 암스테르담 자위다스 금융지구에서 변호사로 일하며 업무상 '많은' 압박을 받는다. 하루 열두 시간씩 일하기 일쑤고, 주말에도 일하는 경우가 더러 있다. 그러니 잠을 제대로 못 자는 것은 놀라운 일이 아니다. 그녀는 하루 네다섯 시간만 잔다. 마른 체형을 멋진 몸매로 만들기 위해 개인 트레이너의 지도를 받으며 일주일에 5회씩 운동한다.

검사에서 특이한 발견은 없었다. 모든 게 정상인 것 같아서, 다음 진료 때 나는 유감스럽게도 월경 문제를 해결할 직접적 치료법이 없다고 알려야 했다. 그러나 안나와 남편은 그동안에도 손놓고 있지 않았다. 그들은 인터넷을 검색했고, 안나의 난자를 얼리고 임신 계획을 새로 짜기 위해 불임클리닉을 방문하기로 했다.

의학에서는 이런 경우를 '특발성 불임'이라 부르는데, 원인으로 지목할 만한 눈에 띄는 질병이 없는 불임이라는 뜻이다. 아마도 실적 압박과 높은 효율성을 중시하는 서구의 생활방식이 유발하는 심리적·사회적 스트레스가 이런 불임의 원인일 것이다. 이것은 많은 부부에게 괴로움의 원천이지만, 해결책은 매우 간단하다. 잘 먹고(정상 체중 유지하고) 잘 쉬기(스트레스 줄이기)!

인터넷에서도 관련 정보를 많이 찾을 수 있다. 이 현상은 이미 오래전부터 동물의 세계에서 확인되었다. 무리에서 하위서열에 있는 암컷 포유류는 배란이 안 될 수 있다.[1] 암컷 포유류의 서열 그리고 그로 인해 발생하는 스트레스는 생식능력에 큰 영향을 미친다. 서열이 높은 암컷 침팬지는 새끼를 더 많이 낳을 뿐 아니라, 이 새끼들의 생존 기회 또한 더 높다. 그들이 좋은 먹이에 더 쉽게 접근할 수 있기 때문일 것이다.

미국 영장류학자 세라 블래퍼 허디Sarah Blaffer Hrdy는 인도 북서부에서 랑구르원숭이를 연구했다.[2] 사람들은 사원 마당의 이 원숭이들에게 좋은 음식을 제공한다. 이런 특권을 누리는 랑구르

원숭이들은 인도 정글에 사는 다른 동료들보다 두 배 더 많은 새끼를 낳고, 그중에 쌍둥이가 놀라울 정도로 많다.[3] 새끼를 낳는 것은 에너지가 많이 필요한 힘겨운 일이기 때문에, 자연은 오랜 기간 충분한 식량이 있을 때만 이를 허용한다. 마치 이 종은 언제 쌍둥이를 낳을 수 있는지 무의식적으로 '학습'한 것 같다.

인간의 경우는 알려진 바가 거의 없지만, 예를 들어 여성 사망률이 높아지면 남아보다 여아가 더 많이 태어난다는 사실은 입증되었다. 이런 성별 불균형의 원인은 불명확하지만, 추측하건대 환경요인이 중요한 역할을 하는 것 같다. 전쟁 기간에 남아가 더 많이 태어난다는 것은 경제학에서 오래전부터 알려진 사실이고, 분명 성별 균형을 회복하기 위해서일 것이다.[4] 환경, 식량, (심리적·사회적) 스트레스, 생식기 기능 사이의 상호작용은 한마디로 매우 복잡하다. 안나와 침팬지를 비교하고 싶진 않지만, 안나의 사례는 신체 건강이 정신 건강과 밀접하게 연관되어 있음을 입증한다. 그리고 호르몬의 작용 방식을 보여주기 위한 좋은 출발점인 것 같다.

이 장에서 우리는 임신과 출산에서 호르몬이 하는 일을 배울 것이다. 호르몬은 난자세포와 정자세포의 발달, 임신, 아기의 성별, 산모의 면역체계 조절, 출산 중과 출산 후의 신체적·정신적 안녕에 영향을 미친다. 그리고 마지막으로 (미래의) 아빠들이 겪는 호르몬 변화를 다룰 예정이다.

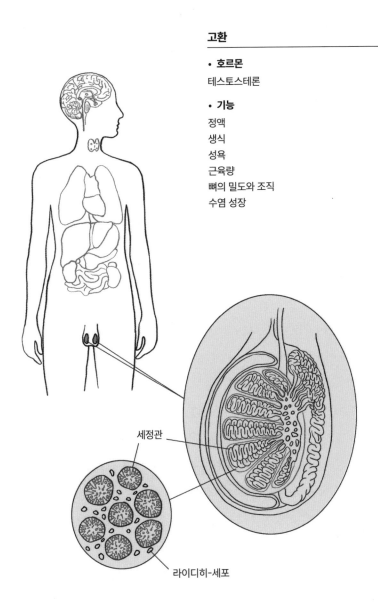

고환

• **호르몬**

테스토스테론

• **기능**

정액
생식
성욕
근육량
뼈의 밀도와 조직
수염 성장

세정관

라이디히-세포

호르몬이 없으면 새 생명도 없다

난포자극호르몬과 황체형성호르몬

호르몬은 새 생명의 탄생 과정에서 핵심 역할을 한다. 이것은 분명 호르몬의 가장 중요한 기능일 것이다. 호르몬이 없으면 새 생명도 없다. 호르몬은 서로를 자극하고 억제하는 복잡한 상호작용 속에 놀랍도록 긴밀하게 협력한다. 그렇게 난자세포와 정자세포를 만들고, 두 세포의 만남이 '적절한 장소와 적절한 시간에' 이루어지게 한다. 이 과정이 복부에서만 일어나는 건 아니다. 호르몬시스템은 뇌의 깊은 곳에서, 송전탑을 갖춘 모바일 네트워크처럼, 우리 몸을 조종한다.

그러므로 생식은 뇌에서 시작된다. 뇌하수체와 시상하부가 호르몬계(그리고 신경계)의 중앙통제실이다. 남자 그리고 여자 모두 사춘기가 되면 시상하부는 GnRH(생식샘자극호르몬 방출호르몬)를 생산한다.[5] 이것은 뇌하수체를 자극하여 FSH(난포자극호르몬)와 LH(황체형성호르몬)를 생산하게 한다. LH는 배란을 촉진하고 수정란이 자궁에 착상할 수 있게 해준다. 두 호르몬은 혈류를 타고 성샘(고환과 난소)으로 이동한다. 그곳에서 성호르몬 생산을 자극하여 생식이 가능하게 한다.

남자들의 경우는 어떨까? 최종 목적지 고환에는 라이디히-세포가 있다. 이 세포는 지나가는 혈액에 들어 있는 LH에 힘입어, 테스토스테론과 여성호르몬 에스트라디올 소량을 생산한다. 고환에는 세르톨리-세포도 있는데, 이 세포는 테스토스테론에 자극을 받아 70일 동안 정자세포의 성숙을 돕고, 인히빈 B 호르몬을 생산하여 테스토스테론 생산을 조절할 수 있다.

사정할 때마다 정자가 1티스푼 정도, 약 5밀리리터가 배출되고, 이것은 평균 이틀 동안 여성의 몸에서 생존할 수 있다. 사정 중에 배출되지 못한 불운한 정자세포는 부고환에 저장되었다가 약 한 달 후에 분해된다. 이 과정은 사춘기에 시작되어 죽을 때까지 계속된다. 그러므로 남자는 노년에도 다른 조치 없이도 자신의 아이를 가질 수 있다. 이것은 자연에서 남성의 생식 목적, 즉 가능한 한 많은 가임 여성을 임신시키는 것과 놀랍도록 잘 맞다.

정자 위기?

레이첼 카슨이 1960년대에 이미, 유전자변형 식품과 화학물질, 대기 오염 등에 노출된 서구의 생활방식이 인류의 종족 보존을 위협한다고 예언했었다.[6] 그리고 정말로 30년 뒤에, 정자의 양과 질이 감소한다는 놀라운 결과가 보고되었다. 이미 남성 다섯 명 중 한 명은 정자의 질이 좋지 않아 시험관을 통해서만 아이를 가질 수 있다고 추정되었다. 이런 추세가 계속되면, 2110년에 남성 생식은 끝날 것이다.[7] 이런 결론은 조심스럽게 내려야 마땅하나, 서구 남성들의 경우 1회 사정에 배출되는 정자 수가 급격히 줄어들고 있다. 2010년경에는 사정되는 정액 1티스푼에 정자가 4700만 개였는데, 1973년에는 그것의 두 배인 약 9900만 개였다.[8] 생식을 수행해야 하는 정자 수가 점점 줄어들 뿐 아니라, 질적으로도 저하되어 정자의 운동성이 떨어졌다.[9] 정자의 물량 공세 전략이 위협받고 있다. 오래전부터 잘 알려졌듯이, 사정된 정자의 약 0.1퍼센트만이 나팔관에 도달하고 그중에서 겨우 몇십 개가 난자에 도달하기 때문이다.

이런 종말 시나리오를 반박하는 이의 제기가 있을 수 있다. 예를 들어, 정자세포 수를 측정하는 방법이 매우 다양하여 수치가 조금씩 다를 수 있다. 이것은 정자의 운동성을 측정하는 방법에서도 마찬가지다. 그리고 측정 방법이 계속해서 개선되기 때문에, 다른 시기에 측정된 값을 항상 직접 비교할 수 있는 건 아니다.

그렇더라도 인류의 종족 보존에서 남성과 정자가 약한 고리라는 사실에는 변함이 없다. 예를 들어, 남성의 과체중은 위험 요소다. 테스토스테론이 체지방 안에서 에스트로겐으로 전환되면, 오늘날의 남성은 정말로 생식능력을 잃게 된다.[10] 나이가 많이 들어서 아이를 갖는 경우에도 마찬가지다. 태어날 때부터 이미 쌓여 있는 난자와 달리, 정자는 항상 새롭게 만들어지지만 평생 환경요인의 악영향을 받는다. 이를테면, 환경오염, 화학물질, 방사능, 플라스틱 연화제 등과의 접촉 때문에 정자세포의 양과 질이 급격히 떨어진다.[11] 그러면 생식능력이 저하될 뿐 아니라, 아이가 자폐 성향을 보일 확률도 높아진다.

한마디로, 연기가 나는 곳에 불이 있기 마련이다. 그러므로 정자 위기를 막기 위해 이런 보고서를 더 면밀하게 조사할 필요가 있다. 당신이 남자이고 아이를 갖고자 한다면, 너무 늦은 나이로 미루지 말고 체중에도 주의를 기울여야 한다.

12세기 몽골 통치자 징기즈칸은 물량 공세 전략을 글자 그대로 이행했다. 그는 65년을 살면서 '행복한' 결혼생활에서 얻은 네 아들 이외에도 수많은 다른 여성과 성관계를 맺었고, Y염색체 유전자 데이터에서 알 수 있듯이, 그는 오늘날 족히 1600만 명에 이르는 자손을 거느리고 있다.[12] 어떻게 그것이 가능했을까? 당시에는 전쟁에서 패배한 적의 아내를 겁탈하거나 첩으로 삼는 것이 군인들에게 허락된 흔한 '보상'이었고, 징기즈칸은 장

군으로서 가장 먼저 여자를 취할 수 있었다.

여성 역시 생식기관인 난소가 생식 과정의 종점이다. 대략 10세부터 여아의 뇌하수체는 난포자극호르몬을 분비하는데, 이 호르몬은 이름에서 알 수 있듯이 난포를 자극한다. 난포(미성숙 난자가 들어 있는 주머니)는 난소에서 자라기 시작하고, 나중에 에스트로겐은 물론이고 자궁 내 수정란 착상을 지원하는 프로게스테론도 생산한다.

정자세포의 발달과 가장 큰 차이점은 시기다. 난자세포는 출생 전에, 그러니까 자궁 안에 있을 때 이미 생성된다. 태아 때 이미 난자세포 수백만 개가 있다! 그러나 알 수 없는 이유로 대부분이 태어나기 전에 사라지고, 출생 당시에는 약 100만에서 200만 개가 남아 있다. 그러나 대략 13년 후 소녀가 월경을 시작해야 비로소 이 세포들이 '사용된다'. 이때 대략 50만 개가 남아 있다. 난자세포는 배란 때마다 수천 개씩 죽는다. 그래서 여성은 30세 이전에 임신 가능성이 가장 크고, 남성과 마찬가지로 나이가 들수록 임신 확률이 떨어진다. 따라서 재고가 넉넉히 남아 있는 한 아무 문제 없지만, 재고가 떨어지면 폐경이 시작된다(8장 참조).

스트레스는 대를 이어 해로운 영향을 줄까?

생식능력과 환경요인

남성의 정자는 계속해서 새롭게 보충되지만, 난자는 그렇지 않다. 그러므로 자궁에 머무는 동안 그리고 생애 첫 20년 동안 받은 해로운 외부 영향은 가임기간이 되어서야 비로소 드러난다. 그리고 다음 세대에 전달될 유전물질의 절반이 난자에 들어 있기 때문에, 이런 손상의 결과는 여러 세대에 걸쳐 이어진다.

2013년에 사망한 사우샘프턴대학 전염병학자 데이비드 바커 David Barker가 처음 이런 가설을 발표했다.[13] 그는 1960년대에 우간다에서 일하면서 영양실조에 걸린 많은 여성과 그들의 아이들을 치료했다. 그는 영양실조나 임신 기간의 만성 스트레스 같은 외부 요인이 태아에게 장기적인 영향을 미칠 수 있다는 가설을 세웠다. 그러나 그것이 입증되기까지는 꽤 오랜 시간이 걸렸다. 네덜란드의 한 연구진이 바커의 가설을 입증할 수 있는 상황이 네덜란드에도 있었다는 사실을 깨달았다. 1944년의 이른바 '기아의 겨울'은 1960년대 우간다와 비교할 만큼 끔찍한 상황이었다.

독일군 점령 마지막 해에 임산부들은 만성 영양실조에 시달렸다. 그렇게 태어난 아기들은 거의 모두가 저체중이었다.

생물학자 테사 로즈붐Tessa Roseboom이 이끄는 연구진은 암스테르담의 병원기록보관소를 방문하여 1944년과 1945년 겨울에 태어난 아이들의 데이터를 면밀하게 조사했다. 남녀 모두 평균적으로 출산율이 낮았고 비만과 심혈관 질환을 더 자주 앓았다는 것이 눈에 띄었다. 호르몬 균형도 깨졌다. 또한 그들의 자녀와 손자들은 '기아의 겨울' 이후 20년, 60년이 지났고 게다가 더 나은 생활 조건에서 태어났음에도 더 자주 비만, 당뇨병, 심혈관 질환을 앓았다는 사실도 주목할 만했다.[14]

다행스럽게도 오늘날 세계 여러 지역에서 기근은 사라졌고, 특히 서구 사람들은 흡사 성경에 나오는 낙원에 있는 것처럼 살고 있다. 먹을 것이 풍족해진 지금, 네덜란드 성인 세 명 중 한 명이 과체중이다. 미국에서는 2030년이면 심지어 인구 절반이 과체중이 될 것이라고 한다.[15] 50년 전 상황과 비교하면, 비만과 당뇨병을 앓는 임산부도 두 배로 늘었다. 따라서 이러한 과잉이 우리의 생식능력과 성호르몬에 해로운 영향을 미치리라고 어렵지 않게 예상할 수 있다.

이에 덧붙여, 쥐에게서도 비슷한 현상을 확인할 수 있다. 어미 쥐가 건강에 해로운 음식을 불균형하게 섭취하면, 만성 스트레스와 결합하여 나중에 몇 세대 후손까지 당뇨병을 비롯해 심혈

관 질환 위험이 증가하고 생식능력이 감소한다.[16, 17, 18]

이런 동물 실험 결과가 인간과 얼마나 관련성이 있을까? 동물 실험 결과는 적어도 환경요인이 생식능력과 기대수명뿐 아니라 자녀와 손자들에게도 영향을 미칠 수 있다는 명확한 증거를 제공한다. 임신과 건강한 아이의 출산은 다양한 외적·내적 상황으로부터 영향을 받는다. 서로 영향을 미치는 요소들의 복잡한 상호작용이므로, 자녀 출산에 난항을 겪는 부부가 많다는 것은(안나의 만성 스트레스를 생각해보라) 놀라운 일이 아니다.

월경주기: 뭐가 어떻게 된다고?

여성의 월경주기는 각각 약 2주씩인 두 단계로 구성된다(305쪽 그림 참조).

- **1단계: 월경부터 배란까지**

난포자극호르몬이 난소를 자극하여 난포 몇 개를 생성한다. 체액과 미성숙한 난자 한 개가 들어 있는 이 주머니에서 에스트로겐이 분비된다. 이것에 반응하여 자궁은 임신을 준비한다. 즉, 수정란의 착상에 필요한 모든 것과 영양분이 쌓여 자궁점막이 두꺼워진다. 동시에 에스트로겐이 뇌하수체에 황체형성호르몬을 더 많이 생산하라고 신호를 보낸다. 갑작스럽게 방출된 이 황체형성호르몬이 1등 난포를 호명한다. 이 승자에게는 수정할 난자를 수송할 자격이 주어진다.

- **2단계: 배란에서 월경까지**

1등 난포가 터지면서 난자가 튕겨 나와 나팔관을 지나 자궁으로 이동한다. 터진 난포(또는 '잔여 난포')는 '따뜻한 둥지'를 보존할 프로게스테론을 생산한다. 난자가 정자와 수정되면, 이 수정란은 자궁벽에 착상된다. 난자가 정자를 만나지 못하면, 잔여 난포는 녹아내리고 호르몬 수치가 떨어지며 자궁은 점막을 벗겨낸다. 그러면 월경이 시작된다.

임신테스트기에 두 줄이 뜨고 나면

프로게스테론의 역할

가임기의 여성은 평균 28일마다 난자 하나를 배출한다. 이 난자는 난소 안에서 안전한 보호 속에 자란 후, 때가 되면 난소를 떠나 나팔관 안으로 뛰어들어, 나팔관을 타고 자궁을 향해 천천히 이동하며 정자를 기다린다. 마침내 정자를 만나 수정란이 되면 자궁벽에 착상한다.

난자와 정자가 만나 수정란이 되면, hCG(인간 융모성 생식샘자극호르몬)가 생산된다. 이 호르몬 때문에 임신테스트기에 양성 반응이 나타난다. 이 호르몬은 잔여 난포를 보존하는 중요한 역할을 한다. 잔여 난포를 보존하는 것은 매우 중요한데, (난자가 튕겨 나온) 이 주머니가 임신 첫 몇 주 동안 프로게스테론의 주요 생산자이기 때문이다. 프로게스테론은 두 가지 중요한 임무를 수행한다. 첫째, 수정란이 자궁에 안전하게 도달하여 거기서 자랄 수 있도록 자궁점막을 두껍게 한다. 둘째, 뇌하수체에 작은 신호를 보내 황체형성호르몬과 난포자극호르몬 생산을 줄이게 하여 난

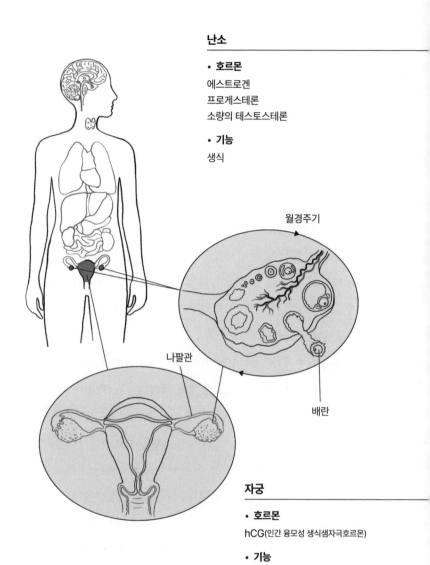

난소

- **호르몬**
에스트로겐
프로게스테론
소량의 테스토스테론

- **기능**
생식

월경주기

나팔관

배란

자궁

- **호르몬**
hCG(인간 융모성 생식샘자극호르몬)

- **기능**
수정란을 착상시킨다

자 여러 개가 성숙하는 것을 방지한다.

첫 번째 임무부터 살펴보자. 신체가 프로게스테론을 충분히 생산하지 못할 때, 우리는 이 호르몬이 얼마나 중요한지를 깨닫게 된다. '사후피임약'의 작동 방식이 이 호르몬과 관련이 있다. 사후피임약은 프로게스테론 생산을 차단하여 유산을 일으켜 원치 않는 임신을 막는다. 잔여 난포가 충분히 성숙하지 않아 임신을 유지할 수 없는 경우에도, 프로게스테론 생산이 저하될 수 있다. 그러나 스트레스를 받거나 유산 위험 요인으로 알려진 저체중 또는 과체중인 여성에게서도 이런 일이 일어날 수 있다. 두 상황 모두에서 신체는 다른 호르몬(코르티솔과 에스트로겐) 생산을 우선순위에 두어, 프로게스테론을 생산할 여력이 거의 없다. 그러나 프로게스테론 수치가 낮은 여성이라도 이 호르몬을 추가로 투여받는 즉시 유산 위험이 다른 임산부와 같거나 낮아진다. 처음 몇 달이 가장 큰 고비고, 그 이후에는 태반이 프로게스테론을 생산한다.

여러 개의 난자가 동시에 성숙하는 것을 방지하는 두 번째 임무는, 폐경을 목전에 둔 여성에게서 명확히 나타난다. 월경이 드물어지고 약해지면서 프로게스테론 생산이 감소한다. 배란은 계속되므로 여전히 가임기지만, 프로게스테론 생산이 감소하기 때문에 뇌하수체에서 난포자극호르몬 생산이 덜 억제되고 과정이 제대로 조절되지 않는다. 그러면 여러 난자가 동시에 배란될 수

있다. 아마도 그래서 나이 든 여성이 더 자주 (이란성) 쌍둥이를 임신하는 것 같다.[19]

프로게스테론은 그러므로 임신을 원하는 여성에게 매우 중요하다. 난소에 낭종이 많은 다낭성난소증후군(PCOS)이 있는 여성의 경우, 프로게스테론이 결핍되면(애석하게도 이런 결핍이 항상 발견되는 건 아니다) 대략 일곱 명에 한 명꼴로 생식능력이 저하된다. 다낭성난소증후군으로 인해 부신이 테스토스테론 유사물질을 더 많이 생산하여, 여성호르몬이 혈액 안에서 남성호르몬과 경쟁하기 때문에 (거의 당연한 결과로) 여성호르몬의 기능이 떨어진다.

다낭성난소증후군은 이미 고대 이집트인들에게 알려져 있었고, 그들은 이것을 여성의 '남성화'라고 불렀다.[20] 월경이 드물어지거나 완전히 멈추고, 털이 많아지고(수염이 자란다), 목소리가 달라지고, 심지어 성격도 바뀐다. 다낭성난소증후군이 있는 여성은 신체적으로 더 강하고, 근육량이 더 많으며, 잦은 식량 부족에도 더 잘 대처할 수 있다. 아마도 진화는 생존의 이점을 위해 생식능력을 희생하기로 '결정한 것 같다'. 아직 완전히 파악되진 않았지만, 호르몬 사이에도 서열이 존재하는 것 같고, 이처럼 때로는 생존이 생식보다 우위에 있다.

자연이든 인공이든 임신은 쉬운 일이 아니다

인공수정과 호르몬

호르몬이나 기타 질병 때문에 임신이 잘 되지 않는다면, 인공 호르몬 투여가 그 해결책이 될 수 있다. 원인에 따라 난자나 정자 또는 둘 다를 지원할 수 있다.

자궁 내 인공수정(IUI)의 경우, 정자를 (일반적인 사정 때처럼 질이 아니라) 곧바로 자궁에 주입하기 때문에 벌써 첫 번째 허들이 제거된 상태다. 이때 호르몬 지식이 도움이 된다. 예를 들어, 혈액 내 황체형성호르몬 증가량을 측정하여 정확한 (배란) 시기를 확정할 수 있다. 사전에 인공 호르몬을 사용하여 난포자극호르몬 생산을 촉진하거나 직접 주입하는 방식으로 난임 치료를 지원할 수도 있다. 인공 호르몬은 체외 인공수정(IVF) 같은 다른 난임 치료에도 사용된다. 체외 인공수정은 정자와 난자를 신체에서 추출하여 시험관에서 수정시키는데, 수정에 성공하면 이 수정란을 다시 자궁에 넣을 수 있다.

최초의 시험관 아기는 영국인 루이스 브라운Louise Brown이다.

루이스의 부모는 9년 동안 임신을 시도했지만 실패해 체외 인공수정을 시도했고, 1978년에 마침내 루이스가 세상에 나왔다. 이 방법은 영국인 로버트 에드워즈Robert Edwards가 개발했고 그는 나중에 이 시험관 기술로 노벨상을 받았다. 물론 순탄치만은 않았다. 에드워즈는 처음에 동료들로부터 냉소를 받았고, 그가 개발한 방법은 학회에서 비윤리적이라는 비난에 휩싸였다. 그러나 여러 병원이 난임 부부를 위해 이 방법을 사용하기 시작하고 아이들이 정상적으로 잘 자라자 냉소는 곧 열광으로 바뀌었다.

이 방법은 놀라운 기술적 성취이긴 하나, 효과가 있으려면 인공 호르몬을 제대로 잘 주입해야 한다. 체외 인공수정 또는 자궁 내 인공수정에서는 배란 시기를 잘 조종하기 위해 피임약으로 월경을 억제한다. 그런 다음 난포자극호르몬을 주입해 난자를 성숙시킨다. 이어서 배란이 진행될 때, 초음파의 도움을 받아 바늘로 난소에서 난자세포를 추출한다.

호르몬은 강력한 전달물질이므로 이런 시술에 위험이 아예 없진 않다. 구토, 피로, 감정 기복 같은 여러 부작용 이외에도 외부에서 들어온 호르몬 폭풍이 신체 자체에 부담을 주기도 한다. 체외 인공수정 1000건당 2건꼴로 희귀병인 난소과자극증후군(OHSS)이 발생한다.[21] 성숙한 난포가 너무 많이 생성되는 병으로 때로는 20개가 넘을 수도 있다. 그러면 난소가 커지고 체액과 단백질이 복강으로 유입되어 복통을 유발하고, 심지어 장기부전으로 이어지기도 한다.

그러므로 자연이든 인공이든 임신을 하려면 많은 주의가 필요하다. 어쩌면 그래서 임신에 성공하는 것을 작은 기적이라 부르는 것이리라.

항뮐러관호르몬

이 작은 기적이 남아로 발현될지 여아로 발현될지는 정자와 난
자가 융합하는 순간에 이미 결정된다. 성별을 '결정하는' 쪽은
아빠다. 아빠의 정자세포가 Y염색체를 전달하면 수정란은 남아
로 자란다. 융합 때 아빠의 X염색체가 전달되어 X염색체가 두 개
가 되면 수정란은 여아로 자란다.

초기에는 남아와 여아의 성기가 같은 모양이다. 처음에는 여
성 성기의 모양을 띠지만 시간이 지날수록 Y염색체로 인해 남성
성기가 형성된다.[22] Y염색체는 남성 성기의 구성물질을 생산한
다. 이것은 정확히 어떻게 작동할까? 태아의 성기는 초기에 벌
써 임신 호르몬을 생산하는데, 그중 하나가 이른바 항뮐러관호
르몬(AMH)이다. 수정 후 첫 2개월 동안 항뮐러관호르몬은 여성
생식기관(질, 자궁, 나팔관)으로 발달할 구조들을 없앤다. 그러면
테스토스테론이 자유롭게 활동하고, 9개월 뒤에 사내아이가 태
어난다.

그러나 항뮐러관호르몬은 더 많은 역할을 한다. 이 호르몬은 여성 생식기관을 없앤 뒤에도 계속 높은 수치로 태아에 남아 있다. 이 단계에 진행되는 뇌의 발달과 관련이 있는 것 같다. 수컷 쥐의 유전자를 조작하여 항뮐러관호르몬을 덜 생산하게 하면, 수컷 쥐의 행동에서 공격성과 강압성이 줄어든다.[23]

당연히 행동은 호르몬 수치 하나가 아닌 훨씬 많은 요인의 영향을 받지만, 항뮐러관호르몬은 뇌 발달에 중요한 역할을 할 수 있고, 예를 들어 남아의 자폐증이나 ADHD 위험을 더 높일 수 있다. 이것에 관해서는 2장에서 더 자세히 다루기로 하자.

여아도 항뮐러관호르몬을 생산하는데, 출생 이후에야 시작된다. 여아에게서 항뮐러관호르몬은 열성적인 난포자극호르몬을 억제하여 사춘기 이전에 난자가 성숙하는 일을 막는다. 외모와 행동에서 종종 '남성적' 특성을 보이는, 앞에서 언급했던 다낭성난소증후군을 앓고 있는 여성은[24] 항뮐러관호르몬 수치가 높은 경우가 많지만, 정상 수치라도 여아의 부신에서 남성호르몬을 더 많이 생산할 수 있다. 이 질병을 선천성 부신과다형성증(CAH)이라고 한다.[25] 비록 공식적으로 인정되지는 않았지만, 이것의 한 사례인 요한나 교황은 오랫동안 나를 매료시켰다. 최초의 여성 교황에 관한 전설은 영화제작자에게도 영감을 주었다.

여성 교황이 정말로 존재했을까?

남자의 수염을 가진 여자

1990년대 중반, 나는 중학생 때 로마로 수학여행을 갔었다. 지금도 그때 기억이 생생하다. 우리는 콜로세움 근처 비아데이산티콰트로 거리와 비아데이퀘르체티 거리가 만나는 모퉁이에 설치된 1000년이 넘은 거리제단으로 안내되었다. 가이드가 미소를 지으며 설명하기를, 성모마리아께 봉헌된 이 거리제단은 전설에 따르면, 최초의 여성 교황 요하네스 7세(여교황 요한나라고도 한다)가 서기 855년 즈음 길에서 딸을 출산한 후 군중의 돌에 맞아 죽은 곳이라고 했다. 이 놀라운 이야기는 1261년에 장 드 마요Jean de Mailly가 《메스교구 연대기Chronica universalis Mettensis》에 처음 기록했고, 1277년에 도미니크회 수도자 마르틴 폰 트로파우Martin von Troppau가 《교황과 황제 연대기Chronicon Pontificum et Imperatorum》에 기록하면서 더욱 유명해졌다.[26]

855년 교황 레오 4세가 사망한 후, 그의 후계자는 젊고 유능한 성직자였다고 전해지는데 그는 훗날 남장한 여성으로 밝혀졌다. 요하네스 7세는 흰 당나귀를 타고 교황 서임식 행렬을 위해 성베드로대성당에서 라테라노대성당으로 가던 중 성클레멘테대성당 근처에서 딸을 낳았다. 그곳의 군중은 교황이 여성이었다는 사실에 너무나 충격을 받아, 현재 거리제단이 있는 바로 그 자리에서 산모와 딸에게 돌을 던졌다. 이 사건이 실제로 있었든 아니든, 이 거리제단 외에도 여교황 이야기를 좀 더 진지하게 받아들여야 할 이유가 두 가지 더 있다.[27] 첫째, 시에나대성당에는 중세 시대 모든 교황의 동상이 있다. 1600년까지 요하네스 7세의 흉상도 거기에 있었다. 이 흉상은 나중에 자취를 감췄는데, 결국 이 이야기가 완전히 허구는 아님을 암시하는 게 아닐까? 둘째, 나는 라테라노대성당에서 라틴어 선생님께 처음으로 'sedes stercoraria', 그러니까 '좌변기'에 대해 들었다. 중세 시대부터 모든 교황 후보자는 취임 전에 이 좌변기에 앉아 추기경 중 한 명에게 고환이 있는지를 확인받았다. 새 교황이 정말로 남자인 게 확인되면 추기경이 "Testiculos habet et bene pendentes"라고 외쳤는데, 이것은 "그에게 고환이 있고 잘 달려 있다"라는 뜻이다. 그러면 다른 추기경들은 "Habe ova noster papa"라고 외쳤다. 즉, "우리의 교황은 남성이다"라는 뜻이다. 라테라노대성당에 그 좌변기가 남아 있지는 않지만, 루브르박물관과 로마 바티칸박물관의 가면의 방에서 좌변기를 볼 수 있다. 어째서 여교황 요한나 이후에 교황 후보자들이 취임 전 철저한 신체검사를 받아야 했는지 알 것 같다.

교황 요하네스 7세 또는 여교황 요한나가 실제로 남자처럼 생겼다면, 요한나는 아마 부신생식기증후군(AGS)을 앓았을 터이다. 부신생식기증후군은 부신이 테스토스테론을 과다하게 생산하고, 그 결과 신체가 남성성을 띠게 된다. 예를 들어, 여아의 성기 모양이 모호하고, 수염이 자라는 등 남성적 특성이 나타난다. 인구의 약 3퍼센트가 가벼운 부신생식기증후군을 앓는다.[28] 유전학자 한스 할야르트의 연구 덕분에(프롤로그 참조), 네덜란드에서 이 질병은 발꿈치 채혈로 출생 직후에 바로 발견되고, 부신호르몬 보충제로 치료할 수 있다. 이 약은 코르티솔과 테스토스테론 사이의 균형을 회복시켜 신생아의 신체가 다량의 남성호르몬에 노출되는 것을 막는다.

여교황 요한나의 모습을 명확히 보여주는 그림은 찾을 수 없지만, 호세 데 리베라José de Ribera가 1631년에 그린 그림에서 그 모습을 어렴풋이 짐작할 수 있다. 나폴리 출신의 마그달레나 벤투라Magdalena Ventura라는 수염 난 여자가 아들에게 젖을 먹이며 남편과 함께 화가 앞에 포즈를 취하고 있다. 옛날에는 그림 속 인물처럼 남성적 신체 특성을 띤 여성이 더 많았을지 모른다. 그러므로 최초의 여교황 이야기는 의외로 실화일 확률이 높다.

남편 옆에서 아들에게 젖을 먹이고 있는 마그달레나 벤투라
호세 데 리베라, 1631.

임신 중 몸의 변화

임신 13주부터는 초음파 검사로 태아의 성별을 95퍼센트 확률로
판별할 수 있다. 몇몇 인기 블로거들은 이보다 더 일찍 아이의
성별을 예측하는 온갖 방법들을 알려준다. 어디에서 힌트를 얻
을 수 있을까? 맞다, 짐작한 대로 호르몬의 효과다! 특히 임신 호
르몬인 hCG(인간 융모성 생식샘자극호르몬). 이 호르몬은 정자와 난
자가 만나 임신이 되었다는 소식을 알릴 뿐 아니라, 농도 차이를
근거로 성별 정보까지 제공한다. 여아라면 엄마의 혈액 내 hCG
수치가 증가하고, 이것은 이르면 임신 3주 차부터 측정할 수 있
다.[29]

　hCG와 에스트로겐의 농도가 높을수록 뇌와 기억력 그리고
신체도 바뀐다. 이 상태는 종종 2년이 지나야 원래 상태로 돌아
온다. 에스트로겐이 2년 동안 엄마의 몸을 빠르게 순환할 때 어
떤 일이 일어나고, 이것이 엄마의 행동과 기분에 어떤 영향을 미
치는지는 일반적으로 잘 알려져 있다. 많은 여성이 '임신성 치

매'를 남몰래 앓고, 체중이 급격히 불어나는 것을 불평한다. 또한 임신 기간에 미각 문제를 겪는 일도 많다. 가장 좋아하던 음식이 갑자기 맛이 없어진다. 대부분 초기 3개월 동안에는 쓴맛을 싫어하고 남은 6개월 동안에는 짜고 신 음식이 먹고 싶다.

여기에는 어떤 장점이 있을까? 분명 좋은 필수 영양소가 함유된 음식을 본능적으로 먹게 하는 진화적 적응 메커니즘이 작동한 것이리라. 독소는 일반적으로 쓴맛이 나므로, 조심해야 하는 임신 초기에 신체는 적극적으로 쓴맛을 피한다. 후기에는 짠맛을 원하는데 임산부의 몸에 혈액량이 늘고 혈압이 떨어지기 때문이다.

hCG는 메스꺼움을 유발하기도 하는데[30] 메스꺼움 자체는 특별한 목적이 없다. 그저 임신 호르몬의 부작용이다. 속을 울렁거리게 만든다니, 갑자기 이 호르몬에 실망했는가? 그렇다면 hCG가 실제로 얼마나 이로운 역할을 하는지 떠올려보기 바란다. 이 호르몬은 프로게스테론 수치를 높게 유지하여 더 많은 난자가 성숙하지 못하게 막는다.

건망증, 왕성한 식욕, 이상한 음식 선호 현상은 주로 남아를 임신한 여성에게서 나타난다.[31] 왜 그럴까? 호르몬 탓이다! 높은 테스토스테론 수치의 영향으로 이 여성들은 여아를 임신한 여성보다 더 많이 과자를 폭식하고 오이에 침샘이 고인다. 이것은 또한 남아의 체중이 일반적으로 여아보다 더 많이 나가는 이유를 설명해준다. 남자아이는 그저 영양분을 더 많이 섭취했을 뿐이다.

태아의 성별을 추측하는 것은 호기심 많은 예비 부모에게는 즐겁고 흥미로운 일이다. 현대 의료 장비가 발명되기 이전에도 성별을 조기에 알아내는 일은 중요했다. 심지어 어떨 땐 임신 전에 알아내고자 했는데, 유럽에서는 특히 지참금 제도 때문에 아들 상속자를 더 선호했다. hCG와 테스토스테론이 과학적으로 발견되기 수 세기 전에, 실을 잣는 프랑스 여자들은 딸을 임신하면 입덧이 심하고 아들을 임신하면 식욕이 증가한다는 사실을 이미 알고 있었다. 작자 미상의《물레 방망이 복음서*Les Évangiles des quenouilles*》라는 제목의 책에서, 여섯 여자는 물레를 돌리며 수백 년 넘게 전해 내려온 의학 지혜를 얘기한다. 주제는 주로 새 생명의 탄생이다.[32] 이 '복음서'에는 온갖 흥미로운 조언들이 적혀 있다. 아들을 낳고 싶은가? 그렇다면 아침 식사 전에 성관계를 가져야 하고, 이때 남자는 동쪽을 바라봐야 한다. 효과가 있었는지 어떻게 알 수 있을까? 실을 잣는 여자들이 말하기를, 걸음걸이에서 알 수 있다고 한다. 첫발이 오른발이면 아들이 태어날 것이다. 아들인지 딸인지 불분명한가? 그렇다면 아빠가 밤에 엄마의 머리에 소금을 약간 뿌려놓아야 한다. 다음 날 아침 깨어나서 '우연히' 먼저 이름이 불린 사람의 성별이 태어날 아이의 성별이 될 것이다.

이런 조언들을 얼마나 진지하게 받아들였는지는 알 수 없지만, 성서의 사라와 마리아를 묘사하는 장면에 눈에 띄게 자주 (아마나 양모로 실을 잣는 데 사용되는) 물레 방망이가 등장하고, 이 장면에서 대천사가 두 여인에게 임신을 예고한다.

남아를 임신한 여성이 쉽게 분노하고 화를 낸다는 신화도 있다.[33] 이것은 "비극의 구성에는 고환이 필요하다"는 볼테르의 말을 떠올리게 하지만, 과학적으로 입증된 것은 전혀 없다. 성별 맞히기 내기에서 이기고 싶다면, 임산부의 예감을 따르는 편이 나을 것이다. 임산부는 추가 정보 없이 직관적으로 62퍼센트가 넘는 확률로 아이의 성별을 정확히 맞힌다! 따지고 보면 동전을 던져 앞뒤를 맞힐 확률보다 약간 더 높은 정도이기는 하지만 말이다.

출산일까지 임신을 잘 유지하려면 신체는 온갖 방법으로 변화에 적응해야 한다. 임신한 몸에서는 3개월 단위로 매번 다른 요구가 발생한다. 호르몬은 이런 모든 신체적·정신적 과정에서 중요한 역할을 한다. 예를 들어, 호르몬은 음식의 영양분이 엄마의 장을 통해 태아에게 전달되도록 돕는다. 임신 기간에 호르몬은 엄마와 아이 모두에게 최고의 후원자인데, 호르몬 덕분에 둘은 부족함 없이 지내기 때문이다. 한 가지 예를 들면, HPL(인간 태반 락토젠)은 일시적으로 임산부의 에너지를 조절한다. 이 호르몬은 주로 지방을 태워 에너지를 생성하는데, 이때 아이의 성장에 필요한 단당류가 만들어진다.[34] 여성호르몬에 관해 알려진 또 하나의 사실은, 모든 여성호르몬이 피부색소 생산을 자극할 수 있다는 것이다. 이런 효과는 때때로 피임약 복용 때도 나타난다(피임약에 관해서는 7장 참조). 에스트로겐과 프로게스테론 수치가 높아지면, 이른바 임신 마스크라 불리는 작은 갈색 기미가 생긴다. 다행히 출산 후 또는 피임약 복용을 중단하면 기미는 대개 다시 사라진다.

임신 후기가 되면 프로게스테론이 다시 중요한 역할을 한다. 프로게스테론은 엄마의 면역체계를 일시적으로 한 단계 낮춘다. 그러지 않으면 엄마의 면역체계가 (절반이 '낯선' DNA로 구성된) 아기의 면역체계를 해로운 침입자로 간주해 태아를 공격하려 들지도 모른다. 임신을 안전하게 유지하려면 엄마의 면역체계를 당분간 약하게 둘 수밖에 없다. 이것은 류머티즘이나 갑상샘 질환 같은 자가면역질환이 있는 여성에게 유익하다. 이런 질환의 증상이 임신 중에 완화되는 경우가 많다.[35] 그러나 약해진 면역체계는 임산부를 감염에 취약하게 하므로, 코로나19 감염에서 볼 수 있듯이, 더 심각한 병을 얻을 위험이 있다.[36]

프로락틴과 옥시토신

호르몬은 임신 후기 3개월과 출산 때 다시 핵심 역할을 한다. 이번에는 상대적으로 새로운 호르몬들이 그 중심에 있다. 바로 프로락틴과 옥시토신. 이들은 임신 후기에 비로소 무대 위에 오른다. 두 호르몬 모두 뇌하수체에서 생산되는데, 뇌하수체는 임신 중에 호르몬 수요 증가를 감당하기 위해 두 배로 커진다. 프로락틴과 옥시토신은 임산부가 마지막 몇 달을 잘 이겨내고 아이와 정서적 교감을 구축하는 데 도움이 될 뿐 아니라, 출산 때도 중요한 역할을 한다. 두 호르몬 덕분에 진통과 함께 자궁 수축이 시작되고, 신체가 회복되며, 젖이 만들어지기 시작한다.

프로락틴은 프로게스테론과 함께 배란을 방지하여 새로운 임신이 발생하지 않도록 한다. 젖을 생산하는 기능에서 이름을 얻은 이 호르몬은 무엇보다 심리적 안정을 주고, 이것은 전체 과정에서 매우 필요한 일이다. 프로락틴은 임신 후기 힘겨운 마지막 몇 달을 이겨내는 데 필수다. 출산 때는 프로락틴 농도가 최대

20배까지 증가하는데, 그래야 분만에 속도가 붙고 엄마와 아이의 유대관계가 미리 끈끈해진다.

그러나 프로락틴 수치가 출산 때만 높아지는 것은 아니다. 예를 들어, 종양 같은 다른 원인으로 뇌하수체가 커진 경우에도 다량의 프로락틴이 혈류로 유입된다. 내게 진료를 받은 한 여성 환자는 임신하지 않았는데도 '젖이 나왔다'. 영국의 첫 번째 여왕도 분명히 이 병을 앓았을 터이다. '블러디 메리'라고도 알려진 메리 1세는 임신 징후들이 나타나자 내내 괴로워했다고 한다. 배가 불러왔고 젖이 나왔지만 그녀는 아이를 출산하지 않았다. 게다가 젊은 나이에 시각을 거의 잃었는데, 아마도 뇌하수체에 생긴 종양 때문이었으리라.[37] 호르몬이 세계사에 얼마나 큰 영향을 미칠 수 있는지 보여주는 슬픈 예다. 메리가 아이를 낳지 않았기 때문에 튜더 왕조는 종말을 맞았고, 윈저 가문이 이후 몇 세기 동안 왕위를 이어받아 오늘날의 찰스 왕까지 유지되고 있다.

간단히 말해, 임신하지 않은 상태에서도 뇌하수체는 프로락틴을 지나치게 많이 생산할 수 있다. 약물로도 이 과정을 자극할 수 있다. 어떤 여성에게는 이것이 귀찮은 부작용이지만, 어떤 여성에게는 아이를 출산하지 않고도 모유 수유를 할 수 있으므로 축복이다.[38] 프로락틴 신호가 그렇게까지 강력해지기도 한다.

옥시토신은 주로 진통이 시작되면 분비되고, 출산 후 아기의 울음소리를 들으면 엄마의 유방에 젖이 돌게 만든다. 옥시토신은 종종 '포옹 호르몬'이라고도 불린다. 여성뿐 아니라 남성 역시 최소 30분 이상 신체 접촉을 하거나 눈 맞춤을 하면 옥시토신이 만들어진다. 부부, 가족, 친구, 자녀 등 사랑하는 사람과 포옹해도 이 호르몬이 분비된다. 더욱 흥미로운 점은 옥시토신이 부족한 (사회적으로 방치된) 아이들의 경우, 자폐증과 유사한 행동을 보인다는 것이다. 실제로 옥시토신을 이용해 자폐인의 사회성을 높일 수 있음이 입증되었다.[39] 그러나 자폐증 발병 원인에는 옥시토신 결핍만이 아니라 다른 여러 요인도 있으므로, 옥시토신 치료를 시작하기 전에 자세한 검사가 필요하다.

자궁으로 다시 돌아가자. 옥시토신 덕분에 엄마와 아이 사이에 정서적 유대관계가 형성된다. 그러나 엄마의 호르몬만이 모든 것을 조종하는 것은 아니다. 12주부터 태아 스스로 호르몬을 만들어내기 시작하는데, 그래서 마치 태아가 자신의 출생 시점을 정하는 것처럼 보인다. 약 40년 전에 신경과학자 디크 스왑과 산부인과 의사 케이스 부르Kees Boer가 수행한 연구에서 이미 이 사실이 밝혀졌다.[40] 암스테르담의 두 연구자는 '뇌가 없는' 태아를 조사했고, 시상하부와 뇌하수체가 완전히 발달하지 않은 태아의 경우, 건강한 태아보다 더 일찍 출산이 시작되고 더 빠르게 진행된다는 사실을 입증했다. 태아는 호르몬을 분비하여 진통 시작 시기를 결정하고, 그렇게 자신의 출생 시점을 조절할 수 있다. 애석하게도 우리는 엄마와 아이의 호르몬 생산에서, 그토록 정교하고 조화로운 상호작용이 어떻게 작동하는지 아직 정확히 알지 못한다. 그렇더라도 특정 호르몬은 치료제로 사용될 수 있다. 예를 들어, 분만이 늦어질 때 인공 옥시토신을 주입하여 자궁 수축을 유도할 수 있다.[41]

편두통 환자는 임신 중에 증상이 덜하다?

통증을 줄여주는 호르몬

임신 후기가 되면 임산부는 특히 힘들어진다. 아이가 커다란 수박만큼 자라, 엄마의 복근과 위장 결합조직 인대에 상당한 부담이 가해지기 때문이다. 다행스럽게도 여성호르몬이 임신과 출산 동안 통증을 줄여준다. 그래서 만성 통증 환자는 대개 임신 기간에 눈에 띄게 통증이 완화된다. 그 이유는 아마도 평소 월경주기와 달리 에스트로겐 수치가 낮아지지 않기 때문일 것이다.[42] 신체가 큰 스트레스에 노출되는 출산 때는 천연 진통제가 특히 요긴하다. 다행스럽게도 산모는 분만 때, 신체 자체 유사 모르핀 분자인 엔도르핀을 시상하부에서 생산하여 통증이 잠시 누그러지는 효과를 추가로 얻는다. 엔도르핀은 지구력 스포츠에서, 특히 이른바 '러너스 하이Runner's High'를 통해 잘 알려져 있다. 달리는 동안 엔도르핀이 분비되어 러너스 하이가 발생하고, 그래서 마라톤에 중독 효과가 있는 것이다.[43]

엔도르핀 & 엑소르핀: 통증 완화 그리고 행복 물질

'엔도르핀'이라는 용어는 'endogen(내부)'과 'Morphin(모르핀)'을 합친 것이다. 모르핀은 그리스 신화에 나오는 꿈의 신 모르페우스의 이름을 딴 활성 성분이다. 인공 모르핀의 효과를 체험해본 사람은 왜 이런 이름이 붙었는지 알 것이다. 모르핀은 양귀비의 우윳빛 수액인 아편에서 얻는다. 모르핀의 효과는 이미 수 세기 전부터 알려져 있었다. 가장 오래된(기원전 1550년) 의학 문헌 중 하나인 《에버스 파피루스*Ebers Papyrus*》는 우는 아기를 달래는 방법으로 이 물질을 권장한다.[44]

출산이나 지구력 스포츠 외에도, 지방과 설탕 같은 영양소 역시 엔도르핀을 방출할 수 있다. 외부exogen에서 공급되고 엔도르핀과 아주 유사한 이런 아미노산을 '엑소르핀'이라고 부른다. 초콜릿을 예로 들면, 초콜릿에는 초콜릿을 더 먹고 싶게 하는 물질이 들어 있다.[45] 장내미생물 역시 엔도르핀을 추가로 제공할 수 있는데,[46] 더 자세한 내용은 6장에서 다루기로 하자.

신체 자체 행복 물질이 내적으로 잘 조절되어 시간에 맞게 신중하게 뇌와 혈류에 공급되더라도, 우리는 외적으로 엔도르핀 양을 통제할 수 있다. 예를 들어, 어미 젖소의 우유에는 송아지를 어미 가까이에 잡아두어 젖을 쉽게 먹을 수 있게 하는 자연적 기능이 들어 있다. 이 우유로 만든 치즈에는 중독성이 강한 단백질인 카세인이 아주 많이 함유되어 있다. 어쩌면 그래서 젖먹이 단계를 벗어난 지 아주 오래된 사람들조차 어미 젖을 찾는 송아지처럼 주말마다 피자에 '매달리는' 것일지도 모른다.[47]

산후우울증이 뒤따르는 이유

출산 후 호르몬 변화

호르몬은 지구력 스포츠나 출산 같은 격렬한 신체 활동을 할 때 뿐 아니라 정신적 스트레스를 받을 때도 도움을 준다. 기간 면에서 마라톤보다 훨씬 긴 레이스를 달려야 하는 임신과 출산은 감정적으로도 많은 것을 흔들어놓는다. 현대의학의 아버지 히포크라테스는 그리스어로 '자궁'을 뜻하는 '히스테리'라는 용어를 최초로 사용했다. 그는 뇌보다 자궁으로 더 많은 혈액이 유입되어 공포와 긴장을 일으키는 특이한 상황을 히스테리라고 불렀다. 자궁 제거 수술을 가리키는 의학 용어인 'Hysterektomie'는 글자 그대로 옮기면 '히스테리 제거'라는 뜻으로, 이것 역시 같은 어원에서 왔다.

당시에는 히스테리 또는 정신적 흥분의 원인을 무엇보다도 여성 생식액이 몸 안에 해로운 수준까지 축적되었기 때문이라고 설명했는데, 성관계로 생식액을 배출할 기회가 드물었던 과부들에게서 히스테리 현상이 더 자주 발생하는 것처럼 보였기 때문이다.[48] 그러므로 히스테리 환자의 치료는 20세기에 접어들 때까지 오르가슴을 유도하는 것이었고, '골반 마사지'라는 이름으로 판매되었다.[49] 이제 우리는 이것이 왜 효과가 있었는지 안다. 오르가슴 후 옥시토신이 갑자기 분비되어 정신적 스트레스와 불안이 줄어들었기 때문이다.[50] 또한 이미 알고 있듯이, 혈중 성호르몬 수치가 높을수록 피부가 더 건강하고, 젊고, 윤기 있어 보인다.

여성은 임신 기간 동안 다른 때보다 더 감정적이게 마련이다. 호르몬으로 설명하면, 임신 기간 내내 에스트로겐 수치가 오랫동안 높게 유지되기 때문이다. 자궁에 자리를 잡은 태아 역시 임신 기간에 트립토판과 세로토닌 같은 물질을 생산한다.[51] 이것은 엄마의 심리적 안정과 밀접한 관련이 있다.[52] 그러므로 출산 후 이 물질의 농도가 낮아지면 그 유명한 '산후우울증'이 생길 수 있다.[53] 일반적으로 신체는 2주 이내에 다시 균형을 회복한다. 그러나 우울한 기분이 오래 유지되면, 이른바 산후우울증으로 발전할 수 있다. 산후우울증 또한 높게 유지되던 혈중 에스트로겐 수치가 낮아지면서 생긴 병증일지 모른다.

이런 우울증도 호르몬 요법으로 치료될 수 있다는 뜻일까? 안타깝게도 아직은 명확히 답할 수 없다. 현재 산후우울증의 에스트로겐 치료법 연구가 진행 중이니, 그 결과들을 기다려보자.[54]

아빠의 입덧

테스토스테론과 페로몬

임신한 여성만 호르몬의 영향을 받는 건 아니다! 예비 아빠도 호르몬 변화를 겪는다. 예를 들어, 아내가 임신 후기에 접어들면 남편의 테스토스테론 수치가 떨어지고, 출산 후에는 더 낮아진다.[55] 이것은 갑자기 '남성성'이 사라진다는 뜻이 아니라, '단지' 자녀를 잘 돌볼 수 있게 생물학적으로 적응한다는 의미다. 테스토스테론은 신체적 공격성을 강화하고 성욕을 높인다. 이것은 예비 아빠에게 도움이 안 되는 두 가지 부작용이다.

최신 연구가 놀라운 사실을 밝혀냈는데, 분만 호르몬 또는 포옹 호르몬인 옥시토신이 남성에게도 특정 반응을 일으킬 수 있다는 것이다. 미국의 한 연구진이 방금 아빠가 된 30명에게 인공 옥시토신을 투여했다.[56] 자, 무슨 일이 일어났을까? 그들에게 아이의 사진을 보여주자 공감과 관심을 담당하는 뇌 영역의 활동이 증가했다. 반면 아이가 없는 남성의 혈액에는 옥시토신이 적고 테스토스테론이 많다. 그들의 뇌는 성적 자극에 더 민첩하게

반응했다.[57]

그러나 호르몬이 일방적으로 행동에 영향을 미치는 것은 아니다. 흥미롭게도 역방향으로 영향을 미치기도 한다. 아빠가 아이와 보내는 시간이 길어질수록 아빠의 테스토스테론 수치가 더 낮아지고, 그 결과 성적 자극에 즉각적으로 반응하지 않고 공격적 행동도 거의 보이지 않는다.[58] 아이가 걸음마를 뗄 때쯤이면 호르몬 균형은 원래 상태로 돌아간 지 오래다.

옥시토신이 많아지고 테스토스테론이 감소하는 것 외에, 아빠들은 다른 호르몬 변화도 겪는다. 이를테면, 테스토스테론 감소에 따라 에스트라디올도 줄어들고 프로락틴이 증가한다.[59] 프로락틴부터 보자. 이미 언급했듯이, 여성의 경우 이 물질은 새로운 수정에 관여하는 호르몬들을 억제한다. 이처럼 예비 아빠와 그의 변화된 남성 신체만 보더라도 오늘날 자녀를 적게 낳는 이유가 분명히 드러난다. 그리고 엄마에게 심리적 안정을 주는 것처럼, 프로락틴은 아빠에게도 어린 자녀와 더 나은 유대관계를 맺게 하고 아기 우는 소리에 평온하게 반응할 수 있게 해준다. 이것 역시 매우 중요하다.

아빠의 신체에서 에스트라디올이 감소한다는 말에 놀랐는가? 에스트라디올은 에스트로겐 변종으로, 소량이지만 남성의 혈액에도 원래부터 존재한다. 이것은 지방조직에서 생성되고, 뇌를 '여성화'한다. 환경에 의존해야 하는 아기에게는 사냥 욕구에 불타는 회색곰 같은 아빠보다는 테디베어 같은 자상한 아빠가 더 필요하다. 그래서 이때도 호르몬들이 나서서 '원시 남성'을 제압한다.

그러나 호르몬 변화 이외에도, 때로는 아빠의 신체에 뭔가 다른 일이 일어나는 것 같다. 임산부의 여성호르몬이 예비 아빠의 행동에도 영향을 미칠 수 있는지는 아직 불분명하지만, 쿠바드증후군을 보면 영향을 미치는 것 같다.[60] 프랑스어 단어 'couver'는 '알을 품다'라는 뜻인데, 그래서 쿠바드증후군을 '남성 부화'라고 부르기도 한다. 예비 아빠는 임신한 아내와 비슷하게 메스꺼움, 폭식, 감정 기복 등의 문제를 경험하기도 한다. 쿠바드증후군을 보이는 예비 아빠들은 임신 9개월 동안 체중이 눈에 띄게 증가하는 경우가 많고, 특히 여아를 임신했을 때 더욱 그렇다.[61] 흥미로운 생물학적 적응인데, 곧 다가올 잠 못 이루는 밤에 유용하게 쓰일 추가 에너지를 엄마 아빠 모두가 비축해두는 것이기 때문이다.

쿠바드증후군은 최신 현상이 아니다. 고대 알렉산드리아에서 그리스 시인 아폴로니우스(기원전 295년)가 처음으로 이것을 언급했다.[62] 그는 분만 때 '함께' 진통을 겪기 위해 남자들이 아내 옆에 태아 자세로 눕는 장면을 묘사했다. 일부 부족에서는 남편이 아내의 몸조리를 돕는 대신 스스로 몸조리를 위해 별도의 오두막을 지었다.[63] 이 문화권에서는 이 현상을 정신적으로 해석하여 아빠의 분만으로 보았다.

그런데 쿠바드증후군이면 정확히 무슨 일이 일어날까? 여기서 페로몬이 등장한다. 페로몬은 땀, 침, 소변, 대변에 들어 있는 물질로 공기를 통해 또는 신체 접촉으로 전달되어 뇌에 신호를 보낼 수 있다.[64] 이 페로몬의 수용체는 (짐작한 대로) 콧속에 있다. 미국 의사고시를 준비하던 시기에 나는 야콥슨기관으로도 알려진 서골비기관Vomeronasal Organ(콧속에 있는 호미 모양의 뼈 – 옮긴이)에 대해 처음 알게 되었다. 코의 중간 벽인 비중격에 자리한 이 기관은 신경섬유를 통해 시상하부와 직접 연결되어 있다. 신체는 무의식적으로 페로몬을 인식하고 동시에 어디에서 왔는지 그 방향도 특정할 수 있다(163쪽 그림 참조).[65] 과학자들은 오랫동안 서골비기관이 시간이 지남에 따라 사라질 거라고 믿었지만, 오늘날 우리가 알고 있듯이, 전체 성인의 약 4분의 1이 여전히 이 기관을 갖고 있다.[66]

그러므로 임산부가 방출하여 남성과 여성의 호르몬 '동기화'를 일으키는 페로몬으로, 쿠바드증후군을 설명할 수 있을 것이다.[67] 페로몬의 효과는 곳곳에서 드러난다. 예를 들어, 사교댄스 모임에서 여성은 특히 배란기에, 즉 체내 에스트로겐 수치가 높을 때 에스트라테트라에놀이 방출되어 이성의 환심을 더 많이 얻는다. 그리고 반대로 남자들은 땀을 흘릴 때 안드로스타디에논이 방출되어 여성에게 성적 매력을 발산할 수 있다.[68] 그러므로 당신이 아빠가 된 지 얼마 안 되었고 무엇보다 무기력하고 감정 기복으로 힘들다면, 당당하게 당신의 서골비기관과 페로몬을 탓해도 된다.

생식호르몬은 수천 년 동안 신체적·정신적 건강 전반에 막대한 영향을 미쳤다. 그리고 여성에게만 미친 것이 아니다. 남성이 생물학적으로(호르몬으로) 그렇게 빨리 적응할 수 있다는 사실은, 아기가 있는 가정에서 남성과 여성의 역할 배분이 흑백으로 갈리지 않음을 뜻하기도 한다.[69] 모두 종족 보존을 위한 일이다. 호르몬체계가 서로 잘 맞지 않으면 생식에도 심각한 문제가 발생할 수 있다.

그렇다고 방금 아빠가 된 모든 남자가 호르몬에 따라 전적으로 가정에 집중한다는 뜻은 아니다. 아이의 출생 후에 외도 성향을 보이는 남자들도 있는데, 이것이 이른바 쿨리지 효과coolidge effect다.[70] 이것 역시 종족 보존과 관련이 있다. 외도의 경우 유전자가 더 잘 혼합되어 퍼지고 그래서 자손이 생존할 확률이 높아진다. 원시적 본능에서 비롯된 이런 행동은 동물에게서도 관찰된다. 예를 들어, 수탉은 아는 암탉보다 모르는 암탉과 짝짓기하려는 욕구가 더 높다.[71] 여기에도 호르몬, 뇌, 행동 사이의 명확한 상관관계가 있다. 단도직입적으로 말하자면, 바람을 피울 때 도파민이 분비된다. 이 호르몬은 뇌에서 가장 오래된 영역, 이런 원시적 본능이 자리한 영역을 활성화한다.[72] 합리성을 담당하는 두꺼운 대뇌피질이 괜히 이 영역을 덮고 있는 게 아니다. 그러나 불행히도 모든 남자의 대뇌피질이, 수탉의 행동을 막을 만큼 글자 그대로 두껍지는 않은 것 같다.

다시 요점을 정리하자면, 모든 사람에게는 저절로 조절되는 훌륭한 호르몬 프로그램이 있고, 이 프로그램은 신체 기능이 정상적으로 작동할 수 있도록 끊임없이 분주하게 일한다. 호르몬의 미세한 조절이 없으면 불가능한 임신과 출산은 물론이고 인생의 모든 어려움을 극복하도록, 호르몬이 우리를 돕는다.

그러나 요한 크라위프Johan Cruyff의 말대로 진화의 모든 이점에는 단점도 있다. 우리 몸은 무엇보다 생식이 중요한 과제였던 시기에 만들어졌고, 우리 환경은 짧은 시간 동안에 크게 변했다. 우리 몸은 오늘날 우리가 살아가야 하는 환경과 전혀 다른 환경에 맞춰 마련된 것이다. 그래서 우리의 몸은 현대 생활방식과 어긋날 때가 많다. 그 결과 나의 환자 안나처럼 스트레스 때문에 임신에 어려움을 겪기도 한다.

설령 임신에 성공하더라도 임신 중에 생긴 아주 사소한 장애가 유아기부터 사춘기에 걸쳐 심각한 문제로 이어지기도 한다. 이 내용은 다음 장에서 자세히 살펴볼 예정이다.

뇌하수체

• 호르몬

갑상샘자극호르몬, 갑상샘호르몬
성장호르몬(GH)
황체형성호르몬, 난포자극호르몬, 성호르몬
프로락틴(PRL)
부신피질자극호르몬
항이뇨호르몬, 바소프레신

• 기능
에너지대사
성장
생식
수유
체액

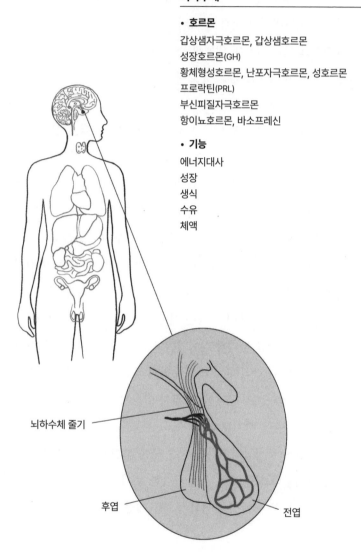

뇌하수체 줄기

후엽

전엽

2

앞으로의 삶을 결정할
위대한 도움닫기

영유아기

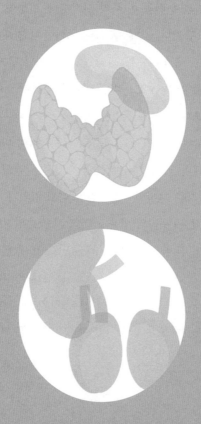

2010년 새해를 알리는 첫 불꽃이 거리에서 터졌다. 나는 그 소리에 기분 좋게 잠에서 깨어났다. 좋은 한 해였다. 아내와 행복했고 아내의 배 속에서 셋째가 자라고 있었으며, 나는 암스테르담에서 내분비내과 수련을 이제 막 시작했다. 인생이 우리를 향해 미소 짓는 것 같았다. 그때 두 살배기 아들이 침대에서 창백한 얼굴로 조용히 "배, 배, 아!"라고 신음했다. 지난 몇 달 동안 아들은 평소보다 잘 안 먹었고 이따금 밤에 땀범벅이 되어 깨곤 했지만, 우리는 크게 걱정하지 않았다.

아이를 침대에서 들어 올릴 때, 오른쪽 갈비뼈 바로 아래에서 딱딱한 덩어리가 만져졌다. 처음에는 내가 착각했다고 생각했다. 이런 덩어리를 전에 본 적도 만진 적도 없었기 때문이다. 하지만 여덟 시간 후 우리의 삶은 완전히 거꾸로 뒤집혔다. 진단명은 전이성 소아 간 종양. 이대로 두면 1년도 채 못 산다.

그 후 며칠 동안 프란츠 슈베르트Franz Schubert의 가곡 〈마왕〉의 한 구절이 계속 내 머릿속을 맴돌았다. 1782년에 괴테가 쓴 동명 시에 곡을 붙인 이 노래에서는 한 아버지가 아픈 아들을 최대한 빨리 의사에게 데려가기 위해 밤안개를 뚫고 말을 달린다. 그러는 동안 점점 더 기운을 잃어가는 아들은 이미 정신이 혼미해져 마왕이 자기를 죽음의 왕국으로 데려가려 한다고 신음한다. "아버지, 내 아버지, 지금 그가 나를 잡고 있어요! / 마왕이 내게 나쁜 짓을 했어요!"

그 후 몇 달은 우리 가족 모두에게 극심한 스트레스였다. 우리는 밤낮으로 암스테르담 대학병원에 상주했고 단 한순간도 편히 자지 못했다. 아들은 내 간의 일부를 이식받았다. 그러니까 우리 둘 다 브뤼셀에서 어려운 이식수술을 받았고, 스트레스 호르몬이 우리의 몸을 분주하게 돌아다녔다.

다행히 아들은 나중에 상태가 호전됐지만, 배 속의 셋째 딸은 거의 5개월 동안 스트레스 호르몬인 코르티솔에 고농도로 노출되었다. 이것이 장기적으로 어떤 영향을 미칠지 정확히 알지는 못하지만, 아무튼 우리는 딸이 태어나고 첫 3년 동안 잠 못 이루는 밤을 수없이 보내야만 했다. 딸아이는 쉽게 짜증을 냈고 식탐이 있었다. 지금은 비록 잘 지내고 있지만, 다른 가족들보다 훨씬 빨리 살이 찌기 때문에 여전히 먹는 것에 특별히 주의해야 한다.

분명 '후생적 변화'라는 메커니즘 때문일 것이다. 어린 나이에 스트레스 호르몬인 코르티솔에 노출되면, 남은 생애 동안 특정 유전자가 다른 방식으로 기능한다.[1] 몇몇 호르몬이 이런 효과를 강하게 발휘한다. 호르몬의 영향으로 유전자 자체가 변하진 않지만 기능이 저하되어 건강이 나빠진다.

임신 중 호르몬 변동은 태아의 신체와 뇌 발달에 장기적 영향을 미칠 수 있다.[2] 임신 중 자연재해나 전쟁 같은 심각한 만성 스트레스는 태아의 신경 발달에 돌이킬 수 없는 손상을 입힐 수 있다. 네덜란드 '기아의 겨울'에 태어난 아이들을 생각해보라. 그런 경우, 태아 발달의 결정적 시기가 하필이면 임산부의 스트레스 호르몬 수치가 높았던 단계와 겹친다.

이런 호르몬은 면역체계와 뇌에 영향을 미치기 때문에, 그 효과가 신체뿐 아니라 정신 상태 전반에 나타난다. 나중에 집중력 저하, (실패의) 두려움, 일상적 기능 저하, 심지어 조현병까지 다양한 방식으로 나타날 수 있다. 덴마크에서 1973년부터 1995년 사이에 태어난 아기 130만 명을 대상으로 한 대규모 연구에서, 연구진은 임신 초기 3개월의 (예를 들어, 사랑하는 사람의 죽음이나 기타 외상에 의한) 심각한 스트레스와 깊은 슬픔이 기형과 조산의 비율을 증가시킬 수 있음을 발견했다.[3]

또 다른 연구에서는 건강한 임산부의 정서적 스트레스가 두 살배기 자녀의 운동 및 인지 발달에도 해를 끼치는 것으로 나타났다.[4] 안타깝게도 자궁의 초기 호르몬 변동이 누구에게 문제를 일으키고 누구에게 일으키지 않는지 예측하기는 불가능하다. 그 과정이 대단히 복잡하지만, 다음의 규칙이 일반적으로 통한다.

이런 호르몬 칵테일이 더 이른 시기에 더 강하게 만들어질수록 그 효과는 더욱 광범위해진다. 호르몬은 거의 공상과학소설 수준으로 우리의 미래에 영향을 미칠 수 있다.

이 장에서는 호르몬이 유아에게 미치는 심오한 영향을 다룰 것인데, 특히 성호르몬이 유아의 신체에 미치는 영향을 자세히 살필 예정이다. 그래서 아이가 생애 첫 4년 동안 호르몬 폭풍에 대처해야 하고, 이것이 신체적 측면(외형과 생식능력)뿐 아니라 심리적·사회적 측면(행동) 모두에 중대한 영향을 미친다는 것을 확인하게 될 것이다. 또한 신체 자체의 요인이든 음식이나 장난감, 살충제를 통한 외부 요인이든 어린 나이에 너무 많은 호르몬에 노출되면 어떤 일이 일어나는지도 설명하겠다.

무해한 소사춘기인가,
호르몬에 의한 조기사춘기인가

유아기의 호르몬 폭풍

1977년에 미국의 의사이자 물리학자인 로절린 앨로Rosalyn Yalow는 혈액 내 특정 물질의 양을 측정하는 새로운 방법인 방사면역측정법(RIA) 개발로 노벨생리의학상을 받았다.[5] 앨로의 연구는 내분비학을 포함한 다양한 의학 분야에 새로운 자극을 주었다. 갑자기 혈액 내 호르몬 농도를 정확하게 측정할 수 있게 되었고, 전통적인 방법으로는 입증할 수 없었던 내부 호르몬 변동을 감지할 수 있게 되었다.

여기에서 두드러진 중요한 발견은, 뇌와 성기의 상호작용이 아주 어린 나이, 즉 생후 1주일부터 약 2세 사이에 벌써 시작된다는 것이다.[6] 이 시기에 테스토스테론과 에스트라디올 같은 호르몬이 생산되기 시작한다. 이것은 매우 놀라운 발견인데, 그전에는 이런 활동이 사춘기에 비로소 시작된다고 알려졌었기 때문이다. 더욱 놀라운 것은 이런 활동의 규모다. 아기의 고환은 성인 남성보다 24배나 작지만, 그 안에서 생산되는 호르몬 양은 성인과 거의 비슷하다! 여아의 경우 난소에서 난포가 성장하여 혈액 내 에스트라디올 수치가 올라간다. 여기서도 성인 여성의 배란 수준으로 호르몬 폭풍이 발생한다.

이런 '호르몬 폭풍'은 당연히 남자냐 여자냐에 따라 다르다. 남아의 경우 남성호르몬이 점진적으로 증가하여 약 6개월 후에 최고조에 이른다. 그다음 평범한 낮은 수치로 떨어지기까지 시간이 꽤 오래 걸린다. 반면 여아는 호르몬 생산에 순환 패턴이 있고, 나중에 월경 때도 마찬가지다. 여성호르몬은 여아의 경우 생후 첫 주(엄마의 혈액 내 호르몬이 급격히 감소하는 시기)부터 2세까지 주기적으로 최고조에 이른다. 에스트로겐은 대략 생후 6개월 정도에 최고조에 달한다. 일부는 유아기 초까지 이런 높은 수치를 유지하기도 한다.

이 모든 것을 어떻게 설명할 수 있을까? 애석하게도 발견된 지 50년이 지난 지금도 여전히 우리는 신생아의 호르몬이 왜 그런 곡예를 선보이는지 거의 알지 못한다. 그렇게 어린 나이에 성호르몬을 생산하는 것은 마치 시험주행을 닮았다. 그러니까 우리의 신체가 에너지를 다른 발달과정에 투입하기 전에, 생식시스템이 잘 작동하는지 미리 확인해보는 것이다. 그러나 호르몬 수치가 이렇게 높다면 사춘기의 전형적인 특성이 나타나야 마땅하다. 그러나 아기가 때때로 반항적 행동을 보이긴 해도, 갑자기 음부를 포함해 여기저기 털이 나거나 여드름이 생기지는 않는다. 그래서 연구자들은, 일반 사춘기와 비슷한 호르몬 생산과정으로 최소한의 외모 변화가 발생하는 상대적으로 짧은 2년 기간을 '소사춘기'라고 부른다.[7] 이것은 건강한 발달이고, 아이들은 자신의 혈중 호르몬 수치가 최고치임을 전혀 느끼지 못하는데, 무엇보다 그들의 신경계와 다른 기관이 호르몬 신호를 감지할 수 있을 만큼 충분히 성숙하지 않았기 때문이다.[8]

여아 남아 모두 신생아 때 한쪽 또는 양쪽 가슴이 부어 보이는 것은 특이한 일이 아니다. 이런 현상은 주로 여아의 자궁에서 소량의 혈액이 손실되는 '점상출혈'과 동반한다.[9] 임신 후기에는 임산부의 프로락틴 수치가 최고조에 이르고, 태반에는 고농도의 에스트로겐이 들어 있다. 출생 후 여아의 혈액에서 엄마에게 받았던 호르몬 수치가 갑자기 떨어지면 질에서 적은 양의 혈액이 빠져나오기도 한다. 조산아보다는 만삭아에게서 더 자주 발생한다. 출혈은 그리 걱정할 필요 없고, 가슴의 붓기도 마찬가지다. 출생으로 엄마에게 받는 호르몬이 끊기면 이런 현상은 12주 이내에 사라진다.[10]

여아의 약 15퍼센트가 보통 생후 6개월에서 24개월 사이에 다시 유방 발달 징후를 보인다.[11] 이것이 에스트로겐 수치가 급등하는 여아의 소사춘기 시기와 정확히 일치하는 것은 우연이 아니다. 이런 과한 소사춘기 증상은, 엄마로부터 에스트로겐을 받은 신체에 외부 요인이 추가되면서 호르몬에 압도되기 때문인 것 같다. 그러면 유방 발달, 질 출혈, 심지어 월경전증후군(PMS) 같은 사춘기 신체 징후가 유아기에 나타난다.

유아 대부분에서 이런 호르몬 폭풍은 금세 다시 가라앉는데, 그 원인 역시 명확하지 않다. 아마도 솔방울샘이 중요한 역할을 할 것이다. 솔방울샘은 뇌의 중앙에 위치하고, 잠들고 깨는 리듬에 관여할 뿐 아니라 사춘기가 시작될 때까지 성호르몬 생산을 억제한다.[12] 그렇다면 우리의 행동이 정말로 솔방울샘에 좌우되는 걸까? 행동의 열쇠가 그 안에 숨겨져 있을까?

데카르트는 그렇다고 믿었다. 이 프랑스 철학자는 "나는 생각한다, 그러므로 나는 존재한다"라는 명언과 함께 400년 전에 벌써 신체가 우리의 사고에 영향을 미치고 그 반대도 마찬가지라고 주장했다. '호르몬'과 '소사춘기'라는 용어가 만들어지기 오래전에 그는 우리의 영혼이 솔방울샘에 있고 이 분비샘이 우리의 정신과 신체 기능을 지휘한다고 믿었다.[13] 솔방울샘이든 아니든, 대자연에서 늘 그렇듯 모든 규칙에는 예외가 있다. 예를 들어, 유아의 성호르몬이 예외적으로 통제되지 않을 수 있고 그래서 사춘기가 너무 일찍 오기도 한다.

조기사춘기를 뜻하는 의학 용어 '푸버타스 프래콕스pubertas praecox'는 해리포터의 마법 주문처럼 기이하게 들리겠지만, "빨리 시작된 사춘기"라는 뜻에 불과하다. 소사춘기와 달리 조기사춘기는 건강한 발달이 아니다. 여아의 경우 8세 이전에 호르몬에 의해 신체적으로 사춘기 징후가 나타나면 조기사춘기로 본다. 남아의 경우는 9세가 기준선이다. 알 수 없는 이유로, 조기사춘기는 남아보다 여아에서 10배 더 흔하다.[14] 이런 어린 환자 대부분은 6~7세이고, 일부는 영국인 헤일리 스미스Hayley Smith처럼 훨씬 더 어리다. 이 영국 어린이는 3세에 초경을 했고, 얼마 지나지 않아 코를 찌르는 체취, 기름진 모발, 감정 기복 같은 사춘기 특성이 나타났다. 6세에 벌써 브래지어를 착용했다.[15]

어린 나이에 이런 증상이 나타나면 일단 원인부터 알아내야 한다. 무해한 소사춘기인가, 아니면 몸 어딘가에 생긴 종양이 만들어내는 호르몬에 의한 조기사춘기인가? 대개는 엑스레이 사진으로 감별할 수 있는 '뼈 나이'가 정보를 제공한다. 이것은 매우 중요한데, 조기사춘기의 결과가 폭넓게 나타나기 때문이다. 성장이 너무 일찍 시작되면, 뼈와 성장판(키 성장을 담당하는 뼈의 연골 부분)의 세포 성숙에 악영향을 미친다. 그러면 전체 성장 단계가 짧아져서 어른이 되어서도 어린이 키인 경우가 많다. 게다가 (계속 보통사람처럼 먹고 움직이기 때문에) 체중까지 증가하여 신체 비율의 균형이 깨지기도 한다. 헤일리 스미스 같은 환자들은 여전히 건강한 체중을 유지하는 데 어려움을 겪는다.

이런 조기사춘기는 신체뿐 아니라 심리 및 사회성에도 영향을 미친다. 이를테면, 학교 성적이 떨어지고 또래의 건강한 어린이보다 마약에 손을 댈 위험도 더 크다. 이것을 차치하더라도, 조기사춘기 어린이는 또래 친구들과 잘 어울리지 못하고 괴리되어 부끄러움과 외로움을 겪는다.

다행히 치료 방법이 있다. 조기사춘기는 거의 모든 경우에, 트랜스젠더 어린이의 사춘기를 억제하는 데 사용되는 호르몬제로 치료된다(4장 참조). 의학은 신체 자체의 호르몬 생산을 일시 정지시킬 수 있는 마술지팡이를 발명했다. 나이가 들어 주사를 중단하면, 사춘기 영화는 일시 정지되었던 그 부분부터 자동으로 다시 상연된다.

호르몬 교란물질의 영향

소사춘기나 조기사춘기에 호르몬 농도를 그토록 높이는 범인은 누구일까? 호르몬 균형은 설명한 대로 내부 요인으로 깨질 수 있지만, 외부 요인 역시 영향을 미칠 수 있다. 이런 혼란을 일으킬 수 있는 요인 중 하나가 바로 음식이다.

몇 년 전 튀르키예의 소아과 의사들이 너무 어린 나이에 회향 차를 많이 마시지 말라고 경고했다.[16] 근육조직을 이완하는 효과 때문에 회향 차는 튀르키예 문화에서 아기의 복통과 불안을 달래는 가장 잘 알려진 민간요법이다. 이것은 네덜란드 엄마들에게도 자주 추천된다. 네덜란드 웹사이트 Oma weet raad(할머니는 알고 있다)는 '아기 위경련' 파트에서 회향 차를 인도식 민간요법으로 소개한다. 그러나 잘 알려지지 않은 사실이 있는데, 회향에는 식물성 에스트로겐인 아네톨이 들어 있다. 튀르키예 과학자들이 확인했듯이, 회향을 너무 많이 섭취하면 에스트로겐 수치가 증가하여 유방이 발달할 수 있다. 회향이 식단에서 금지된 후로, 조사 대상 어린이의 유방 발달이 다행히 다시 사라졌다.

음식 이외에도 인기 있는 '천연' 보습제도 유아의 가슴을 발달시키는 효과를 낼 수 있다. 예를 들어, 호주의 한 갓난아기는 라벤더가 함유된 보습제를 지나치게 많이 사용하여 가슴이 커졌다고 한다.[17] 인터넷에는 초보 엄마들을 위한 선의의 조언들이 가득하다. 그러나 거기에는 (라벤더 같은) 추출물이 호르몬 수치에 영향을 미칠 수 있고 심지어 남아의 가슴을 커지게 만들 수 있다(!)는 사실은 언급되지 않는다. (하기야 그렇게 따지면 온갖 불안 요소를 전부 적어야만 하리라). 이런 제품들은 적당량을 사용한다면 건강에 좋다.

식물에도 호르몬과 비슷한 물질이 들어 있다는 사실은 이미 오래전부터 알려져왔다. 이른바 식물성 에스트로겐은 이소플라본(예: 콩), 쿠메스탄(예: 알팔파), 리그난(예: 아마씨) 이 세 부류로 나뉜다. 구약과 신약 모두에서 이들은 '정원 식물'로 불렸고, 고기를 먹지 않으려는 사람들이 이런 풀을 먹었다. 단백질이 풍부한 이런 고기 대체품의 장단점은 현대에도 여전히 논란의 여지가 많다. 이 장의 뒷부분에서 이에 대해 더 자세히 다룰 예정이다. 이것을 매일 장기간 섭취하면 아이의 혈중 에스트로겐 수치가 크게 높아질 수 있다.

의학서들은 유아의 가슴 확대가 콩류와 고기가 주를 이루는 식단에서 기인한다고 설명한다.[18] 고기에는 원래 식물성 에스트로겐이 없지만 가축에 투여되는 호르몬제를 통해 유입될 수 있다.[19] 목축업자들은 수확량과 매출량을 늘리기 위해 호르몬제를 가축에 주입한다. 이 고기를 먹는 (어린) 사람에게는 좋지 않다. 그래서 유럽 축산업은 호르몬 주입을 금지한다. 실제로 이런 약물이 목축업에서 널리 쓰이면서 1970년대 말, 특히 푸에르토리코와 이탈리아에서는 유아의 유방 발달이 전염병처럼 번졌었다.[20, 21] 소고기로 만든 이유식에 (지금은 금지된) 악명 높은 물질인 DES가 과하게 함유된 것으로 밝혀졌다. DES는 소의 유산을 방지하기 위해 사료에 첨가되어 인체에 유입된 에스트로겐 유사물질이다. 의사와 과학자들의 명확하고 공개적인 경고 덕분에 법안이 신속하게 강화되었다.

그러나 조기 유방 발달은 아직 과거의 일이 아니다. 튀르키예, 덴마크, 프랑스, 헝가리 등 일부 국가에서는 어린이 유방 발달이 점점 흔해지고 있다.[22] 여러 과학자의 추측대로, 이것은 식습관과 관련이 있는 것 같다. 현대인은 빵과 감자를 적게 먹고, 식물성 단백질과 잡곡을 더 많이 섭취한다. 네덜란드에서도 최근 몇 년 동안 고기 대용으로 콩류, 특히 메주콩 소비가 30퍼센트 늘었다.[23] 콩 섭취를 권장하는 사람들은 종종 일본을 비롯한 여러 아시아 국가의 높은 기대수명을 언급하며, 이것을 근거로 콩을 먹는 게 건강에 해로울 리 없다고 확언한다. 그러나 이때 흔히 용량은 간과된다. 체중 1킬로그램당 하루 섭취량을 비교하면, 일본 여성은 평균적으로 서양 여성보다 훨씬 적은 양을 섭취한다. 또한 아시아 국가에서는 콩을 된장이나 낫토, 템페 등 발효 형태로 섭취하는 경우가 많다. 이것들은 생화학적 관점에서 서로 다른 물질이다. 우리는 매일 알게 모르게 콩을 상당히 많이 섭취하는데, 그것이 가공식품에 첨가되기 때문이다. 채식주의자를 위한 콩고기를 주로 떠올리겠지만, 콩 가공식품을 생산하고 남는 찌꺼기도 있다. 그것은 돼지와 가금류의 가장 중요한 단백질 공급원이 된다. 이런 천연 호르몬 교란물질이 우리의 자손에게 해로운지 아닌지 아직 확실치 않다면,[24, 25] 우선은 주의할 필요가 있다.

명확한 결론이 없어서 놀랐는가? 동물학 교수 시어도라 콜번 Theodora Colborn의 설명처럼, 이것은 호르몬 교란물질의 효과를 연구하기가 어렵기 때문이다(88쪽 참조). 신체가 물질에 노출된 이후 그 결과가 외적으로 나타나기까지는 수십 년이 걸릴 수 있으므로 그 효과를 연구하기가 매우 어렵다. 또한 해당 물질에 노출된 사람이 항상 반드시 그 물질로 인해 문제를 겪는 것도 아니다.[26] 그러나 다음의 사실은 변하지 않는다. 호르몬체계는 태아 때 그리고 생후 첫 몇 년 동안 계속 발달하기 때문에, 임산부나 영유아가 그런 교란물질에 노출되면 영유아에게 매우 위험하다.

화학물질이 호르몬에 미치는 영향

시어도라 콜번(1927-2014)은 호르몬 교란물질 분야에서 20세기 선구자로 통한다. 콜번은 레이첼 카슨의 작품에서 큰 영감을 받았다. 박사학위 논문을 준비하는 과정에서 그녀는 약학, 생태학, 동물학은 물론이고 독성학 지식도 습득했다. 1980년대에 콜번은 다양한 동물에서 생식 및 발달문제를 발견했다.[27] 그녀는 이 동물들이 살충제, 곤충퇴치제, 세제류 같은 합성물질과 PFAS(과불화화합물) 같은 플라스틱 물질 그리고 고농도의 식물성 호르몬에 노출되어 있음을 입증했다. 그 덕분에 이런 물질이 실제로 생명체, 그러니까 동물과 인간의 몸에 유입될 수 있다는 의식이 높아졌다. 주변 환경과 음식에 호르몬 교란물질이 소량만 있더라도, 장기적으로 매우 심각한 신체적 장애를 초래할 수 있다. 이미 언급했듯이, 남성의 경우 정자의 질에 영향을 미칠 수 있다. 콜번의 예상처럼, 인간의 기대수명이 길어졌으므로 우리는 70대부터 호르몬 및 (자가)면역질환의 증가를 목격하게 될 것이다. 최근 연구들 역시 이것을 입증하는 것 같다. 이에 관해서는 7장에서 더 자세히 다루기로 하자. 콜번과 다른 연구자들의 연구 덕분에, 환경에서 기인한 호르몬 교란물질의 잠재적 위험성은 현재 세계보건기구와 유럽연합 같은 중요한 기관의 의제가 되었다. 전문기관에서 현재 호르몬 교란물질이 인간, 동물, 생태계에 미치는 장기적 영향을 조사하고 있다.

어릴수록 플라스틱 물질이 위험한 이유

생활 속 화학물질

식물성 교란물질 이외에 화학물질도 호르몬 균형에 영향을 미친다. 플라스틱, 화장품, 페인트, 살충제에 함유된 몇몇 환경 유해물질이 인간의 호르몬 균형을 교란한다. 이것은 현재 의심할 여지 없이 입증되었다.[28] 고무와 플라스틱을 (예를 들어 아기 젖병의 젖꼭지처럼) 말랑말랑 유연하게 만드는 악명 높은 연화제가 한 예다. 21세기 초에 독일 과학자들이, 당시 유행했던 스쿠비두 매듭 장신구가 어린이의 건강에 해로울 수 있다고 경고했다.[29] 이 플라스틱 매듭에는 연화제가 엄청나게 많이 들어 있다. 호흡과 피부 그리고 (플라스틱 장난감을 빨아서) 입을 통해 이런 물질이 우리 몸에 들어갈 수 있다. 그리고 몇 세기 전에 이미 독일 의사 파라켈수스가 발견했듯이, 물질 자체는 독이 아니지만 특정 용량이 신체에 유입되었을 때 비로소 독이 된다. 이런 물질은 주로 고용량일 때만 해롭고, 플라스틱 연화제는 신체 자체의 에스트로겐보다 약하다. 그러나 오해해선 안 된다. 여러 호르몬 교란물질이 축적되어 막대한 영향을 미칠 수 있고, 연화제는 플라스틱에만 들어 있는 게 아니다.

산업 지구에서 온갖 화학물질에 노출된 프랑스 소녀들을 대상으로 한 2013년 연구를 보면, 이 소녀들은 다른 건강한 환경에 사는 소녀들보다 에스트로겐 수치가 몇 배 더 높았다.[30] 산업 지구의 소녀들은 어린 나이에 벌써 유방이 발달했고, 심지어 4개월 된 아기의 유방이 어른과 비슷한 크기인 경우도 있었다. 이 아기의 부모가 운영하는 농장 헛간에 저장된 다량의 살충제(DDT) 때문에, 아기의 혈중 에스트로겐 수치가 정상보다 다섯 배나 높았을 뿐 아니라, 질 출혈도 세 번이나 있었다. 부모의 건강 역시 영향을 받았다. 그들은 성욕이 크게 약해진 것 같다고 진술했다.[31]

질 출혈과 유방 발달은 외부 물질을 없애는 즉시 저절로 멈추거나 원상태로 돌아가지만, 신체가 이런 물질에 노출되었을 때 장기적으로 어떤 영향이 있을지는 알려진 바가 없다.[32] 그러나 여러 연구가 콩으로 만든 가공 이유식이 유아의 두뇌 발달에 어떤 영향을 미치는지 잘 보여준다.[33]

아기들은 호르몬 탄광의 카나리아라고 할 만큼 매우 예민하다. 아기들은 플라스틱으로 가득 찬 환경을 입으로 탐색하는 경향이 있을 뿐 아니라, 모든 것을 해독해야 하는 간과 신장이 아직 완전히 발달하지 않았기 때문에 이런 현상에 더 취약하다. 또한 아기들은 신체 대비 많은 양의 액체와 고체 음식을 섭취하기 때문에 취약하다. 그리고 상대적으로 지방량 역시 많은데, 지방이 바로 호르몬 교란물질의 인기 저장소다. 이 물질은 지방조직에서 아주 천천히 방출되어 노출 기간이 연장된다. 그러므로 무엇보다 아직 밝혀지지 않은 장기적 효과 때문에[34] 현재로서는 경계가 정답인 것 같다. 연구 결과가 더 명확해질 때까지는 우선 플라스틱을 조심하는 것이 좋겠다!

남아의 생식능력에 영향을 미치는 요인

테스토스테론 수치와 잠복고환증

남자아이의 건강한 발달에는 역시 성호르몬의 균형이 중요하다. 테스토스테론뿐 아니라 에스트로겐 역시 지나치거나 모자라면 남아와 여아 모두에게 여러 가지 문제를 일으킨다. 고환이 아직 아래로 내려오지 않은 남아의 경우, 생식능력 문제가 발생할 위험이 더 크다. 일반적으로 출생하기 약 한 달 전부터 고환이 음낭으로 내려오지만, 20명 중 약 한 명은 고환이 적어도 하나가 내려오지 않는다. 이것을 잠복고환증Cryptochidism이라고 하는데, 이는 '숨겨진 고환'이라는 뜻의 그리스어다.[35] 고환은 대개 복강이나 사타구니 등 예상 가능한 위치에 숨겨져 있으므로, 잠복고환증의 경우 비교적 쉽게 고환을 찾아낼 수 있고 수술로 문제를 해결할 수 있다. 고환 세포는 특히 온도에 민감하므로, 가능한 한 빨리 수술하는 것이 중요하다. 고환은 신체 밖에 나와 있는 서늘한 음낭에서 가장 잘 발달한다. 이것은 정자의 질에 유익할 뿐 아니라 통제되지 않는 성장을 방지하는 데도 도움이 된다. 더 따뜻한 복강에서는 고환이 과열되어 악성 종양이 생길 위험이 커진다. 그러므로 치료 시기를 점점 앞당기고 있고, 요즘에는 생후 첫해에 수술을 진행하기도 한다.

희귀한 사람

어린 소녀에게 발생하는 훨씬 더 희귀한 선천성 호르몬 질환이 있다. 신체가 테스토스테론을 과잉생산하는 질환으로, 여성호르몬이 아니라 남성호르몬을 지나치게 많이 분비하는 질환이다. 18세기와 19세기, 심지어 20세기에도 이 소녀들은 희귀한 신체적 특징 때문에 박람회나 서커스에서 괴물 쇼의 인기 상품으로 전시되었다. 영화 〈위대한 쇼맨〉은 희귀한 호르몬 질환을 앓고 있는 사람들을 이용해 성공했던 피티 바넘P.T. Barnum이라는 19세기 미국 서커스 단장의 미화된 이야기를 담고 있다. 애니 존스 엘리엇Annie Jones Elliot은 생후 9개월에 벌써 바넘의 희귀품 수집함에 들어갔다.[36] 애니는 태어날 때부터 얼굴과 몸에 눈에 띄게 털이 많았고, 그래서 성경의 이삭과 리브가의 털복숭이 아들을 빗대어 '에사브-아이'라는 별명을 얻었다. 애니는 생후 몇 개월에 벌써 눈에 띄는 콧수염이 있었고 5세에는 얼굴 절반이 수염으로 덮였다. 어쩌면 부신생식기증후군을 앓았을지도 모른다(50쪽의 최초 여교황 이야기 참조).

세계적으로 유명한 또 다른 사례로는 멕시코의 훌리아 파스트라나Julia Pastrana와 라오스의 크라오 파리니Krao Farini가 있다.[37, 38] '원숭이 여자' 또는 (인간과 원숭이 사이의) '사라진 연결고리'라는 예명에서, 이들에게 남성적 특징이 매우 두드러졌음을 짐작할 수 있다. 몇 년이 지난 후에 야 과학이 이런 증상의 원인을 밝혀냈다. 그들의 신체가 테스토스테론 을 지나치게 많이 생산했는데, 이것은 종종 부신이나 난소 같은 호르 몬 기관이 제 기능을 하지 못한 결과다.

이런 질병에 관한 지식이 늘고 이를 둘러싼 미스터리가 해소되고 이 런 형태의 전시에 대한 비판이 꾸준히 제기되어왔는데도 불구하고, 2007년에도 여전히 〈기괴하고 색다른 사람들의 L.A. 서커스 회의The L.A. Circus Congress of Freaks and Exotics〉라는 제목으로 사진 전시회가 열 렸다. 〈특이한 사람들의 집The House of Extraordinary People〉 같은 영국의 리얼리티 쇼도 높은 시청률을 기록했다. 하지만 오늘날에는 서커스가 더는 필요하지 않다. 테스토스테론을 너무 많이 생산하는 난소 때문에 수염이 난 하르남 카우르Harnaam Kaur 같은 용감한 여성들이 이제는 소 셜미디어를 통해 명성을 얻고 있다.[39]

이상하게도 이런 수술로도 성장 후의 생식능력 문제는 거의 해결되지 않았다.[40] 그러므로 조기 교정 수술이 있기 전에 이미 어린 남자아이의 몸에서 분명 어떤 일이 발생했을 터이다. 숨겨진 고환 때문에 생식능력이 감소하는 현상의 근본 원인은 틀림없이 의학적 문제였다. 수년간의 연구 끝에 마침내 원인이 밝혀졌다. 엄마 배 속에서 여성호르몬에 너무 많이 노출된 탓에 테스토스테론이 부족했던 것이다.[41] 임신 중에 남성호르몬이 부족하면, 고환이 제대로 내려오지 못한다. 고환을 음낭으로 내려보내는 호르몬이 바로 테스토스테론이기 때문이다.

어쨌든 '고환Testikel'이라는 용어는 옛날 관습에서 유래했다. 로마 시대에 남자들은 상대방의 고환을 잡고 약속이나 맹세를 공식적으로 다짐했다. 증인으로 나서는 남자들이 진실을 말한다는 표시로 오른손을 음낭에 얹고 증언하는 일도 흔했다. 바로 이 의식에서 고환을 뜻하는 의학 용어 'Testikel'이 왔다. testiculus는 라틴어로 '작은 증인'이라는 뜻이다.[42] 강제 거세를 당해서 고환이 없는 남자는 법정에서 증언할 수 없었다.

구약성경에도 이 관습이 기록되어 있다. 창세기에 보면, 아브라함이 맹세할 때 하인 엘리에셀에게 자신의 골반 밑에 손을 넣어달라고 부탁한다. 또 다른 예는 훨씬 최근의 것이다. 2차 세계대전 당시 영국 요원들은 테스토스테론과 고환에 관한 기존 지식을 이용하여 히틀러의 공격성을 약화하고 기분을 누그러뜨리려 시도했다. 히틀러는 고환이 하나뿐이고 그래서 테스토스테론 생산이 부족했던 것으로 알려졌었다. 요원들은 비밀 계획으로 히틀러의 음식에 에스트로겐을 첨가할 수 있을지 논의했다. 에스트로겐 보충제는 냄새도 맛도 없으므로 음식을 먹을 때 눈치챌 수 없을 것이다. 그러나 어떤 이유에서인지 계획은 계획으로 남아, 영국의 가설은 실험으로 입증되지 못했다. 현재의 과학지식으로 볼 때 실험했더라면 성공할 수 있었을 터였다.[43]

남자아이의 몸에 여성호르몬이 너무 많아지는 원인은 뭘까? 유방이 발달하는 여자아이들과 마찬가지로, 에스트로겐 신호의 과잉 때문이다. 예를 들어, 임산부의 신체가 음식을 통해 너무 많은 식물성 여성호르몬을 섭취하면 에스트로겐 신호 과잉이 생긴다. 그러나 식습관이나 환경요인 같은 덜 분명한 원인도 뚜렷한 흔적을 남긴다. 환경 유해물질은 하강하지 않는 고환과 테스토스테론 수치 저하와 관련이 있다. 예를 들어, 스페인의 한 연구를 보면 살충제가 많이 사용된 지역일수록 남아의 고환이 하강하지 않는 경우가 흔했다.[44] 새끼를 밴 동물이 이런 유형의 화학물질에 노출되면, 수컷 자손의 고환이 잠복하는 일이 더 자주 발생하고 나중에 나이가 들면 생식능력이 떨어지는 것으로 밝혀졌다.

여자아이들의 경우처럼, 유해 플라스틱에 함유된 연화제 역시 영향을 미친다. 연구에 따르면, 헝가리 국경 마을 네르게슈이펄루의 아크릴 공장 근처에 사는 남자아이들이 잠복고환증일 위험이 가장 컸다. 플라스틱에 함유된 이런 연화제의 심각한 영향은 동물 실험에서도 확인되었는데, 그런 물질에 노출된 동물의 84퍼센트가 잠복고환증을 보였던 반면, 대조군에서는 단 한 마리도 관찰되지 않았다.[45]

태아의 호르몬 균형이 깨지면 남아의 경우 고환이 정상적으로 음낭으로 내려가지 못한다. 그러면 고환은 과열되어 테스토스테론을 넉넉히 생산하지 못하고, 이로써 일반적인 범주에서 벗어나게 된다. 건강한 남아의 경우 소사춘기에 남성호르몬이 폭발하는 반면, 고환이 '숨겨진' 남아의 경우는 남성호르몬 수치가 여전히 낮게 유지된다.[46]

정상적으로 잘 하강한 고환을 인위적으로 복강에 옮겨놓은 동물 실험에서 고환 세포의 중요성을 확인할 수 있다. 재배치 7주 만에 벌써 고환의 크기뿐 아니라 테스토스테론 생산도 감소했다.[47] 무엇보다 테스토스테론을 생산하는 라이디히-세포는 환경과 온도 변화에 취약하여[48] 비정상적 발달을 보였고 이것은 장기적으로 영향을 미쳤다. 테스토스테론은 고환을 음낭으로 내려보낼 뿐 아니라, 나중에 발휘할 정자 생산 기능에도 일찍부터 중요한 역할을 한다.

생후 첫 몇 달 동안 테스토스테론이 부족하면 나중에 생식능력이 크게 떨어진다. 그래서 현재 과학자들은 교정 수술 때 이런 중요한 줄기세포가 어느 정도 존재하는지 미리 확인할 것을 권장한다. 너무 적게 있더라도, 아직 완전히 끝난 것은 아니다! 이런 경우 호르몬 약물로 신체 자체 호르몬 수치를 보충할 수 있고, 그러면 놀라운 생식시스템이 종종 정상적인 생식능력의 길로 다시 들어선다.[49]

성정체성의 혼란을 예방할 수 있는 기회

호르몬과 외부 생식기 발달

고환이 하강하지 않은 남아에게 남성호르몬을 보충하여 소사춘기를 만들면 좋은 결과를 얻을 수 있다. 다른 원인으로 남성호르몬이 너무 적게 생산되는 남아에게도 초기 단계에 테스토스테론을 추가로 주입하면 효과가 있다. 생식능력이 개선될 뿐 아니라 성기도 커진다. 테스토스테론이 너무 적게 생산되면, 남아의 성기 발달이 미흡할 때가 많고 어떤 경우는 너무 작아서 거의 눈에 띄지 않을 수도 있다.[50] 눈썰미가 좋은 부모는 어쩌면 방금 '아하' 하고 고개를 끄덕였을 터이다. 테스토스테론이 자연적으로 증가하는 건강한 아들도 생후 첫 6개월 동안 단기간에 음경이 갑자기 커지기 때문이다.[51]

그러나 생식기관이 교과서적으로 잘 발달했더라도, 테스토스테론이 부족해지면 외부 생식기가 작아지기 시작할 수 있다. 그러면 고환이 서서히 다시 복강 쪽으로 이동하고, 음낭이 접히고 음경은 자라기는커녕 수축한다. 테스토스테론으로 치료하면 다시 좋아져서 모든 것이 '정상' 모양으로 돌아가고 제 기능을 한다.

어떤 유아의 경우에는 이런 조기 개입으로 나중에 있을지 모를 성정체성 위기를 예방할 수 있다. 현재 밝혀진 것처럼, 소위 소음경증(생후 1개월에 음경이 1.9센티미터 미만일 때) 남아는 타고난 성별이 바뀌기도 한다.[52] 아들로 태어난 아기가 갑자기 딸이 되는 것이다. 부모와 의료진은 소음경증 진단 후 24시간 이내에 서둘러 성기를 없애는 단호한 결정을 해야 하는 순간을 맞기도 한다.

그러나 이런 결정을 내린 5세에서 16세 사이의 어린이를 조사한 결과, 그들은 여자아이로 키워졌으나 대부분이 나중에 남성으로 확인되었다.[53] 이들이 스스로 남자라고 느끼고[54] 보통 남성적이라 일컬어지는 것에 관심을 보이는 결정적 요인은, 태어나기 전에 자궁에서 남성호르몬에 노출되었기 때문인 것 같다(자세한 내용은 4장 참조).[55] 그러므로 출생신고 당시 등록된 성별과는 관계없다.

음낭으로 내려오지 않은 고환은 특정한 경우에 여성에게 큰 문제가 되기도 한다. 1950년대 초 육상, 특히 단거리 경주에서 탁월한 성적을 거둔 네덜란드 최고 육상선수 푸크여 딜레마Foekje Dillema가 대표적인 예다. 그녀는 일반 여성보다 테스토스테론이 더 많이 분비되어 호르몬 비율이 달랐다.[56] 이것은 세간을 크게 흥분시켰고 실제 성별에도 의문이 제기되었다. 딜레마가 성별확인을 거부하자 결국 네덜란드 체육협회(KNAU)는 '여자가 아니다'라는 결론을 짓고 평생 출전 금지 결정을 내렸다. 딜레마는 낙담하여 항의를 포기하고 남은 생애 동안 더는 경주에 출전하지 않았다. 200미터 달리기 개인 기록도 취소되었다. 그녀는 프리슬란트에서 은둔 생활을 하다가 2007년에 사망했다.[57] 나중에 DNA 검사를 통해 그녀가 생물학적으로 여성이면서 동시에 남성이라는(유전적 모자이크 현상이라고도 불림) 사실이 밝혀졌다. 그녀의 복강에 작은 잠복 고환이 있었다고 한다.[58, 59]

인형놀이가 더 재밌는 것도 호르몬 때문일까

유아기의 놀이행동과 뇌 발달

지금까지 나는 호르몬 균형 장애가 생후 첫 몇 년간 신체에 미치는 영향을 주로 다루었다. 그러나 호르몬은 평생에 걸쳐 신체뿐아니라 행동에도 크게 영향을 미친다. 예를 들어, 사춘기에 접어들면서 일반적으로 나타나는 행동 변화만 봐도 알 수 있다. 대다수 여성이 월경주기에 따라 행동이 달라진다고 인정한다. 그러므로 소사춘기의 호르몬 폭풍이 유아의 뇌에도 영향을 미칠 수 있다는 생각은 그리 억측이 아니다. 무엇보다 뇌 발달에 매우 중대한 기간에 소사춘기가 절정에 달하기 때문이다.[60] 소사춘기를 '미운 세 살'이라고 부르기도 하지만, 네덜란드 부모는 다음의문장을 즐겨 사용한다. "Ik ben twee en ik zeg nee(나는 두 살이고 다싫어)." 하지만 고집불통 외에도 여자아이가 인형을 좋아하고 남자아이가 자동차를 좋아하는 전형적인 행동 역시 성호르몬과 소사춘기에서 비롯된 것 같다.

앞에서 이미 설명했듯이, 여아와 남아의 소사춘기는 신체적 차원에서 다르게 진행된다. 그러나 사회적 차원에서도 분명한 차이가 있다. 그런 '성별 특유의 행동'은 남아와 여아의 놀이 방식에서 확인된다. 더 나아가 성별과 특정 활동에 대한 선천적 선호도 사이의 연관성은 훨씬 더 명확하다.[61] 디크 스왑이《우리는 우리 뇌다》에서 설명했듯이, 우리 뇌의 대부분은 분명 미리 설정되어 있지만[62] 호르몬은 확실히 임신 기간과 출생 후 뇌의 발달을 통제할 수 있다.

여자아이들은 일반적으로 인형과 주방 놀이를 좋아하고, 남자아이들은 본능적으로 비행기와 블록 쌓기에 더 흥미를 갖는 것으로 알려져 있다. 물론 그런 선호도 역시 환경과 제공되는 장난감에 따라 다르지만, 이미 호르몬에 의해 구체적 청사진이 일부 계획되어 있는 것 같다. 그래서 남성호르몬이 많은 여아는 부모가 '전형적인 여아 장난감'을 가지고 놀도록 아무리 격려해도 자동차 장난감을 더 좋아하는 경향이 있다.[63] 아이가 무엇을 가지고 어떻게 노느냐는 그 순간의 호르몬 생산과 관련이 있을 뿐 아니라, 심지어 신생아 때 겪은 호르몬 변동의 영향도 받을 수 있다. 핀란드의 한 연구 결과를 보면, 테스토스테론 수치가 높은 14개월 된 남아는 소사춘기에 인형에 대한 흥미가 크게 줄어든 반면, 남성호르몬이 많은 여아는 기차 장난감에 더 매료되었다.[64]

영국 연구진은 생후 첫 3개월 동안 음경의 성장을 남아의 초기 테스토스테론 지표로 삼은 다음, 매달리기와 기어오르기 같은 전형적인 '사내아이 행동'과 연관이 있는지 확인했다.[65] 여기에서도 호르몬 증가 시기가 다시 중요한 역할을 한다. 생후 3개월 이후의 음경 성장과 나중의 전형적인 남아 관심사 사이에는 연관성이 발견되지 않았기 때문이다.[66] 그러므로 성호르몬은 아마도 생후 첫 몇 달 동안의 행동과 뇌에만 영향을 미치는 것 같다.

놀이 행동 외에 주변 환경에 대한 호기심 역시 소사춘기 동안의 호르몬 변동에서 기인하는 것 같다. 1장에서 이미 언급한 항뮐러관호르몬은 초기 단계에 벌써 고환에서 생산되어 남아 태아에서 여성 성기가 발달하지 않게 막는 동시에 새로운 환경에 대한 호기심을 자극한다. 마카크원숭이의 경우, 혈액에 항뮐러관호르몬이 많은 수컷 새끼는 이 호르몬의 혈중 농도가 더 낮은 수컷 형제나 수치가 낮은 암컷 형제보다 더 자주 안전한 어미 곁을 떠나 탐험을 나갔다.[67] 이것은 생물학적으로 잘 설명된다. 동물의 세계에서 수컷은 종종 보금자리를 떠나 자기만의 새 가정을 꾸려야만 한다. 반면 암컷은 수컷과 다른 방식으로 생존하기 때문에 동종과의 상호작용에 더 많이 투자한다.[68] 그러므로 인간세계에서 남자아이들이 주변 지역을 탐색하고, 여자아이들이 방에서 재잘대며 노는 경향은 다름 아닌 호르몬에 기초한 것일 수있다.

왜 남아의 자폐증 발병 확률이 더 높을까

자폐증과 지능지수

소사춘기에 관한 지식은 단순히 유아의 이런 천진난만한 선호도를 설명하는 것에 그치지 않는다. 그것은 또한 자폐증처럼 여아보다 남아에게서 더 자주 나타나는 특정 질병을 이해하는 데 도움이 되기도 한다. 자폐증은 사회성 부족과 소통 장애, 뇌가 지나치게 남성화됐다고 의심할 만한 모든 특징을 동반한다.[69]

실제로 소사춘기의 비정상적으로 높은 테스토스테론 농도와 자폐증 사이에 연관성이 있다. 뉴질랜드의 한 연구는 항뮐러관 호르몬의 높은 수치와 남아의 자폐증 사이의 연관성을 밝혀냈다.[70] 그러나 소사춘기와 특정 질병의 상관관계 연구는 아직 초기 단계다. 호르몬 수치와 시기의 복잡한 상호작용 때문에, 가설들이 과학 실험을 통해 입증되기까지는 아마도 시간이 꽤 걸릴 것이다. 그러나 초기의 호르몬 변동이 영유아의 신체에 영향을 미친다는 것에는 의심의 여지가 없다.

지능지수도 소사춘기와 연관이 있는 것 같다. 고환이 복강에 잠복해 있는 남아들을 대상으로 한 장기간의 연구에서 나온 결과다.[71] 잠복고환증으로 인해 초기에 테스토스테론이 결핍되면, 기억력과 인지기능에 중요한 역할을 하는 유전자가 임무를 제대로 수행하지 못할 수 있다.[72] 이것은 무엇보다 고환이 음낭으로 내려오지 않아 소사춘기를 겪지 못한 남아들이 학교에서 주로 성적이 나쁜 이유를 설명해준다. 그리고 영유아기에 에스트로겐은 언어 재능과 의사소통 능력의 기초를, 안드로겐은 공간 감각의 기초를 형성하는 것 같다.[73, 74]

부모가 몰랐던 골든타임

'진짜' 사춘기보다 중요한 시기

소사춘기의 강력한 영향력을 생각하면, 지금까지 그것이 그토록 조명을 받지 못했다는 것이 오히려 놀랍다. 과학 문헌에서 '사춘기'를 키워드로 검색하면, 성호르몬이 급격히 증가하는 생후 첫 몇 달과 몇 년에 관한 글은 3퍼센트도 채 안 된다. 이것은 공평하지 못하다. 이 분야에는 조사하고 알아낼 것이 여전히 아주 많기 때문이다. 호르몬 상호작용의 균형은, 성기와 뇌가 이미 완전히 발달한 '진짜' 사춘기보다 인생의 초기 단계인 소사춘기에 우리의 신체와 정신 발달에 더 큰 영향을 미친다.

소사춘기의 존재를 발견하면서 아주 어린 나이에 심각한 질병을 찾아낼 수 있는 새로운 문이 열렸다. 예를 들어, 신생아의 성호르몬 부족은 뇌하수체의 문제일 수 있다. 과거에는 뇌하수체 기능이 저하되더라도 알아차리지 못하는 경우가 더러 있었고, 그 결과 다양한 질병이 발생했고 때로는 치명적인 결과로 이어지기도 했다. 의사가 소사춘기의 부세 징후를 빨리 알아차릴 수 있다면 기능이 저하된 뇌하수체를 빠르게 발견하고 치료하여 병에 걸리거나 심지어 사망할 위험을 줄일 수 있을 것이다.

소사춘기에 관한 지식은 영유아의 건강에 매우 중요할 뿐 아니라, 성인의 질병을 치료하는 데도 도움이 될 수 있다. 남아의 잠복 고환을 수술로 치료한 뒤에도 생식능력은 개선되지 않는 수수께끼를 생각해보라. 호르몬 과잉생산으로 생기는 노년층의 일부 (위험한) 호르몬 질환 중에, 신생아에게 발병하는 신생아 버전도 있다. 신생아 버전과 노인 버전의 차이점을 더 잘 안다면 새로운 치료법에 접근할 수 있으리라. 요컨대, 앞으로 소사춘기에 과학적 관심을 좀 더 쏟는다면 중요한 의학적 발견이 나올 수 있을 것이다.

그렇게 될 때까지 어린 자녀의 부모는 무엇을 할 수 있을까? 영유아의 호르몬 불균형은 어른들 생활에도 여러 측면에서 영향을 미치므로, 반드시 식단과 환경에 주의를 기울이는 것이 좋겠다. 영유아기 딸에게는 식물성 에스트로겐을 너무 많이 주지 않도록 하고, 아이가 플라스틱을 너무 자주 빨지 않도록 주의하기 바란다. 그리고 아들의 고환이 음낭으로 내려오지 않았다면 가능한 한 빨리 수술해야 한다.

소사춘기 후 몇 년이 지나면 호르몬 수치는 안정을 찾는다. 소사춘기 이후부터 진짜 사춘기가 시작되기 전까지, 대략 4세에서 10세까지의 소위 '평온' 단계에 호르몬 변동과 호르몬 교란물질이 어떤 효력을 내는지 할 수 있는 말이 많지 않다. 아직 충분히 연구되지 않았기 때문이다.

3

성장호르몬부터
사랑의 설렘까지

사춘기

화창한 오후, 에이미는 암스테르담 대학병원 외래 진료실로 들어왔다. 32세, 190센티미터. 여자치고는 꽤 큰 키였다. 얼굴이 이상해졌다며 남편이 병원에 가보라고 해서 왔다고 했다. 최근 몇 년 사이에 코와 귀가 눈에 띄게 커졌고 턱도 더 튀어나왔다. 발도 커졌고, 혀가 커져서 말하기도 어려워졌다. 하지만 진짜 걱정거리는 월경이 멎었고, 마치 눈이 멀어 주변을 보지 못하는 것처럼 자주 여기저기 부딪히는 것이었다. 직장에서도 문제를 겪는데, 종종 너무 피곤해서 근무시간 내내 아무것도 할 수가 없었다.

내분비학자인 내게 이런 증상은 초비상을 알리는 경보음이다. 정밀 검사와 뇌 스캔으로 내 추측이 옳았음이 확인되었다. 에이미의 뇌하수체에 종양이 생겼고, 그래서 성장호르몬이 너무 많이 생산되었다. 생식과 에너지대사에 관여하는 뇌하수체를 압박할 정도로 종양이 컸다. 에이미의 월경이 멎은 것도 여기서 비롯되었다. 호르몬 과잉생산이 몸 전체에 얼마나 해로울 수 있는지를 분명하게 보여주는 예다.

다행히 에이미의 결말은 해피엔딩이었다. 뇌하수체 수술로 성장호르몬 수치가 다시 정상으로 돌아갔다. 월경도 다시 시작되었으며, 최근에 건강한 아들을 낳았다.

에이미의 병은 사춘기를 다루는 장을 시작하는 내용으로 그다지 적합해 보이지 않을 것이다. 그렇더라도 에이미의 사례에는 눈여겨볼 것들이 아주 많다. 에이미의 종양은 사춘기에 일어나는 일련의 과정을 보여주기 때문이다. 물론 사춘기에는 그런 과정이 자연스럽고 건강한 방식으로 나타난다. 사춘기에는 성장호르몬의 영향으로 몸집이 커지고, 생식호르몬 홍수로 인해 2차 성징이 발달하고 더 충동적으로 행동한다.

"사춘기는 제2의 탄생과 같다. 인간 행동의 더 고차원적이고 정제된 기능이 서서히 세상에 드러나게 된다." 미국의 진화심리학자 그랜빌 스탠리 홀Granville Stanley Hall이 말했다.[1] 이 시기에는 성장에 초점이 맞춰져 있다. 청소년기를 뜻하는 'adolescence'는 '성장하다'라는 뜻의 라틴어 'adolescere'에서 왔다. 그러나 어린이가 자립 가능한 어른으로 성장하려면, 단순히 덩치만 커지는 것 그 이상이 필요하다. 사춘기가 되면 생식능력이 생기고 행동도 변한다. 우리는 미처 의식하지 못하지만, 생식호르몬과 페로몬은 우리의 생식에서 기존 상식보다 훨씬 더 큰 역할을 한다. 하지만 먼저 생식능력이 어떻게 생기는지부터 살펴보자.

2차 성징의 시작

평균적으로 사춘기는 대략 8세에서 14세 사이에 시작되지만, 항상 그런 건 아니다. 생식능력을 갖추는 과정은 점점 더 일찍 시작되는 것 같다.[2] 소아과 의사이자 작가인 마샤 허먼기든스Marcia Herman-Giddens는 1980년대에, 남녀 모두 생식기관 발달의 첫 징후가 점점 더 빨리 나타난다는 충격적인 연구 결과를 발표했다.[3, 4] 믿기 어렵겠지만 1860년경에는 소녀의 초경 평균 연령(사춘기의 시작점)이 16.6세였다. 17, 18세기 연구를 보면, 심지어 스무 살이 될 때까지 초경을 하지 않아도 완전히 정상이었다.[5] 빨라지는 가임기를 알아차리고 그것의 원인을 식습관 변화, 환경오염, 화학물질 그리고 특히 사회적 스트레스 증가로 본 건 허먼기든스가 최초는 아니다. 이미 수백 년 전부터 사람들은 사춘기 시작에 영향을 미치는 요인들을 고민해왔다.

기원전 4세기에 활동한 그리스 철학자 아리스토텔레스는 동물의 번식에 관해 쓴 자신의 대표 저서《동물부분론De partibus *animalium*》에서, 인간이 생식능력을 갖추는 시기 역시 변할 수 있다고 설명했다.[6] 과거에는 오늘날과 대조적으로, 사춘기가 늦게 시작되는 것이 오랫동안 문제로 여겨졌다. 사춘기 시작을 앞당기기 위해 소녀들은 남성들과 대화하거나 키스하거나 성행위를 해야 했다. 약 400년 전에 영국의 철학자이자 과학자인 프랜시스 베이컨Francis Bacon은, 사춘기가 이렇게 앞당겨진 것은 따뜻한 주변 온도로 인한 조숙함, 소위 '내부의 열기' 덕분이라고 주장했다. 그는 스페인과 튀르키예의 소녀들이 네덜란드나 스웨덴 소녀들보다 더 일찍 월경을 시작하는 것을 그 증거로 내세웠다! 매춘부가 다른 여성보다 더 이른 시기에 월경을 시작한다는 것을 발견하고, 그 이유가 남성들이 주변에서 '온도를 따뜻하게' 데우기 때문이라고 믿었던 17세기 의사 게오르크 프리드리히 랄Georg Friedrich Rall이 베이컨의 주장에 박수를 보냈다.[7]

체온이 사춘기 시작을 앞당긴다는 주장은 아직 하나의 이론에 불과하다. 게다가 지난 몇 세기 동안 우리의 평균 체온은 약 0.5도 감소했다.[8] 힘든 육체노동 역시 초경 시기를 늦춘다. 17, 18, 19세기에 힘든 육체노동을 하고 체중이 적은 여성은 더 나은 환경에서 잘 먹은 또래보다 눈에 띄게 늦게 월경을 시작했다.[9]

18세기 프랑스 철학자이자 작가인 장자크 루소Jean-Jacques Rousseau는 초경 시기를 앞당길 목적으로 이성과 직접 접촉할 필요가 없다고 보았다. 그는 낭만주의 문학이나 음악으로도 초경을 앞당길 수 있다고 주장했다. 가축 사육에서도 루소의 주장을 받아들였더라면 좋았을 텐데. 그들은 양과 돼지의 생식능력을 자극하기 위해 정기적으로 수컷을 암컷 무리에 들여보냈다. 그러나 사실 물리적 접촉은 필요치 않다. 우리가 앞에서 이미 다뤘듯이, 페로몬은 공기를 통해 효력을 내기 때문이다.[10]

페로몬은 미국 심리학자 마사 매클린톡Martha McClintock의 1971년 연구 프로젝트의 주제이기도 했다. 매클린톡은 가까이 사는 여성들의 월경주기가 페로몬의 영향으로 비슷한 시기에 맞춰지는, 이른바 '월경 동기화' 현상을 발견했다.[11] 결과의 해석을 두고 거센 비판이 일었지만, 페로몬은 갑자기 황색지의 주목을 받게 되었다. 배란기 여성의 겨드랑이에서 나온 무취 체액이 무작위로 다른 여성의 호르몬 수치에 영향을 미치는 것이 추가 연구에서 밝혀졌다.[12, 13] 같은 가구의 여성들이 동시에 월경을 하는 경우가 많다는 것이 과학적으로 100퍼센트 입증된 건 아니지만, 여성 독자들에게는 아마 익숙한 현상으로 느껴질 것이다.

페로몬과 주변 온도 이외에 건강도 사춘기 시작에 영향을 미친다. 거의 모든 세대가 전쟁을 겪었고, 엎어지면 코 닿을 곳에 풍부한 식량을 공급하는 슈퍼마켓이 아직 없었던 옛날에는 먹을 것이 충분하다는 것이 곧 종족 번식 가능성을 의미했다(1장의 원숭이를 상기해보라).

바흐와 점점 빨라지는 소년 사춘기

소녀들의 초경과 성숙 시기에 관한 글들은 많다. 그런데 소년들은? 그들의 전환점은 어떤 모습일까? 이 질문의 답은 오랫동안 감춰져 있었다. 그리고 1960년대에 옥스퍼드대학 의학사학자 에스 에프 도S. F. Daw가 예상치 못한 곳, 즉 요한 제바스티안 바흐의 제자들에서 그 답을 찾아냈다.[14] 독일의 유명한 바로크 시대 작곡가인 바흐는 1723부터 1750년까지, 그러니까 죽을 때까지 라이프치히에서 소년합창단 단장으로 일하며 여러 합창단원을 보살폈다. 이 기숙학교는 학생들의 음악 활동을 매우 진지하게 여겼고, 누가 고음역을 부르고 누가 저음역을 부르는지 정확히 기록했다. 도는 소년합창단에서 고음역과 저음역을 구분하는 기준이 변성기였음을 발견했다. 아직 변성기가 오지 않은 소년들이 소프라노, 과도기에 있는 소년들이 알토, 이미 변성기가 지난 소년들은 테너와 베이스를 맡았다.

변성기가 사춘기의 시작이라고 말할 수는 없지만, 변성기가 시작되는 평균 나이가 16.5~17세였으므로 어느 정도 연관이 있다고 볼 수 있다. 도가 1970년에 논문을 발표했을 때, 영국 소년들은 13.3세에 변성기가 시작되었고(18세기에는 아직 18세였다), 사춘기는 그보다 더 일찍 시작되었다. 이것은 소녀들과 마찬가지로 소년들 역시 사춘기가 점점 더 일찍 시작된다는 의미이기도 하다.

우리의 복잡한 호르몬시스템에 영향을 미치는 요인은 아주 많고, 그래서 그런 요인들이 조기사춘기에서 어떤 역할을 하는지 정확히 파악하기가 어렵다.

반항은 본성일까, 양육 방식의 차이일까

청소년기의 충동성과 중독성

사춘기에는 신체뿐 아니라 행동도 달라진다. 암스테르담 신경심리학자 옐러 욜러스Jelle Jolles는《10대의 뇌Het tienerbrein》라는 책에서, 사춘기 자녀와 부모가 잘 지내는 법을 알려준다.[15] 그는 청소년이 정해진 한계 이내에서 경험을 맘껏 쌓을 수 있는 성장 환경을 만들라고 강력히 권장한다. 그리고 부모에게 심판 대신 코치로서 피드백과 영감을 주고, 설령 때때로 일방통행처럼 느껴질지라도 항상 자녀와 대화하는 것을 잊지 말아야 한다고 조언한다.

청소년들의 전형적인 행동이 사춘기의 대표적 특징인 데는 다 이유가 있다. 사춘기가 되면 성호르몬 폭탄이 터지고, 이때 소년의 몸에서는 테스토스테론이, 소녀의 몸에서는 에스트로겐이 질주하듯 빠르게 퍼진다. 여드름, 체취의 변화(땀!), 갑작스럽게 자라는 수염, 감정적 불안정 그리고 (한밤중의 첫 몽정은 말할 것도 없고) 다리 사이에서 우뚝 솟은 자신의 물건을 어떻게 진정시켜야 할지 모르는 당혹감. 이걸 모르는 사람은 없으리라. 날뛰는 호르몬 때문에 사춘기는 절대 간단치 않은 인생 단계지만, 자연의 모든 과정이 그렇듯 이런 상승과 하강 역시 뇌와 신체 발달에 중요한 역할을 한다.

사춘기는 성적으로 '성숙하는' 단계다. 에스트로겐은 소녀의 유방을 커지게 하고 월경이 시작되도록 자극하고, 테스토스테론은 소년의 수염을 자라게 하고 정자세포 및 근육이 만들어지도록 자극한다. 대자연은 여전히 자손의 출산과 양육을 우리가 지구상에 머무는 동안 해내야 하는 가장 중요한 임무로 여긴다. 그러므로 인간으로서 대자연이 지운 임무를 수행하려면, 기본적으로 신체는 물론 정신의 준비가 완료되어야 한다. 모든 뇌 영역이 똑같은 속도로 발달할 수 없으므로, 사춘기 시기에는 균형이 깨진다. 이를테면, 감성적 '보상센터'(변연계)와 이성적 '계획센터'(전두엽)의 활동이 고르지 못하다. 간단히 말해, 감성이 이성보다 앞선다. 둘의 격차가 클수록 청소년이 보이는 행동은 더 충동적이고 무모하다.

전 세계 연구자들은 청소년의 충동성에 관심을 두었다. 네덜란드 발달심리학자 에벨리너 크로너Eveline Crone는 다큐멘터리영화 〈브레인타임Braintime〉(2016)에서 소리 높여 질문한다. 한창 발달하느라 바쁜 뇌가 무슨 수로 짬을 내어 '어리석은 일'까지 저지를까?[16] 물론 사춘기에만 단기적 쾌락에 빠지고 비논리적 결정을 반복하는 것은 아니다. 그러나 사춘기는 중독에 취약한 인생 단계다.

여기에도 호르몬이 관여하는 것 같다. 혈중 테스토스테론 수치가 높으면(남녀 모두), 이미 활성화된 보상센터가 추가로 더 자극되기 때문이다. 또한 테스토스테론은 위험을 감지하는 솔방울샘과 판단력을 지원하는 뇌 영역 사이의 연결을 약하게 한다.[17] 예를 들어, 미국의 한 연구에서는 사춘기 소녀(10~14세)의 경우 혈중 테스토스테론 수치가 높을수록 무분별한 소비로 돈 문제를 겪을 위험이 크다는 사실이 밝혀졌다.[18] 또 다른 연구에서는 성인 남성에게 테스토스테론을 추가로 투여했더니 통제집단보다 더 자주 경솔하게 무턱대고 결정하는 것을 확인했다.[19]

사춘기 청소년의 무모함, 음주와 마약, '사회적으로 바람직하지 않은' 일탈 행동은 부분적으로 테스토스테론의 증가가 원인이다. 테스토스테론의 효과는 어마어마하다. 연구들이 보여주듯이, 테스토스테론은 임신 중에 벌써 광범위한 영향을 미친다. 태아 때 테스토스테론 수치가 높을수록 나중에 (금전적으로) 무모해질 확률이 더 높다.[20]

사춘기 청소년의 행동을 자연스러운 과정으로 보는 것 그리고 처벌이나 비판으로 반응하지 않는 것이 매우 중요하다. 생물학적 요인과 양육 방식 외에도 환경, 즉 아이가 성장한 문화도 사춘기 청소년의 행동에 영향을 미친다. 전 세계 모든 사춘기 청소년이 동시에 똑같은 변화를 겪지는 않기 때문이다. 미국 민속학자 마거릿 미드Margaret Mead는 폴리네시아 사모아섬에 사는 청소년들의 행동을 연구했다. 미드는 이 문화권의 청소년들은 다른 곳의 청소년들과 다르게 행동하고, 따라서 앞서 살펴본 사춘기 청소년의 전형적 행동은 전 세계 청소년의 보편적 행동이 아님을 확인했고, 자연nature보다는 양육 방식nurture이 더 많은 영향을 미치는 것 같다고 결론지었다.[21]

충동적 행동이 단지 현대의 산물이 아님을 인식한다면, 아마도 상황을 이해하기가 조금은 쉬울 것이다. "오늘날 13세 소년이 우리 부모님 시대의 별난 소년 열 명보다 더 많은 악행을 저지르고 사고를 친다. 소녀들도 마찬가지다. 원인이 뭘까? 요즘 아이들은 조숙하다." 프랑스 시인 니콜라 부르봉Nicolas Bourbon이 16세기 초에 쓴 글이다.[22] '문제 행동'의 증가는 확실히 모든 시대에 존재했던 것 같다.

즉각적인 보상을 목표로 하는 청소년의 충동적 행동이 정말로 그렇게 심각한 문제일까? 단기적으로 보면 아마 바람직하지 않은 행동일 것이다. 하지만 장기적으로 보면, 특히 버릇없는 청소년들이 훗날 매우 이타적인 어른으로 자라고, 다른 사람과 협력할 때 더 많은 만족감을 얻는 것으로 나타났다. 사회적으로 바람직한 행동을 습득하는 것은 어쩌면 사춘기 동안 한계를 탐색해본 뇌에서만 가능할지도 모른다. 그러니 이것을 염두에 두고 고집스럽고 제멋대로 굴려는 아이를 바라보아야 한다. 어쩌면

아이는 지금 감성 지능을 훈련하고 있는 중일지도 모르니 말이다.[23]

마시멜로 실험: 아동과 청소년의 충동성

1950년대 중반, 임상심리학자 월터 미셸Walter Mischel은 트리니다드에서 우연한 발견을 하게 되었다. 그는 인도네시아인과 아프리카계 미국인이 사는 지역에 거주했는데, 두 인종은 서로를 인색하고 충동적이라고 비난했다. 미셸은 두 인종이 실제로 보상을 뒤로 미루는 능력에서 차이가 있을지 궁금했다. 그는 그곳에 있는 동안, 지금은 아주 유명해진 마시멜로 실험의 첫 번째 버전을 수행했다.

그는 다양한 연령대의 아이들에게 마시멜로를 주면서, 바로 먹어도 되고 몇 분 기다렸다 먹어도 되는데 기다렸다 먹으면 두 개를 먹을 수 있다고 말해주었다. (같은 연령대의) 아이들이 모두 똑같이 보상을 기다릴 수 있는 건 아니었다. 인터넷에서 볼 수 있는 영상에는 곧바로 마시멜로를 입에 넣는 아이도 있고, 마시멜로를 만질 유혹에 넘어가지 않기 위해 손을 엉덩이 밑에 깔고 앉아 있는 아이도 있다.[24]

미국으로 돌아온 미셸은 스탠퍼드대학과 협력하여 딸의 초등학교에서 통제된 조건 아래에서 표준화한 마시멜로 실험을 수행했다. 몇 년 후, 그는 보상을 뒤로 미룰 수 있는(마시멜로를 먹지 않고 그냥 둘 수 있는)

아이들이 나중에 학교와 직장에서 더 성공한다는 것을 발견했다. 비록 최근 반복된 테스트 결과로 볼 때 이런 결론이 다소 억지스러워 보이지만, 이 실험은 계속해서 영감을 주고 있다. 특히 쿠키몬스터가 자제력을 훈련하는 〈세서미 스트리트〉에서 이 능력은 사회적 책임감으로 이어진다(유튜브 영상 "Me Want It (But Me Wait)" 참조). 또한 "DON'T EAT THE MARSHMALLOW!(마시멜로를 먹지 말라)"라는 문구가 새겨진 티셔츠를 사기도 한다.

키스만으로 만족할 수 없는 이유

성적 매력을 느끼기 시작하는 시기

사춘기 청소년은 엄청난 양의 음식을 섭취하면서도 날씬한 몸매를 유지할 수 있다. 특히 기름진 간식과 단 음료를 선호하는데도 살이 찌지 않을 수 있다니, 놀라울 따름이다.[25] 우리 집 사춘기 아이들은 저녁을 배불리 먹은 뒤에 배가 고프다며 과자봉지를 뜯는다.

채워지지 않는 허기 외에 또 다른 일이 뱃속에서 일어난다. 사랑의 설렘으로 뱃속이 간질간질하고 첫사랑이 깨진 상심으로 뱃속이 메스껍다. 이때 또 다른 포옹 호르몬의 한 종류인 프로락틴과 기분 호르몬인 세로토닌이 큰 역할을 한다. 세로토닌은 최대 95퍼센트 이상이 장에서 만들어지고, 장의 움직임뿐 아니라 우리의 직감에도 영향을 미칠 수 있다.[26]

성적 매력은 주로 신체를 통해 나타난다. 다시 말해, 뇌는 상대적으로 영향을 거의 미치지 않는다. 이때 유혹하는 쪽이 대개 남성이라는 주장은 사실과는 다소 차이가 있다. 여성 역시 신체 언어를 통해 유혹의 신호를 보낼 수 있기 때문이다. 알란 피제Allan Pease와 바르바라 피제Barbara Pease 부부는 《왜 남자는 경청에 서툴고 여자는 주차에 서툴까?*Warum Männer nicht zuhören und Frauen schlecht einparken*》에서 여성이 보내는 온갖 비언어적 메시지를 설명한다.[27]

우리의 페로몬과 호르몬은 이런 '구애의 춤'에서 중요한 역할을 한다. 누군가를 유혹하거나 누군가에게 매혹될 때 혈중 도파민 수치가 올라간다.[28] 그러면 주의력이 높아지고 심장박동이 빨라지며 기분이 좋아지고 전체적으로 행복하다. 스트레스 호르몬인 코르티솔도 유혹에서 중요한 역할을 하지만, 여성과 남성에게 각각 다른 효과를 낸다. 혈액에 스트레스 호르몬이 많으면 여성은 유혹에 냉담한 편이지만, 반대로 남성은 유혹에 더 개방적이다. 아마도 성행위로 '빠르게 스트레스를 해소'하려는 기대 때문일 것이다.[29]

그리고 첫 키스가 있다. 이것 역시 뒤에 일어날 일에 결정적 역할을 한다. 키스를 하면 도파민 외에 옥시토신이 방출되어 기분이 좋아진다. 그러나 그것이 곧 모든 것이 좋다는 뜻은 아니다. 폭넓은 최신 연구 결과를 보면, 처음에 남자의 외모를 보고 매력을 느낀 여성의 50퍼센트가 여러 번 키스를 한 후 관계를 끝냈다.[30] 키스 없이 섹스부터 할 수 있다고 응답한 여성은 15퍼센트에 불과했다. 이에 반해 남성 대부분은 키스보다 먼저 섹스를 하는 것이 아무 문제가 안 되었다. 이런 결과는 여성과 남성의 침에 들어 있는 호르몬의 종류와 농도 차이로 설명할 수 있다. (월경주기에 관여하는) 에스트로겐의 영향으로 여성은 침을 통해 자신의 생식능력 정보를 보낼 수 있다. 예를 들어, 배란기 즈음에는 침에 당분이 더 많이 함유되어 키스의 맛이 글자 그대로 더 달콤해진다.[31] 배란기 여성의 질과 겨드랑이 냄새를 맡은 남성은 한 시간 이내에 침에서 테스토스테론이 증가하고,[32] 그것이 성욕을 높인다. 두 경우 모두 키스를 통해 침을 교환하면 무의식적으로 생식을 자극할 수 있다.

여성들은 키스를 주로 적합한 파트너를 찾는 도구로 이용하는 것 같다. 이런 진화적 트릭은 다음과 같이 작동한다. 여성은 가능한 한 많은 건강한 자손을 낳는 데 가장 적합한 유전자를 제공할 남성을 본능적으로 선택한다.[33] 이때 유전적으로 다른 구조를 가진 파트너가 적격인데, 그래야 더 강한 자손을 낳을 수 있기 때문이다. 자연은 유전적으로 적합한 프로필을 서로 맺어주기 위해 페로몬을 사용한다.

배와 호르몬과 뇌의 환상적인 협력이 이루어진다. 물론 피임약 때문에 페로몬의 '올바른' 파트너 선택은 종종 방해를 받는다. 이런 방해가 정확히 어떻게 일어나는지 우리는 불행하게도 아직 알지 못한다.[34] 그리고 자극적인 향수와 인공 향이 가미된 샤워젤, 거기다 48시간 동안 땀이 나지 않게 하는 데오도란트까지 대대적으로 홍보함으로써 발생하는 결과를 우리는 어떻게 받아들여야 할까? 이런 상품들 때문에 상대방의 페로몬 구름을 성공적으로 받는 일은 미션 임파서블이 되었다. 출퇴근 시간에 붐비는 지하철에서 옆 사람의 체취를 맡지 않아도 되는 것은 좋은 일이지만, 그것이 과연 잘못된 파트너를 선택해서 얻는 결과보다 더 중요할까? "데오도란트 소비 제한으로 이혼율 감소!" 이것은 멋진 헤드라인일 수 있지만, 당연히 파트너 선택 과정은 훨씬 더 복잡 미묘하게 진행된다.[35] 토대가 되는 생물학적 특성보다는 당연히 성격적 특성이 훨씬 더 중요한 동력이다.

성장호르몬의 다양한 기능

사춘기의 중요한 특징은 급격한 성장이다. 이것을 담당하는 성장호르몬(인간성장호르몬 또는 HGH)은 가장 최근에 발견된 호르몬 중 하나다. 캘리포니아 버클리대학의 중국계 미국인 생화학자 초 하오 리Choh Hao Li의 실험실에서 1955년에 비로소 그 존재가 입증되었다.[36] 초 하오 리는 뇌하수체에서 생산되는 주요 호르몬 아홉 가지 중 여덟 가지를 발견했다. 당시에 그는 앞에서 언급한 난포자극호르몬과 황체형성호르몬을 이미 밝혀낸 상태였다. 성장호르몬은 어른에게 크게 중요하지 않지만 사춘기에는 매우 중요하다. 그것은 뇌하수체에서 생산되고 50센티미터 크기의 신생아를 성인 체격으로 키운다. 생애 첫 18년 동안 최종 크기인 1.5~2미터에 도달하는데, 이것은 태어날 때 크기의 세 배, 심지어 네 배로 성장한 것이다.

어렸을 때는 성장호르몬이 골격의 긴 뼈 성장판에 신호를 보내 주로 키가 자라게 한다. 어른이 되면 성장호르몬은 다른 역할을 한다. 예를 들어, 많은 음식을 섭취했을 때 그것으로 너무 뚱뚱해지지 않도록 지방을 더 빨리 태울 수 있게 돕는다.[37] 또한 글리코겐을 포도당으로 전환하여 당 수치를 높이고 에너지를 만든다. 성장호르몬은 근육량도 늘리고 심장 기능과 상처 치유를 지원하며, 심지어 기분에도 긍정적 영향을 미친다.

그리고 우리가 이미 확인했듯이, 호르몬에 관한 한 모든 것이 모든 것과 연결되어 있다. 성장호르몬이 너무 적게 생산되면 성장이 멈추고 근육량이 줄어들 수 있다. 이것은 결국 (신체가 음식에서 에너지를 얻는) 물질대사에 영향을 미치고, 당뇨병(제2형 당뇨) 같은 질병이 발생할 위험이 커진다. 이로 인해 장기의 기능이 저하될 수 있다. 그 결과 성인의 경우 비만, 근력 감소, 피로, 뼈의 약화, 콜레스테롤 수치 증가가 발생할 것이다.

연구를 통해 밝혀졌듯이 무엇보다도 잘 자고, 운동을 많이 하고, 소식하면 성장호르몬 방출에 긍정적 영향을 미칠 수 있다. 반대로 스트레스는 부정적 영향을 미친다.

키 성장으로 돌아가보자. 아이들은 유년기와 청소년기를 거쳐 키가 자라지만, 성장이 가장 급격히 이루어지는 시기는 10대다. 그러므로 이 시기에는 혈액에 성장호르몬이 매우 많다. 성장호르몬은 하루에 약 여섯 번씩 뇌하수체에서 혈류로 방출되고, 밤에 혈중 성장호르몬 수치가 최고치에 달한다. 그래서 그 유명한 성장통이 생기고 급격한 성장이 발생한다. 네덜란드의 경우 여성의 평균 키는 171센티미터, 남성은 184센티미터이고, 독일은 여성이 166센티미터, 남성이 179센티미터로 약간 더 작다.(한국의 평균 키는 여성이 159.6센티미터, 남성이 172.5센티미터다 – 옮긴이)[38] 네덜란드인이 지구에서 가장 크다. 그러나 항상 그랬던 건 아니다. 150년 전까지만 해도 네덜란드인은 유럽에서 키가 작은 측에 속했다.[39] 갑자기 키가 커진 이유가 뭘까? 아마도 국가적으로 권장했던 유제품 소비 덕분일 것인데(1950년대 이후 학교에서 학생들에게 제공했던 우유를 생각해보라), 실제로 우유를 많이 마시면 혈중 성장호르몬 수치가 증가하는 것으로 나타났기 때문이다.[40] 키가 크면 유전적 이점도 있는 것 같다. 키가 크고 근육이 많은 남성은 키가 작은 남성보다 진화적으로 더 매력적인 파트너이고 생식능력도 더 높다.

정상적인 성장에서는 성장호르몬이 일정하게 혈액에 유입되는 것이 아니라, 폭발하듯 한 번에 다량이 방출된다. 이 호르몬이 지속적이고 장기적으로 많이 생산되는 경우는 드물다. 에이미처럼 뇌하수체에 종양이 생긴 경우에만 그런 일이 발생한다. 어린 나이에 이런 문제가 발생하면 뼈가 아직 완전히 발달하지 않아 키는 자라지 않고 몸집만 거대해진다. 이것에 관해서는 잠시 후에 자세히 다루기로 하자. 사춘기 이후에 성장호르몬이 과잉 분비되면 우리는 이것을 말단비대증(신체의 끝부분이 비대해지는 증상)이라고 부른다. 주로 손, 발, 턱, 코, 귀가 비정상적으로 커진다. 네덜란드 배우 카럴 스트라위컨Carel Struycken은 키 213센티미터에 신발 사이즈 337밀리미터로, 애니메이션 〈아담스 패밀리〉의 러치 집사 역에 안성맞춤인 외모 조건을 갖췄다. 이런 '과성장'은 10만 명 중 대략 여섯 명꼴로 발생한다. 희귀병이지만 특정 집단에서는 희귀하지 않다.[41] 예를 들어, 농구선수는 종종 키가 커야 선발되고, 농구선수들 사이에는 말단비대증이 비교적 흔하다. 그러나 항상 키를 기준으로 말단비대증 여부를 판단하는 것은 아니다. 오늘날에는 호르몬 검사를 통해 이런 이상을 감지할 수 있다. 하지만 옛날에는 당연히 그것이 불가능했다.

더 극적인 과성장은 고대에 이미 보고되었던 '거인증'이다. 기원전 6세기에 선원들이 유럽의 대서양 연안을 따라 안전하게 항해하기 위해 사용했던, 고대 그리스 버전의 구글맵이라 할 수 있는 '페리플루스Periplus'라는 항해안내서가 있었다.[42] 여기에는 강한 여성 군대가 주둔한 신비의 섬 알비온이 묘사되어 있다. 이 여성들에게는 '아낙의 후손'(아낙Anak은 성경 민수기에 나오는 아나킴 거인족의 조상이고, 아낙은 '긴 목'이라는 뜻이다 – 옮긴이)이라 불리는, 사탄의 영혼을 가진 거인 자녀 수십 명이 있었다. 이 거인들은 트로이의 브루투스가 등장할 때까지 수백 년 동안 이 섬에 살았다. 브루투스는 군대를 이끌고 와서 거인의 지도자 고그마고그를 해안의 하얀 절벽 아래로 떨어트리고 알비온섬을 정복했다. 그리고 브루투스는 트로이아 노바, 즉 새로운 트로이를 세웠다. 오늘날 우리는 알비온섬을, 브루투스의 이름을 따서 '브리튼(영국)'이라고 부르고, 새로운 트로이가 바로 런던이다.

영국에만 거인이나 거대 괴물 전설이 있는 건 아니다. 성경에 나오는 다윗이 맞선 골리앗과 가나안에 사는 아낙의 후손을 생각해보라. 로마 황실에서도 유전적 거인증이 발생했다.[43] 고고학이 발굴해낸 거대한 인간의 골격이, 전 세계 모든 곳에 거인이 살았음을 보여준다. 흥미로운 것은 이런 발굴의 공통분모다. 모든 골격의 두개골에는 뇌하수체가 자리한, 말 안장 모양으로 움푹 파인 이른바 튀르키예 안장Sella turcica이 눈에 띄게 커져 있었다. 아마도 이 거인들도 에이미처럼 종양으로 인해 뇌하수체가 비대해져 성장호르몬을 너무 많이 생산했던 것 같다.

키가 231센티미터에 달한 찰스 번Charles Byrne이라는 아일랜드인의 골격을 분석함으로써, 거인증과 뇌하수체 오작동의 연관성이 밝혀졌다.[44] 찰스 번은 1761년부터 1783년까지 런던에 살았고, 영국박람회에서 '위대한 친절한 거인'으로 전시되었다. 거인들 대부분이 그렇듯, 그 역시 겨우 22세 젊은 나이에 죽었고, 그의 골격은 박물관에 공개적으로 전시되었다. 그리하여 미국 신경외과 의사이자 내분비학자인 하비 쿠싱Harvey Cushing이 족히 100년 후에 뇌하수체 종양에 의한 거인증이라는 진단을 내릴 수 있었다.

그러나 주목할 점은, 찰스 번의 모든 후손이 비정상적으로 큰 신체를 가졌다는 사실이다. 이런 유형의 거인증이 유전된다는 증거는 2009년에야 비로소 발견되었다.[45] 런던의 내분비학 교수 마르터 코르보니츠Márta Korbonits는 찰스 번의 출생지 주변에 거인증을 앓는 아일랜드인이 많다는 것을 발견했다. 코르보니츠 연구진은 찰스 번의 200년이 넘은 치아에서 DNA를 분리하는 데 성공했다. 기술적으로 매우 복잡한 작업이었다. 연구진은 이 DNA를 찰스 번의 살아 있는 후손과 비교했다. 빙고! DNA에서 이상이 발견되었고, 이것이 가족 전체가 비정상적으로 큰 원인임이 밝혀졌다.

'큰 소녀'라는 별칭을 가진 네덜란드 여성 트레인티어 케이버르Trijntje Keever(1616-1633)에게도 이런 돌연변이가 있었는지는 확실하지 않다. 17세에 254센티미터였던 그녀는 인류 역사상 가장 큰 여성이다.[46] '로테르담의 거인'이라 불리는 리하르뒤스 레인하우트Rigardus Rijnhout(1922-1959)는 뇌하수체에 종양이 있었다. 태어날 때 이미 체중이 8킬로그램이었던 그는 키 237센티미터, 신발 사이즈 387밀리미터에 최종 몸무게가 230킬로그램이었다. 2011년에 로테르담에 그를 기리는 기념비가 세워졌다.[47] 기네스북에서는 레인하우트와 같은 시대를 산 미국인 로버트 워들로Robert Wadlow가 272센티미터로 공식적으로 세계에서 가장 키가 큰 사람이다.

잘 자고 잘 먹는 게 정답인가요?

성장호르몬의 자극 요인

호르몬은 밤에 분주하게 움직인다. 깊이 잠든 동안에는 근육이 이완되고 혈압이 떨어지며 호흡이 느려진다. 이때가 바로 성장과 회복의 시간이다. 새로운 세포가 생성되고 에너지가 충전된다. 특히 저주파 델타파가 흐르는 숙면 단계에서 성장호르몬이 혈액으로 다량 방출된다. 다만 안타까운 것은 평범한 사춘기 청소년들 대부분이 잠자리에 드는 것을 좋아하지 않는다는 사실이다. 그러나 대다수 청소년이 건강한 수면 불문율을 거의 무시한다는 점을 고려하면, 성장호르몬은 놀라울 정도로 제 임무를 잘 수행하는 것 같다.

포츠담의 거인 경호대

17세기 중반에 프로이센의 왕 프리드리히 빌헬름Friedrich Wilhelm 1세는 비정상적으로 키가 큰 남자들에게 매료되었다. 아마도 그 자신이 탄탄한 체격을 가졌더라도 키 160센티미터로 확실히 작았기 때문일 것이다. 그는 1668년에 키가 188센티미터 이상인 신병만을 모아 프로이센군의 한 연대를 구성했다. '키 큰 청년들'로 불렸던 '포츠담 거인 경호대'는 유럽 전역에서 모집된 3200명 병력으로 성장했다.[48] 프리드리히 빌헬름은 더 거대한 자손을 얻기 위해 이 남자들을 키가 큰 여성과 결혼시키려 애썼다. 1740년 빌헬름 1세가 사망한 후, 그의 아들 프리드리히 대왕이(대왕이라 불릴 만한지 모르겠다······) 이 연대를 해산했다. 그는 '키 큰 청년들'로 구성된 군대에 큰 의미를 두지 않았고, 그들이 전쟁에 참전한 적이 없다는 사실이 밝혀졌을 때 특히 더 그랬다.

아마도 이것은 청소년의 경우 잠든 후 첫 세 시간 동안 델타파가 나타나기 때문일 것이다. 이런 짧은 숙면으로도 원칙적으로 회복과 (근육) 조직 성장에 충분하다. 하지만 생체리듬에 맞게 잠을 자는 것이 좋은데, 사춘기에는 이 생체리듬이 때때로 깨진다. 밤이 아주 깊었을 때 비로소 잠자리에 드는 사춘기 청소년이 많다. 물론 다음 날 늦게까지 잘 수 있겠지만, 그러면 수면의 질이 많이 떨어져 성장호르몬 생산에 차질이 생긴다.

잠들기 전에 태블릿과 스마트폰을 사용하는 것 역시 수면을 망칠 수 있다.[49] 이런 기기들은 수면 패턴을 바꾸고, 솔방울샘의 멜라토닌(수면 호르몬) 생산을 억제하여 결과적으로 성장호르몬의 생산을 방해한다.[50] 이것이 네덜란드에서 부모 세대보다 키가 더 작은 세대를 역사상 처음으로 보게 되는 이유 중 하나일까?[51]

신체 활동 역시 자연적으로 성장호르몬 생산과 방출을 지원한다. 이것은 아주 논리적 결과인데, 운동이 근육 발달과 세포 성장을 자극하기 때문이다. 이때 청소년의 뼈에 힘이 작용하는 것이 가장 중요하다. 그러므로 청소년에게는 달리거나 점프하는 것이 걷기나 수영보다 더 효과적이다.[52] 스포츠계는 이 지식을 허투루 듣지 않았다.

1980년대 운동선수들은 혈중 성장호르몬 수치가 높으면 경기력이 향상되고 장기적으로 부상 위험이 줄어든다는 사실을 발견했다. 테스토스테론을 함께 사용하면 모를까 성장호르몬만으로는 확실하지 않았지만, 그럼에도 합성 성장호르몬은 운동선수와 보디빌더들 사이에서 엄청난 인기를 얻었다. 국제올림픽위원회는 1989년에 이런 경기력 향상 전술을 금지했다. 그러나 적절한 검사 방법이 부족하여 성장호르몬 도핑은 끊이지 않았다(성장호르몬은 소변에서 검출되지 않고, 주입 후 24시간 이내에 혈액에서만 검출된다). 그래서 1996년 애틀랜타 올림픽은, 다양한 방식으로 성장호르몬이 사용되어 '성상호르몬 올림픽'이라는 오명을 얻게 되었다.[53]

수면과 운동 외에 단식도 성장호르몬 방출을 높이는 강력한 자극제다.[54] 이것은 모순 같다. 신체에 넉넉한 연료가 공급되지 않는데 어떻게 신체가 성장한단 말인가? 위가 비어 있으면, '배고픔 호르몬'이라고도 불리는 그렐린이 생산된다. 그렐린 수치가 높을수록 식욕이 강해지고 배고픔을 느끼게 된다. 그렐린이라는 이름은 '성장호르몬 방출 펩타이드growth hormone releasing peptide'에서 유래했고, 그렐린의 주요 임무가 바로 성장호르몬 방출이다. 단기적인 배고픔은 성장호르몬 생산을 자극하고,[55] 그러면 당 수치가 올라가고 신체를 회복하기 위한 에너지가 방출된다.

주기적 또는 간헐적 단식이 요즘 인기를 누린다.[56] 하루 중 일정 시간 동안 아무것도 먹지 않는 방식이다. 예를 들어, 저녁 8시부터 다음 날 정오까지 굶는다. 아직 과학적으로 입증되진 않았지만, 이론적으로 단식이 건강에 긍정적 영향을 미칠 것이라는 기대로 점점 더 많은 사람이 장기 단식을 시도하고 있다. '적절한 단식'은 성장호르몬 생산에 긍정적 영향을 미치지만, 극단적 단식은 거식증 환자에게서 볼 수 있는 것처럼 부정적 영향을 미친다. (종종 젊은) 거식증 환자들은 살찌는 것이 두려워 거의 먹지 않는다. 그 결과 (뼈의) 물질대사와 당대사에서 만성적 결핍과 호르몬 장애가 생기고,[57] 이것은 1944년 '기아의 겨울'에 겪었던 영향과 비슷하다.

심리적 스트레스가 성장을 둔화시킨다

성장호르몬 대사 장애

고강도 운동 같은 갑작스러운 신체적 '스트레스'는 성장호르몬 생산을 촉진하지만, 심리적 만성 스트레스는 반대로 결핍을 초래한다. 그러므로 오랫동안 심리적 스트레스를 받는 어린이는 성장이 멈출 수 있다.[58] 우리는 이런 드문 질병을 심리사회적 왜소증이라고 부른다. 신체적 원인 없이 성장이 둔화하는 병이다. 왜소증은 스트레스가 많은 환경, 예를 들어 가정 폭력이 심한 환경에서 자라는 약 15세 이하의 어린이에게 주로 발생한다. 이런 형태의 왜소증은 의학계에서 드문 일이지만, 소설이나 영화에서는 그렇지 않다. 빅토르 위고Victor Hugo의 《레 미제라블》에서 여덟 살 코제트는 온갖 고난으로 네 살만큼 작지만, 장발장에게 입양된 후로 다시 정상적으로 자란다.

이런 어린이의 경우 약물을 투여하여 성장호르몬 생산을 '촉진하려' 시도하더라도, 뇌하수체가 반응하지 않는다. 그러나 아이를 스트레스가 덜한 다른 환경으로 옮기면 도움이 된다. 그러

면 호르몬 수치가 3주 이내에 벌써 회복되기도 한다.[59]

만약 성장호르몬 결핍의 원인이 신체에 있다면, 인공 성장호르몬으로 결핍을 보완할 수 있다. 하지만 이것은 주의가 필요한 처방이다.

앞에서 이미 소개했던 성장호르몬 발견자 초 하오 리 교수는 1960년경에, 사망한 사람들의 뇌하수체에서 성장호르몬을 걸러내는 데 성공했다. 1985년(!)까지 성장호르몬을 외부에서 얻기 위해 이 방법을 썼다. 당시에는 아이에게 성장호르몬을 주입할 때 별다른 주의를 기울이지 않았고, 이것은 상당히 큰 규모로 이루어졌다. 그러나 의학사에서 종종 그렇듯이, 모든 일에는 결과가 있기 마련임이 여기에서도 드러났다. 이 방법은 대장암과 치명적인 크로이츠펠트-야코프병의 위험을 높였다. 이 질병으로 사망한 기증자의 뇌하수체에서 얻은 호르몬을 건강한 수혜자에게 주입하면 질병이 전염될 수 있다는 사실이 밝혀졌다.[60] 그 이후로 의사들은 제약회사에서 개발한 안전한 생합성 약물을 사용한다. 이 약물은 아이의 신체에서 생산되는 성장호르몬과 같은 물질이다.

성장호르몬은 어린이 그리고 무엇보다 사춘기에 접어든 청소년에게 특히 중요한 호르몬이다. 이 호르몬이 부족하면 성장이 둔화하고, 너무 많으면 거인증이 발생한다. 그러나 성장호르몬

대사의 미묘한 장애는 감지하기가 매우 어렵다. 부모가 할 수 있는 일은, 경험으로 알고 있는 간단한 규칙 몇 가지를 사춘기 자녀의 뇌에 각인시키려 노력하는 것이다. 그 규칙은 평온과 균형 그리고 유아에게 반복해서 가르친 청결 규칙만큼이나 아주 간단하다. 충분히 잘 자기, 매일 운동하기(하루에 최소 30분), 골고루 먹기, 잠들기 직전에 스마트폰 사용하지 않기, 만성 스트레스 피하기, 즉 휴식하기. 사춘기 자녀 셋을 둔 아빠로서 나는 무엇보다 당신의 성공을 기원한다.

다음 장에서는 호르몬과 뇌 발달의 상호작용이 우리의 성격과 성적 지향에 얼마나 중요한지 자세히 다룰 것이다.

4

호르몬이 결정하는 것과
그렇지 못한 것

젠더와 섹슈얼리티

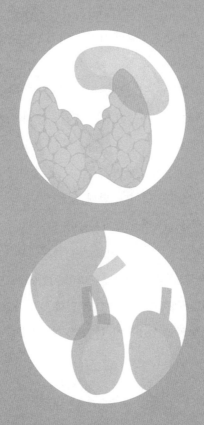

네덜란드 노르트홀란트주의 해안 도시 덴헬데르에서 태어난 45세 헤르만은 인상적인 외모를 가졌다. 그는 거의 평생을 농부로 일한 195센티미터의 덩치 큰 사내다. 보통 남자보다 더 남성적이라고 말하는 것이 맞을 것 같다. 그와 악수한 후 한참이 지나서도 나는 손바닥에서 그의 강한 악력을 뜨겁게 느꼈다. 비밀이 보장되는 안전한 나의 진료실에서, 그는 어렸을 때부터 자신이 여자라고 느꼈다고 털어놓았다. 그는 모든 거친 스포츠를 싫어하고 축구를 해본 적이 없었다. 집에서 몰래 여자 옷을 입는데, 그러면 비로소 편안함을 느낀다고 했다.

자녀들이 다 커서 독립한 뒤 그는 자신을 위한 결정을 내렸다. 성전환을 결심했다는 뜻이다. 함께 암스테르담에 온 그의 아내도 남편의 결정을 전폭적으로 지지했다.

내가 헤르만을 처음 만난 것은 2010년 암스테르담 프레이 대학병원 내분비내과에서 레지던트로 일할 때였다. 이 병원은 현재 다른 대학병원과 합병되어 암스테르담 대학의학센터(UMC)

의 일부가 되었다. 이곳은 지난 수십 년 동안 트랜스젠더 치료 대표 병원으로 발전했다. 트랜스젠더 프로그램을 직접 체험한 알렉스 바커르Alex Bakker의 훌륭한 책《네덜란드의 트랜스젠더 *Transgenders in Nederland*》에서도 헤르만 사례와 유사한 다양한 이야 기들을 읽을 수 있다.[1] 바커르는 지난 70년 동안 네덜란드에 있 었던 트랜스젠더들의 투쟁과 사연을 들려준다. 이야기의 일관된 요지는 그들이 어릴 때부터 잘못된 몸으로 태어났다고 느꼈고 (이것을 '젠더디스포리아' 또는 성별 불쾌감이라고 부른다), 그로 인해 심 리적 고통을 받았다는 것이다.

인류는 태초부터 남성과 여성 두 가지 성별로 나뉘었기 때문 에, 이런 이분법적 사고가 오랫동안 지배해왔다. 남성은 XY염 색체, 고환과 음경, 특정 체격, 다량의 테스토스테론으로 정의 되고, 여성은 XX염색체, 질, 난소, 자궁, 다량의 에스트로겐으로 정의된다. 이런 분류는 성호르몬에 기초한다. 성별은 사람들의 생물학적 차이 또는 선천적으로 갖고 태어난 신체적 특성을 기 반으로 하고, 젠더는 남성 또는 여성임을 의미하는 문화심리학 적 용어다.[2] 성별은 다리 사이에 있고, 젠더는 귀 사이에 있다고 종종 설명된다. 인터섹스 또는 간성은 단거리 육상선수 푸크여 딜레마, 더 최근에는 남아프리카 육상선수 캐스터 세메냐Caster Semenya[3] 또는 네덜란드 가수 라번 판도르스트Raven van Dorst 같이 여성과 남성의 성적 특성을 모두 지닌 신체를 가리키는 생물학 용어다.

이분법적 사고는 트랜스젠더(성정체성이나 자아 인식이 생물학적 성별과 일치하지 않는 사람)와 동성애자(동성에게 성적 매력을 느끼는 사람)가 부자연스러운 것이라는 가정을 만들어냈다. 그러나 자연을 보면 시각이 바뀔 것이다.

동물의 왕국에서는 약 5~6퍼센트가 동성에게 관심을 보인다. 동물 6만 5000종에서 동성애를 확인할 수 있다. 특히 새, 곤충, 원숭이, 돌고래 그리고 동물원의 펭귄 역시 정기적으로 동성에게 성적 행동을 보인다.[4] 그러나 동물의 동성애는 인간의 동성애와는 다르다. 동성애 동물은 번식을 위해 종종 이성 파트너와 새끼를 낳기 때문이다.[5] 한편, 식물의 왕국에서는 이성애나 간성이 일반적이다.[6] 사는 동안 성을 바꿀 수 있는 동물도 있다. 예를 들어, 디즈니 영화 〈니모를 찾아서〉의 유명한 주인공 아네모네피쉬가 그렇다. 농어는 심지어 두 가지 성별을 모두 가질 수 있다. 그들은 집단에 수컷 또는 암컷이 상대적으로 너무 많아 번식이 위협받는 일이 없도록 방지하기 위해 이렇게 한다.[7] 그러므로 다양한 성호르몬의 영향으로 성정체성이 바뀌는 것은 자연스러운 현상이다. 인간도 전 세계적으로 젠더 유동성이 있고 옛날부터 늘 존재했었다고, 런던 역사학자 얼리셔 스펜서홀Alicia Spencer-Hall이 주장한다. 그녀는 2021년에 《중세 성인전에 등장하는 트랜스와 젠더퀴어Trans and Genderqueer Subjects in Medieval Hagiography》라는 두

거운 책에서 이에 관해 썼다.[8] 스펜서홀은 남성이 여성이 되고 여성이 남성이 되는 사례가 전 세계에 많다고 말한다. 인도네시아 술라웨시섬의 부기스 부족은 총 다섯 가지 성별을 가졌다. 시스-남성과 시스-여성(타고난 성별과 성정체성이 일치함), 트랜스-남성과 트랜스-여성, 성직자나 주술사들을 위한 중성. 스펜서홀은 또한 자신의 책에서, 거의 8세기 전에 트랜스젠더로 살았음에도 교회가 성인으로 선포한 요셉 수사를 소개했다. 여교황 요한나와 비교하면 이 얼마나 다른 상황이란 말인가(1장 참조).

이 장에서는 먼저 성정체성의 생물학적 배경을 살펴본 다음, 성적 지향이 어떻게 생겨나는지 다루고, 마지막으로 성호르몬과의 관계를 설명할 예정이다.

남자가 여성이고, 여자가 남성이라면

트랜스젠더 호르몬 치료

서양에서는 약 0.3~0.6퍼센트가 트랜스젠더인 것으로 추정되고, 트랜스-남성보다 트랜스-여성(남자로 태어난 여성)이 더 많다.[9] 대개는 청소년기 초기에 성정체성을 인식하기 시작하여 서서히 자신이 트랜스젠더임을 깨닫게 된다. 네덜란드에는 의학적 도움을 구한 트랜스젠더가 총 5만 명 정도 있지만, 이들 중 성전환 수술을 받은 사람이 몇 명인지는 알려지지 않았다.

1980년대 이후 대다수 국가에서, 특히 서유럽에서 점점 더 많이 트랜스젠더를 인정하고 받아들이기 시작했다. 동유럽이나 아프리카에는 불행하게도 트랜스젠더를 색안경을 끼고 보는 국가들이 여전히 있다.[10] 그러나 2020년, 네덜란드의 유튜버이자 메이크업 아티스트인 니키 더야허르Nikkie de Jager의 강제 커밍아웃은, 성정체성과 생물학적 성별을 둘러싼 터부가 여전히 존재함을 보여준다.[11] 텔레비전 8시 뉴스 보도에 많은 사람이 충격을 받았더라도, 이 인플루언서가 자신의 유튜브 채널 '니키 튜토리얼'

에 올린 17분짜리 독백 영상은 수백만 번 조회되었다. 그녀의 커밍아웃은 비록 자발적인 것이 아닌 협박의 결과였지만, 그녀 같은 롤모델 덕분에 사춘기 이전에 벌써 자신의 성정체성을 표현해도 된다는 인식이 점점 확산했고, 실제로 점점 더 자주 표현되고 있다.

네덜란드인의 57퍼센트가 트랜스젠더를 긍정적으로 보고, 독일에서도 두 명 중 한 명꼴로(52퍼센트) 독일이 트랜스젠더에 점점 더 관대해지고 있다고 여기는 것으로 나타났다.[12] 〈Geslacht!(성별)〉, 〈Hij is een Zij(그 남자는 여성이다)〉, 〈러브 미 젠더Love me Gender〉 같은 텔레비전 프로그램들이 이런 변화에 공헌했다. 또한 오래된 사례로 1998년 유로비전 송 콘테스트에서 우승한 이스라엘 가수 다나 인터내셔널Dana International과 〈빅 브라더Big Brother〉에 출연한 네덜란드 가수 켈리 판데르페이르Kelly van der Veer가 있고, 최근의 예로는 리얼리티 쇼 〈카다시안 패밀리The Kardashians〉에서 유명해진 케이틀린 제너Caitlyn Jenner와 〈홀랜즈 넥스트 톱 모델 Holland's Next Top Model〉 우승자 로이자 라머르스Loiza Lamers가 있다. 두 사람 모두 2015년에 커밍아웃했다.

일반 사람들에게는 성전환 수술을 받은 사람이 비로소 트랜스젠더이지만, 트랜스젠더에게는 성전환 수술이 성장 발달의 종점이다. 그때 비로소 정말로 남자 또는 여자가 되기 때문이다. 헤티 니츠흐Hetty Nietsch의 다큐멘터리영화 〈발렌틴Valentijn〉은, 사람을 '남자 또는 여자'로 구분하는 이분법적 사회에서 발렌틴이라는 소년이 소녀로 성을 바꾸는 과정을 보여준다. 트랜스젠더 청소년이 평균보다 거의 세 배 더 많이 우울증을 앓는 이유가 바로 이런 이분법 때문이다. 또한 트랜스젠더는 괴롭힘을 당하고 가정에서 정서적으로 홀대받거나 심지어 학대를 당할 확률이 또래보다 더 높다.[13] 혐오와 협박의 두려움이 다모클레스의 검처럼 그들의 머리 위에 드리워지는 경우가 많다.

이제 의사들은 호르몬 투여 및 수술의 가장 적합한 방법과 시기 그리고 심리적 지원 방법을 잘 알고 있다. 네덜란드에는 성전환 대기자가 너무 많고, 전체 과정이 1~2년 정도 걸리기 때문에, 정규 절차가 모두에게 제공되진 않는다. 어떤 사람은 호르몬 투여만을 원하고, 또 어떤 사람은 수술을 통해 돌이킬 수 없이 확실하게 성을 전환하고자 한다. 21세기 초부터 청소년의 신체적 변화를 억제하는 약물인, 소위 '사춘기 차단제'가 엄격한 심리 검사를 거친 후 처방되고 있다. 이것은 트랜스젠더의 수용과 해방 정도를 보여주는 이정표가 되었다. 그렇게 니키 더야허르는 14세부터 호르몬 치료를 받았고, 20세 이전에 수술을 받을 수 있었다. 이런 호르몬 치료를 받은 청소년들은 유방이나 턱수염 같은 2차 성징이 나타나지 않으므로, 신체적·정신적 고통을 크게 줄일 수 있다. 또한 헤르만처럼 성인기에 치료하는 것보다 어렸을 때 치료하는 것이 미용 면에서도 더 낫다. 아무튼, 헤르만의 아내와 자녀들은 그(녀)의 변화를 온전히 받아들였다. 헤르만은 현재까지 신체적으로 건강하게 잘 지내고, 전환한 성에 매우 만족한다.

삶의 만족감은 중요한 성공 요인에 속한다. 성인과 청소년 모두 성전환 이후 자신의 삶을 시스젠더들과 마찬가지로 매우 소중하게 여긴다. 수술을 후회하는 트랜스젠더의 비율은 무시해도 될 정도로 미미하다.[14] 또한 전환 과정에서 부모의 수용과 지원 역시 자신감을 키우는 데 크게 도움이 된다.[15]

남자아이를 위한 분홍색, 여자아이를 위한 파란색

지금은 매우 고루한 의식으로 통하지만, 여전히 파란색은 남자아이를 위한 색, 분홍색은 여자아이를 위한 색으로 여겨진다. 예를 들어, 네덜란드에는 갓난아기의 탄생을 축하하러 온 손님에게 식빵 과자에 '마위셔스'라 불리는 분홍색 또는 파란색 토핑을 아기의 성별에 맞춰 올려 대접하는 관습이 있다. 그러나 이 관습은 그리 오래된 것이 아니다. 게다가 색상 배당은 오랫동안 정반대였다.

1918년에 미국의 한 유명 잡지가 최초로 '지침'을 발표했다.[16] 분홍색은 남자아이를 위한 색이고, 여자아이에게는 파란색이 적합하다! 색상을 성별과 연결 지은 것은 이것이 처음이었다. 아마도 분홍색 천에 싸인 아기 예수와 파란색 옷을 입은 성모마리아를 표현한 여러 성화에서 영감을 받았을 터이다. 2차 세계대전 이후 이런 색상 배당이 갑자기 역전되었다. 그 이유로 다양한 이야기가 있지만, 전쟁 당시 여자들이 입었던 파란색 작업복에 대한 반작용이었을 것이다. 미국 영부인 마미 아이젠하워Mamie Eisenhower는 1950년대 남편의 대통령 취임식에서 풍성한 분홍색 드레스로 강한 존재감을 드러냈다.[17] 영화 〈그리스〉에서 '핑크 레이디스' 또는 영화 〈퀸카로 살아남는 법〉의 '플라스틱'을 비롯해 많은 사람이 그녀를 따라 했다. 그리고 힐러리 클린턴Hillary Clinton 역시 여성의 지위를 강화하기 위한 행사에서 눈에 띄게 자주 분홍색 옷을 입었다.

영국의 연구들을 보면 성인남녀 모두 파란색을 좋아하는데, 여성은 파란색에 붉은 톤이 가미된 색상에 더 긍정적으로 반응하고, 남성은 녹색 톤이 혼합된 색상에 더 긍정적으로 반응했다.[18] 1920년대와 1930년대 독일 게이 및 레즈비언 운동에서 가장 인기 있던 노래가 〈라벤더 송Das lila Lied〉이었다.[19] 20세기에 오스카 와일드Oscar Wilde는 자신의 성적 지향을 표시하기 위해 녹색 카네이션을 달았지만, 미국에서는 빨간색 넥타이가 동성애를 상징했다.

현재 네덜란드 어린이들은 더 느슨하게 구분해주기를 요구한다. 12세 율리아도 마찬가지였다. 율리아는 페이스북을 통해 헤마HEMA 백화점에 좀 더 쿨한 여아용 옷은 없냐고 문의했다.[20] 백화점은 이것을 좋은 아이디어라 여겼고, 남아 코너와 여아 코너를 없애고 중성적으로 '아동 코너'로 합쳤다.

전 세계 헤드라인을 장식한 성전환 수술

트랜스젠더의 초기 사례

역사상 유명한 트랜스젠더 사례는 많다. 예를 들어, 여자 옷을 입고 청중을 만난 3세기 로마 황제 엘라가발루스Elagabalus는 궁정 의사에게 성전환을 요청했고, 그것을 위해 돈을 많이 모았다고 전해진다.[21] 또한 잔 다르크(1412-1431)나 스웨덴의 크리스티나 Christina 여왕(1626-1689) 등 유명한 다른 역사적 인물들을 트랜스젠더로 보기도 한다.[22] 그러나 1912년 베를린 외과 의사 리하르트 뮈잠Richard Mühsam이 최초로 익명의 트랜스젠더의 유방과 난소를 제거하기까지는 꽤 긴 시간이 흘렀다. 8년 후 뮈잠은 다시 익명의 트랜스젠더의 성전환 수술을 시행했다.[23] 이 수술이 공식적으로 의학 역사상 최초의 성전환 수술로 통한다.

1950년대에 한 전직 군인이 여성으로 성전환 수술을 하여 전 세계의 헤드라인을 장식했다.[24] 조지 조겐슨George Jorgenson은 광란의 1920년대에 뉴욕에서 태어났다. 그는 학급 친구들과 어울리지 못하고 종종 놀림을 당하며 동성애자라고 욕을 먹는 수줍은 소년이었다. 군 복무 후 그는 맨해튼에 있는 의료 및 치과 조무사 학원에 등록했다. 1951년에 그는 에스트로겐을 복용하기 시작했다. 처음에는 당시 세계에서 유일하게 성전환 수술을 시행하고 있던 나라인 스웨덴에서 수술을 받을 계획이었다. 그러나 덴마크에 사는 친척을 통해, 코펜하겐에 있는 국립혈청연구소(SSI)에서 성호르몬 치료를 실험하고 있는 크리스티안 함부르거Christian Hamburger를 만나게 되었다. 이 의사는 조지 조겐슨에게 호르몬 치료뿐 아니라 수술도 기꺼이 해주기로 했다. 단, 이에 관한 논문을 쓰도록 동의해주는 조건에서였다. 함부르거는 나중에 464명의 다른 환자에게도 똑같이 했다.[25]

그렇게 일이 성사되었다. 1951년 10월에 조지 조겐슨의 고환 두 개가 모두 제거되었고, 1년 뒤에 음경도 제거되었다. 불행히도 당시 덴마크 수술팀은 아직 새로운 질을 만들 기술적 능력이 없었다. 하지만 나중에 미국에서 할 수 있었다. 그 이듬해에 이름을 크리스틴으로 바꾼 조겐슨은 "Ex-GI Becomes Blonde Beauty(전직 군인, 금발 미녀로 변신하다)"라는 제목으로 〈뉴욕 데일리 뉴스〉 1면을 장식했고, 전 세계에 트랜스젠더 현상을 소개했다. 그 후 함부르거 박사는 성전환 치료를 받고자 하는 전 세계 사람들로부터 수백 건의 요청을 받았다.

그리고 크리스틴은 유명인이 되었다. 그녀는 영화에 출연했고, 나이트클럽에서 가수로 일했으며, 무엇보다 롤모델로 자리

매김했다. 그녀는 1989년 사망할 때까지 성전환 분야의 대변인으로서 트랜스젠더에 관한 이해를 높이기 위해 끊임없이 캠페인을 벌였다. 그래서 미국에서는 오랫동안 트랜스-여성을 '크리스틴'이라고 불렀다.

트랜스젠더의 뇌는 무엇이 다를까

성별을 바꿀 수 있는 의학 기술이 발전하면서 의사들 사이에 젠더디스포리아, 즉 성별 불쾌감 현상을 어떻게 해석할 것인지를 두고 논쟁이 벌어졌다. 한 진영은 트랜스젠더 정체성의 근원은 강하게 억제된 동성애 감정이므로 정신 질환으로 취급해야 한다고 믿었고, 정신분석을 통해 자기 통찰과 수용에 도달할 수 있다고 보았다. 그러나 다른 진영은 생물학적 원인이 바탕에 깔려 있다고 믿었다. 예를 들어, 트랜스젠더의 뇌가 다르게 발달했다는 것이다.

앞에서 언급했던 《우리는 우리 뇌다》의 저자 디크 스왑 교수는 후자의 가능성을 믿었다. 스왑 교수는 사망한 사람의 뇌 조직을 과학적 목적에서 수집하는 헤르센방크 기증은행의 도움을 받아 수십 년 동안 특정 성적 취향과 성정체성을 지닌 사망자의 신경학적 변화를 연구했다. 1995년에 그는 뇌의 특정 핵, 즉 말단 줄무늬기저핵(BNST)이 성정체성과 관련이 있음을 입증했다.[26]

BNST는 여성보다 남성이 더 크지만, 스왑 교수는 남자로 태어난 트랜스-여성의 경우 크기 면에서 여성이라고 할 수 있을 만큼 핵이 작다는 사실을 발견했다.

스왑의 공동저자인 내분비학과 은퇴 교수 라우스 호런Louis Gooren은 네덜란드에서 트랜스젠더 치료 전문화와 트랜스젠더 수용에 막대한 공헌을 했다. 그는 암스테르담 프레이 대학병원의 트랜스젠더 진료의 시조다. 출생증명서의 성별 변경을 허용하는 1985년 법안과 스왑이 낸 출판물로 전체 상황이 더욱 빠르게 변화했다. 그러나 더 폭넓게 받아들여지려면 생물학적 기반이 필요했다. 1985년에 도입된 트랜스젠더 법에서는 신체적 요건이 여전히 결정적이었지만, 2014년부터는 법과 성전환 수술이 분리되면서 트랜스젠더의 자기결정권이 강화되었다.[27] 비록 네덜란드 국민 대다수가 트랜스젠더에 긍정적 태도를 보이지만, 그들 중 4분의 1은 트랜스젠더를 대하는 데 어려움을 겪고, 네덜란드 인구의 5퍼센트는 트랜스젠더라는 이유로 우정을 끝낼 수 있다고 답변했다.[28] 이런 요인들로 인해 트랜스젠더의 해방은 현재 기대보다 느리게 진행되고 있다. 트랜스젠더들은 평균적으로 소득이 낮고 더 자주 소외된다.[29] 2014년 이전에는 네덜란드에서 1년에 평균 80건씩 출생증명서 성별 변경이 있었고, 2015년에는 이미 770건에 달했고 2017년에는 850건으로 증가했다.

암스테르담과 흐로닝언에는 1970년대부터 이미 젠더 전문진료소가 있지만, 그들을 치료하는 의사들은 그 수요를 거의 감당하지 못하고 있다. 매년 신규 환자 수가 증가하여 현재 새로운 젠더 전문진료소가 추가되었다. 이곳에서는 성전환 수술 외에도 심리치료뿐 아니라 환자의 성정체성과 2차 성징이 잘 일치하도록 호르몬 요법도 제공한다.[30]

사진작가 마르벌 하리스Marvel Harris는 사진집《내면으로의 여행: 남성으로Inner Journey: Into Manhood》에서, 여성에서 남성으로 변하는 과정을 아름다운 사진으로 포착했다.[31] 네덜란드 철학자이자 작가인 막심 페브뤼아리Maxim Februari 역시 자신의 책《남자 만들기: 성전환의 기록De maakbare man》에서, 성전환이 성공신화가 될 수 있음을 강조했다.[32] 막심 페브뤼아리는 1963년에 마르욜레인 페브뤼아리Marjolein Februari로 태어났고, 오랜 내적 고투 끝에 남성으로 성전환 수술을 받기 위해 2012년부터 치료를 시작했다. 테스토스테론 투여와 그에 따른 신체 변화에 대한 개인적 감상이 특히 인상적이다.[33] 테스토스테론은 육체적으로 젊어지는 효과를 냈고, 점점 가까워지던 갱년기가 갑자기 늦춰졌다. 근력도 세졌고 옷이 작아졌으며 식욕이 폭발했다. 목소리까지 깊어졌을 때, 그의 '두 번째 사춘기'가 완료되었다. 다른 몸에 익숙해져야 한다는 사실 외에, 그는 자신의 정신적 변화도 확인했다. 그는 더 즉각적으로 반응했고, 더 쉽게 화를 냈으며, 예전보다 감정을 털어내기가 더 쉬워진 것 같았다. 또한 많은 트랜스젠더와 마찬가지로 그 역시 우는 날이 줄었고 더는 밤에 잠 못 이루며 고민하지 않았다. 물론 그 반대의 경우도 발생한다. 예를 들어, 트랜스-여성은 에스트로겐 치료를 시작한 뒤 눈물이 많아졌다고 종종 말한다.

페브뤼아리는 성전환 이전에도 이미 페미니스트였고, 지금은 그 신념이 더욱 강해졌다.[34] 젠더를 이분법적으로 남성과 여성 둘로 나눌 수 없다는 사회적 인식이 널리 퍼졌음에도 불구하고, 사회가 여전히 남성과 여성을 다르게 대하는 것을 그는 경험으로 확인할 수 있었다. 그러므로 성전환 치료는 비록 신체에는 부담으로 작용하더라도 트랜스젠더들에게는 해방일 수도 있고, 더 나아가 현대 의학 지식의 지평을 넓혀 호르몬 장애가 있는 환자들을 돕는 매력적인 현상일 수도 있다.

이미 언급했듯이, 트랜스젠더는 모든 시대 모든 문화권에 존재했다. 그러므로 이상한 것은 오로지 오늘날 우리가 보이는 부정적 반응뿐이다. 또는 막심 페브뤼아리가 말한 것처럼 "몸 안의 정신을 설명하는 데 신체의 윤곽만 있으면 충분했던 시대는 끝났다."[35]

사춘기에는 생식기관뿐 아니라 성적 지향과 성정체성도 발달한다. 초등학교에서는 '여학생 대 남학생'이 대결하는 일이 많지만, 중학교에서는 대체로 남학생들이 여학생에게 관심을 쏟는다. 그러나 남학생 중에서도 소수는 같은 성별에 관심을 두는데, 이것을 동성애(homosexuality: 호모는 고대 그리스어로 '동등하다'라는 뜻이다)라고 하고, 동성애의 반대를 이성애(Heterosexuality: 헤테로는 고대 그리스어로 '다르다'는 뜻이다)라고 한다. 게이와 레즈비언 모두 동성애에 포함된다. '레즈비언'이라는 용어는 기원전 7세기 그리스 시인 사포Sappho가 살았던 레스보스섬에서 유래했다(레즈비언은 '레스보스섬 사람'이라는 뜻이다). 사포는 여성 사이의 에로틱한 사랑에 관한 시를 많이 썼다. 근래 자주 사용되는 더 포괄적인 용어는 LGBTQ+로, 이것은 레즈비언과 게이, 바이섹슈얼(양성애자), 트랜스젠더, 퀴어Queer(자신의 성정체성이나 성적 지향을 분명히 정의하지 못하고 있는 사람-옮긴이) 그리고 모든 유동적 성애자, 범성애자 또는 비성애자를 나타내는 약어다.

인간의 성적 지향이 어떻게 만들어지는지는 아직 불분명하다. 태아를 남성화하는 호르몬을 통틀어 '안드로겐'이라고 부른다. 임신 중에 이런 호르몬군(가장 잘 알려진 것이 테스토스테론이다)에 노출되면 남성 생식기가 발달하고, 나중 단계에서 신체와 뇌 역시 '남성화'된다. 성호르몬이 LGBTQ+ 정체성 형성에 영향을 미친 다는 결정적인 내분비학 증거는 아직 발견되지 않았지만, 뇌의 특정 핵이 중요한 역할을 할 수 있다는 증거는 있다. 이 증거를 발견한 사람 역시 디크 스왑이다. 그의 연구진은 약 30년 전에 시상하부 근처에서 작은 신경 다발인 성적이형핵(sexually dimorphic nucleus, SDN)을 발견했고, 이때 말단줄무늬기저핵(BNST)도 같이 발견했다.[36] BNST는 성호르몬 생산과 성적 태도를 담당한다.

이미 언급했듯이 BNST는 남성이 여성보다 더 크다. 몇 년 후 스왑은 뇌의 또 다른 핵인 시각교차상핵(Suprachiasmatic nucleus, SCN)을 연구했다.[37] SCN은 성적 취향이 만들어지는 과정과 파트너를 선택하는 데 관여하는 것 같다.

또한 SCN은 땀, 침, 대소변에 포함된 물질, 즉 페로몬의 영향을 받는 것으로 보이는데, 페로몬은 공기나 신체 접촉을 통해 퍼져 뇌에 신호를 전달한다. 이성애자 남성과 달리, 게이와 여성의 SCN은 남성 페로몬인 안드로스타디에논에 반응한다.[38] 반대로

뇌

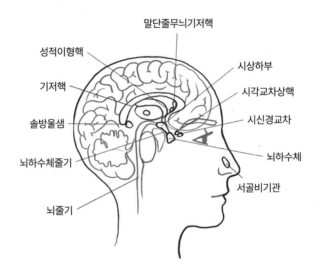

말단줄무늬기저핵

성적이형핵

기저핵

솔방울샘

뇌하수체줄기

뇌줄기

시상하부

시각교차상핵

시신경교차

뇌하수체

서골비기관

레즈비언의 SCN은 에스트라테트라에놀 같은 여성 페로몬에 반응하고,[39] 양성애자는 두 페로몬 모두에 반응하는 것 같다.[40]

스왑의 발견이 보여주듯이, 게이나 레즈비언의 뇌는 이성의 뇌와 더 유사하여 동성에게 성적으로 더 끌린다. 그러나 이런 구분에도 석연치 않은 부분이 있다.[41] 그러므로 성정체성 및 성적 지향의 발달은 신체뿐 아니라 성장 환경의 매우 복합적인 상호작용의 결과일 확률이 더 높다.

성적 지향에 관한 여러 가설들

환경요인의 영향

신체와 호르몬의 상호작용을 고려하면, 성적 지향에 영향을 미치는 특정 뇌핵과 임신 중 방출되는 호르몬의 상호작용이 확실히 있는 것 같다. 1972년에 한 연구진이 새끼를 밴 상태에서 만성 스트레스를 겪은 암컷 쥐를 조사했다. 암컷 쥐의 몸에 스트레스 호르몬인 코르티솔이 지나치게 많았고, 태어난 수컷 새끼는 수컷보다는 암컷의 성적 태도를 더 많이 보였다.[42] 그러나 이것은 동물 실험이므로, 그 결과를 그대로 인간에게 적용하기는 어렵다. 태아 때 만성 스트레스에 노출된 아이 중 소수만이 동성애자다. 인간의 경우, 자궁 내 호르몬 변동이 어떤 영향을 미치는지는 아직 추정할 수 없다.

그렇더라도 만성 스트레스는 평생 건강 악화 위험을 높이는 것 같고, 코르티솔 때문에 특정 유전자가 다르게 조정되는 후생적 변화가 생긴다.[43] 만성 스트레스로 인해 임산부의 부신이 계속해서 코르티솔을 많이 생산하면, 태아는 자궁에서 이것에 노출되고 그 결과 태아의 호르몬 분비 리듬이 깨지고, 깨진 리듬이 습관화되어 신체에 코르티솔이 증가한다.

앞에서 언급한 쥐 연구에서는, 임신 단계에 따라 스트레스 호르몬 증가가 태아에 장기적으로 부정적 영향을 미칠 수 있음이 드러났다. 이 연구는 또한 높은 코르티솔에 만성적으로 노출되면, 수컷 새끼의 혈중 테스토스테론 수치가 암컷 쥐의 일반 수치 수준까지 떨어진다는 것도 밝혀냈다.

그럼에도 불구하고, 전형적이지 않은 성적 지향에는 여전히 큰 낙인이 찍히고, 이 낙인은 많은 국가에서 사회적 배제로 이어진다. 동성애 반대자들은 흔히 동성애가 자연의 순리에 어긋난다고 주장한다. 하지만 동물의 왕국에도 동성애가 존재한다. 유명한 생물학자 프란스 드 발Frans de Waal이 반복하여 강조했듯이, 동성애는 보노보 침팬지 사이에서 흔히 볼 수 있다.[44] 가축 양도 그런 성향을 보인다. 평균적으로 숫양의 8~10퍼센트가 암양 대신 다른 숫양과 관계 맺는 것을 선호한다. 이때 숫양 사이에 있는 암양의 수는 이런 결정에 아무런 영향을 미치지 않는다.[45]

약 90년 전에, 연구자들이 보기에 형이 있는 남자아이가 어른이 되어 동성애자가 될 확률이 더 높은 것 같았다.[46] 이 가설은 여러 후속 연구를 통해 사실로 확인됐다. 모든 게이의 15~30퍼센트가 실제로 형이 있는 것으로 밝혀졌다.[47] 그러나 이것은 놀랍게도 오직 생물학적 형이 있을 때만 적용되었고, 누나 또는 이복형이나 입양된 형이 있을 때는 아무 차이가 없었다.[48] 반대로, 네덜란드 행동과학자 헤니 보스Henny Bos는 최근 장기 연구에서 레즈비언 부모를 둔 아이들을 조사했는데(출생 후 최대 30년 동안 추적 관찰했다), 그들이 동성애자가 될 확률은 이성애자 부모를 둔 아이보다 더 높지 않았다.[49]

형이 여럿인 가정에서 동성애자가 더 흔한 이유는 정확히 알려지지 않았다. 엄마의 면역체계가 중요한 역할을 할 것이라고, 과학은 추측한다.[50] 남아를 임신하면, 자궁 내 테스토스테론 수치가 높아지고, 엄마의 면역체계는 테스토스테론 항체를 더 많이 생산하여 다음 태아들은 테스토스테론에 덜 노출된다.[51] 이것은 성적 지향을 담당하는 뇌 영역 발달에 영향을 미칠 수 있다. 그러나 현재, 이른바 모성 면역 가설을 입증하는 확실한 증거는 없다.

1996년에 업데이트된 가설이 제시되었다. 아들을 임신한 엄마는 남성 세포에만 있는 HY 항원에 노출된다는 가설이다.[52] 이 항원은 엄마에게 이물질이므로, 엄마의 면역체계는 항체를 생산하여 이 항원에 반응한다. 이후 아들을 임신할 때마다 점점 더 많은 항체가 태반을 통해 태아에게 도달하여 태아 발달, 특히 뇌 발달에 영향을 미친다. 이 이론을 테스트하기 위해 새끼를 밴 쥐에게 HY 항원 백신을 접종하여 항체 생성을 자극했다.[53] 후속 연구로 수컷 새끼를 관찰한 결과, 이 생쥐들은 어른이 되어서도 암컷 생쥐에게 성적 관심을 거의 보이지 않았다. 대다수 게이가 형을 많이 가진 것이 아니므로, 모성 면역 가설은 성적 지향과 관련된 여러 환경요인 중 기껏해야 하나에 불과할 것이다.

5

우리 뇌는 배고픔에
어떻게 대처할까?

식욕과 체중 조절

오후 진료 시간에 35세 마리아가 어린 두 자녀와 함께 진료실로 들어왔다. 마리아는 경제적 어려움을 겪고 있었고, 이것을 내게 털어놓으며 눈물을 글썽였다. 어떻게든 살아가기 위해 그녀는 요양원에서 자주 야간 근무를 자처했고, 주말에는 너무 피곤해서 친구나 지인을 만날 의욕이 생기지 않았다. 그러다 보니 거의 모든 사회적 접촉이 사라졌다. 자신감도 바닥인 상태였다. 스트레스를 풀기 위해 담배를 피우고, 관절 통증 때문에 운동을 거의 하지 못했다. 30대 젊은 여성이 겪는 고난치고는 너무 많았다. 마리아의 주치의는 내 전문분야인 제2형 당뇨병을 진단했고, 그래서 그녀를 나에게 보냈다. 내가 무엇을 할 수 있을까? 당연히 그것이 가장 중요했다. 당뇨병 치료제를 처방하면 질병 진행 속도는 늦출 수 있겠지만, 병의 원인을 없애지는 못한다. 마리아의 가장 큰 문제는 130킬로그램이나 되는 체중이었다.

과체중은 서구 세계에서 급속히 증가하는 문제다. 과체중은 인슐린을 생산하는 췌장 세포가 제 기능을 하지 못하게 만든다. 그러면 신체는 인슐린에 둔감해지고, 결국 당뇨병으로 이어질 수 있다.

이 장에서 나는 과체중의 원인이 무엇이고, 과체중인 사람들이 그것을 어떻게 경험하는지 다룰 것이다. 그러나 그 전에 먼저 우리는 인간이 어떻게 배고픔에 대처하도록 프로그래밍되어 있는지, 그리고 우리의 몸이 결핍으로부터 우리를 보호하는 방법은 무엇인지 이해해야 한다. 우리 몸의 원래 메커니즘이 항상 현대 생활방식과 정확히 일치하는 건 아니다. 그래서 많은 사람이 속절없이 살이 찌고 있을 뿐 아니라, 또한 비만에서 헤어나지 못한다. 우리가 음식을 어떻게 소화하고 어떤 호르몬이 배고픔을 자극하고 조절하는지 이제 알아보자. 또한 장과 뇌가 어떻게 서로 연결되었는지도 살펴보자. 장과 뇌의 연결은 매우 독창적이고 매력적인 구조이나, 불행히도 그런 연결 때문에 복잡한 식습관이 생기기도 한다.

심각한 과체중을 다루는 이야기는 인류 역사 전반에 걸쳐 존재한다. 예를 들어, 구약성경에는 암살 시도의 표적이 된 뚱보 왕 에글론 이야기가 있다. 그의 배를 찌른 칼은 엄청난 지방층에 박혀 더 찌를 수도 다시 뺄 수도 없었다. 궁전에도 과체중이 많았다. 가장 널리 알려진 이야기는 18세기 초에 영국 여왕이 된 독일 브란덴부르크-안스바흐 공주 카롤리네Caroline다.[1] 그녀는 너무 뚱뚱해서 시녀의 도움을 받아야만 침대에서 돌아누울 수 있었다. 초상화에 다 묘사되진 않았지만, 그녀의 거대한 가슴은 전 세계적으로 유명했다. 미의 기준은 시대에 따라 바뀐다. 페테르 파울 루벤스Peter Paul Rubens의 그림에 등장하는 풍만한 여성들을 떠올려보라. 그런 면에서 보면, 카롤리네 여왕이 자신의 몸매를 너무나 자랑스러워한 나머지, 일요일에 궁전에서 식사하는 자신의 모습을 런던 시민이 볼 수 있도록 관람권을 판매한 것은 전혀 놀라운 일이 아니다.

중세 시대 성직자들은 일곱 가지 대죄를 강조했는데 폭식, 게으름, 분노도 대죄에 속했다. 이 세 가지 대죄는 교회 문서에 여러 차례 등장했다. 예를 들어, 교황 인노첸시오 8세는 엄청난 비만으로 유명했다. 그는 온종일 잠을 자고 성격도 매우 괴팍했다. 그는 종교재판과 마녀사냥을 장려했고, 그 결과 무고한 여성들이 산 채로 불태워졌다. 그는 결국 너무 뚱뚱해져서 완전히 기운을 잃었고 더는 움직일 수 없게 되었다. 이것을 해결하기 위해 그는 건강한 남자아이의 피를 수혈받았다고 한다. 그것이 사실이든 아니든 교황에게는 아무 소용이 없었는데, 교황 자신도 헌혈자들도 모두 죽었기 때문이다.

오늘날의 의학적 관점에서 볼 때, 인노첸시오 8세가 겪은 비만과 피로의 결합은, 심각한 과체중으로 생기는 수면장애인 폐쇄성 수면무호흡증후군(OSAS)의 특징으로, 밤에 여러 차례 30초 이상씩 호흡이 멈춘다. 이런 장애 때문에 필수 단계인 REM 수면에 들지 못해 낮에 종종 졸리고, 피곤하고, 짜증이 난다. 변덕스러운 성격과 과체중으로 유명한 영국 총리 윈스턴 처칠Winston Churchill도 같은 문제를 겪었다. 이 증후군은 (역시 과체중과 연결된) 당뇨병을 악화시키기도 한다. 또한 배고픔도 불러일으켜 과체중과 수면 부족의 악순환이 생긴다.

벨기에 내분비학자 에브 판 카우터Eve Van Cauter는 이미 수십 년 전부터 이런 연관성을 연구해왔다. 카우터는 과체중과 제2형 당뇨병이 수면장애의 원인임을 입증했다.[2] 잠을 길게 못 자는 사람의 경우, 충분히 먹었을 때 뇌에 신호를 보내는 포만감 호르몬인 렙틴 농도가 낮고 반대로 배고픔을 자극할 수 있는 그렐린 수치가 더 높았다. 또한 이들은 지방과 설탕이 많은 음식에 더 큰 식욕을 보였다. 그러므로 짧은 수면이 장기적으로 과체중과 OSAS로 이어질 수 있다는 것은 놀라운 일이 아니다. 이런 질환을 앓은 가장 유명한 환자는 아마도 찰스 디킨스Charles Dickens의《픽윅 클럽 여행기》(1837)에 등장하는 인물일 것이다.[3] 그는 앞서 언급한 증상을 똑같이 보인다. 그래서 OSAS를 '픽윅증후군'이라고도 부른다.

때로 '살'은 '의지'의 문제가 아니다

비만과 질병

뚱뚱한 사람들의 사연이 아무리 슬프더라도, 그들은 주변의 날씬한 사람들로부터 이해받기 어려울 것이다. 사람들은 뚱뚱한 사람을 보면 속으로 생각한다. 어떻게 저 지경까지 되었을까? 날씬한 사람 눈에는 뚱뚱한 사람이 누구나 걸릴 수 있는 암, 담석, 골반골절 같은 '진짜' 질환을 앓고 있는 환자로 보이지 않는다. 그러나 과체중 역시 진짜 질환이다.

타트야나 알뮐리Tatjana Almuli는 자신의 책 《뚱뚱한 생쥐치고는 꽤 능숙하다Knap voor een dik meisje》(2019)에서 과체중과 벌인 싸움을 기록했다.[4] 2015년에 그녀는 TV 리얼리티 쇼 〈비만Obese〉에 출연해 10개월 만에 56킬로그램을 감량했다. 그러나 외모와 과체중을 비난하는 악성 댓글을 무수히 많이 받았다. 과학 연구와 체중 감량 TV 프로그램에서 볼 수 있듯이, 비만 환자들 가운데 엄격한 감독 아래 체중 감량을 단행한 후 영구적으로 적게 먹으며 감량한 체중을 유지하는 사람은 겨우 30퍼센트에 불과하다. 타트야나 알륄리는 이 30퍼센트에 속하지 않았다. 그녀의 책에 담긴 메시지는 명확하다. 날씬함이 표준인 시대를 사는 뚱뚱한 사람들을 너무 가혹하게 재판하지 마시라!

날씬함이 표준임에도 불구하고 현재 독일 성인의 50퍼센트가 과체중이다.(한국은 15세 이상 과체중 비율이 37.8퍼센트로, OECD 평균인 58.7퍼센트보다 낮다 - 옮긴이)[5] 그중 절반은 건강이 위험할 만큼 심각하다. 네덜란드의 경우, 성인 여섯 명 중 한 명이 제2형 당뇨병에 걸리고,(한국은 30세 이상 성인 일곱 명 중 한 명이 당뇨병 환자다 - 옮긴이) 독일에서는 그 비율이 7퍼센트에 달한다.[6]

마리아에게 돌아가보자. 마리아는 과체중으로 인해 젊은 나이에 벌써 제2형 당뇨병을 앓을 위험이 크다. 그뿐만 아니라 그녀는 고콜레스테롤, 고혈압, 우울증, 수면장애, 지방간, 천식, 심장마비, 뇌졸중, 속 쓰림, 역류 질환, 요실금, 무릎 통증 그리고 불임 환자 후보이기도 하다. 체중 때문에 장수하기 힘들 것이다.

그렇게 젊은 여성의 삶이 이미 여러 면에서 어려움을 겪고 있고, 생명을 위협하는 리스크로 가득 차 있다면, 그녀의 문제를 극도로 심각하게 받아들이지 않을 의사가 어디 있겠는가? 마리아는 글자 그대로 그리고 비유적으로 옴짝달싹할 수 없는 상태였다. 그녀의 삶은 마치 모래에 박힌 배와 같았다. 체중과 키를 기준으로 계산해보니, 정상 체중에서 60킬로그램 넘게 초과했다. 첫 번째 임신 때 이미 살이 너무 많이 쪘고, 그 이후로 빠지지 않았다. 그녀는 일반 안락의자에 앉을 수가 없고 제대로 씻기도 힘들다고 말했다. 얼굴이 창백했고, 불쾌한 체취가 났으며, 머리카락이 눈에 띄게 가늘었다. 신발 끈을 묶어야 할 때마다 숨이 찼다. 살이 접힌 부위마다 옷이 끼어 계속 잡아당겨 빼내야 했다. 아이들 역시 몸무게가 많이 나갔다.

마리아는 자신의 과체중이 혹시 호르몬 문제냐고 내게 물었다. 내분비내과 전문의로서, 나는 이런 경우에 기본적으로 호르몬과 연관 짓는다. 환자들은 일반적으로 호르몬이 과체중에 미치는 영향을 잘 알지 못하기 때문에, 그쪽과 연관 짓지 못한다. 마리아는 이미 여러 차례 감량을 시도했었고, 이제 더는 어찌해야 할 바를 몰랐다. 대다수 사람은 아마 다음과 같이 쉽게 말할 것이다. "먹는 양을 줄이세요, 그러면 살이 빠질 겁니다. 살이 빠지면 관절에 무리도 덜 가고 통증도 줄겠죠. 그리고 운동을 많이 하세요. 그러면 자동으로 컨디션이 좋아지고 사회적 접촉 기회도 생길 거예요. 담배를 끊어요. 흡연은 스트레스 해소에 아무 도움이 안 됩니다. 그래서 계속 담배를 피우게 될 거예요. 담배를 끊으면 돈도 절약됩니다."

그러나 말처럼 그렇게 쉬운 일이 아니다. 마리아는 피트니스 센터나 식단 관리에 쓸 돈이 없었고, 마트에서 채소는 냉동 피자보다 더 비싸다. 금연 시도 역시 매번 실패했다. 게다가 금연 시도로 살이 더 쪘고, 60킬로그램이나 초과한 무거운 몸을 온종일 끌고 다녀야 하는 것은 누구에게나 고통스러운 일일 것이다.

마리아는 확실히 칼로리를 너무 많이 섭취했다. 그런데 왜 그렇게 했을까? 이 문제의 진짜 원인은 무엇일까? 왜 마리아는 오늘날의 수많은 사람처럼 그렇게 뚱뚱해졌을까? 그리고 훨씬 더 중요한 질문이 있다. 왜 마리아는 여전히 그렇게 뚱뚱한 채로 살까?

마리아는 이 질문에 쉽게 답할 수 있었다. 온종일 배가 고프기 때문이었다.

배고픔, 생명의 가장 오래된 욕구

세포의 물질대사

배고픔은 아마도 지구상에서 가장 오래된 느낌일 것이다. 그것은 수십억 년 동안 생명체를 괴롭혀왔고, 인간 역시 배를 곯지 않기 위해 다양한 방법을 시도했다. 배고픔은 사랑과 존경, 행복 같은 감정보다 더 깊이 자리하고 갈증과 두려움, 호흡곤란 같은 다른 고난보다 더 깊숙이 뿌리 박혀 있다. 배고픔을 달래는 것은 모든 동물에게 매우 중대한 일이다. 극심한 굶주림은 차별과 전쟁, 살해, 식인 풍습을 낳는다. 서구 세계에 사는 우리는, 2차 세계대전을 겪었고 튤립 뿌리를 먹어야 했던 (조)부모 세대의 이야기나 굶주린 부모가 절망 속에 자식을 숲에 버리는 동화에서나 진짜 배고픔을 간접적으로 경험한다.

단세포생물에서 인간에 이르기까지 모든 생명체는 식량 부족을 피하려는 똑같은 본능을 가졌다. 인간의 경우 매우 다양한 차원에서 그것이 드러난다. 중심에는 세포가 있다. 세포들은 각자 물질대사를 하고 저마다 '배고픔'을 느낀다. 이런 기본적인 기초대사는 결핍 상황에 적응할 수 있다. 세포 주변으로 신체의 수백만 세포들이 협력할 수 있는 층이 만들어진다. 포유류의 경우, 일부 세포들이 전문화된다. 예를 들어, 소화계 같은 자체 시스템을 형성하여 물질대사를 통해 배고픔과 과식을 제어한다. 이 모든 세포는 뇌를 통해 서로 소통하고, 뇌는 신경계와 호르몬을 통해 거의 모든 기관에 영향을 미친다. 뇌 덕분에 인간은 식량 공급을 조절할 수 있다. 인간은 배고픔에 대응하여 농업과 축산업, 더 나아가 식품산업까지 발명했다.

배고픔이 미치는 영향을 조사하려면, 먼저 물질대사에 관여하는 기관을 살펴봐야 한다. 그런 다음 뇌가 지휘자로서 호르몬이 조화롭게 협력하도록 애쓰는 동안 소화와 호르몬이 어떤 영향을 받는지 탐구해보자.

세포에서, 그러니까 우리 몸에서 일어나는 일은 매우 복잡하다. 특히 근육을 위한 단백질로 바뀔 수 있는 유기화합물인 아미노산은 몸에 에너지를 저장하는 데 쓰인다. 신체가 물질을 교대로 분해하고 처리하여 에너지 형태로 저장하는 과정을 물질대사 혹은 신진대사라고 부른다. 생명체가 생겨난 이후로 줄곧 세포들은 식량 공급에 반응해왔다. 예를 들어, 한 단세포생물이 식량을 풍부하게 섭취하면 이 생물의 물질대사는 성장, 복구, 생식 등에 사용될 물질도 풍부하게 마련했다. 그러나 세포에 영양분이 너무 적게 공급되면 이런 화학 반응은 중단되었다. 손상은 복구될 수 없고, 세포는 자체 폐기물에 중독되며, 자기방어나 번식할 에너지가 부족한 진짜 비상상태가 되었다.

이런 원시세포는 결핍을 경고로 인식했을 테고, 이 과정은 여전히 우리 몸의 모든 개별 세포 안에서 일어난다. 영양분이 부족하면, 우리의 모든 개별 세포가 굶주린다. 그래서 진짜 배고픔은 매우 지배적이고 광범위할 수 있다. 배고픔은 '머리부터 발끝까지' 그리고 '속속들이' 파고드는 깊고 원초적인 느낌이다. 진짜 배고픔은 '척수와 뼈를 통해' 전달되고, 그것이 오래 유지되면 신체와 인격 모두를 지배하고 결국 한 가지만 중요해진다. 먹을 것 찾기. 그것은 식욕이 생기는 것과는 다르다. 음식을 향한 원초적 충동이자 진짜 본능으로, 모든 체세포에서 느껴질 수 있고 사람을 미치게 만들 수 있다. 그러나 또한 그것을 통해 신체 과정이 정체되어 심각한 결함이 생길 수도 있다.

현대 서구 세계에서 우리의 체세포가 진짜 배고픔에 직면하는 때는 예외적인 경우, 예를 들어 거식증 같은 심각한 질병에서뿐이다. 어쩌면 당신은 단세포생물이 배고픔 같은 것을 느낄 수 있다는 말이 과장이라고 생각할지도 모른다. 그러나 단세포생물은 확실히 식량 부족을 감지하고 그것에 반응한다. 그들은 강력한 원초적 자극 덕분에 적응하는 법을 배웠다. 식량이 풍부할 때 영양분을 예비로 저장하고, 식량이 부족할 때 절약 모드로 전환하여 필수 과정만 최소한으로 유지할 수 있는 미생물은 일단 생존 가능성이 크다.

이 과정은 배고픔을 해결하는 데 중요한 메커니즘이다. 인간의 경우 이런 물질대사 조정은 극단적 형태를 취할 수 있고, 심지어 남은 삶에 악영향을 미칠 수도 있다. 예를 들어, 1944년 '기아의 겨울'에 임신하여(1장 참조) 비만과 심혈관 질환 위험이 큰 자녀를 낳은 여성을 생각해보라. 이런 임산부들이 겪은 결핍은 태아의 유전자에 '깊은' 영향을 미쳤고, 아이는 나중에 과체중으로 고통받을 확률이 매우 높았다. 마치 엄마의 물질대사가 태아에게 신호를 보내 결핍된 삶을 준비시킨 것 같다.

사춘기에는 반대의 일이 일어날 수 있다. 남녀 모두 사춘기에 거식증을 앓으면, 물질대사가 이후 남은 생애 동안 절약 모드를 고집할 수 있다. 신체를 통해 공급되는 빈약한 에너지는 필수 신체 과정을 위해 비축되고, 극한의 결핍 때 방출되는 물질이 특정 유전자를 영원히 '잠재운다'.[7] 예를 들어, (이 장 뒷부분에서 더 자세히 살펴볼 렙틴처럼) 배고픔과 포만감을 담당하는 유전자는 비록 DNA 안에 남아 있지만, 세포는 이 유전자를 더는 이용할 수가 없다.[8] 이것을 '유전자 침묵Gen-Silencing'이라 부르는데, 이 효과는 배고픔과 반대로 작용한다.

물질대사는 모든 체세포의 전체 에너지를 조절하는 과정이고, 소화는 음식에서 얻은 영양분을 분해하고 흡수하는 과정이다.

이 기발한 시스템에서 호르몬이 담당하는 역할을 이제 차근차근 살펴보자.

위의 기능과 소화 호르몬

우리의 소화계는 매우 중요하므로 그것을 위한 세포는 극히 초반에 발달한다. 임신 첫 몇 주 동안에 벌써 태아에서 내배엽이 발생한다. 음식을 섭취하는 데 중요한 기관, 즉 소화계(장, 위, 간, 담낭)와 췌장 그리고 갑상샘이 내배엽에서 만들어진다.

어떤 기관과 호르몬이 소화에 관여할까?

구강샘과 귀밑샘 음식물 분쇄와 침(당 분해 효소) 생산에 중요하고 음식의 질을 검사하는 데 도움을 준다.

식도와 위 그렐린과 가스트린을 생산한다. 이 두 호르몬은 위산의 단백질 소화와 음식물 혼합 때 중요한 역할을 한다.

간 담즙과 콜레스테롤을 생산한다. 담즙은 음식물에 포함된 지방을 분해하여 장에서 흡수될 수 있게 하고, 콜레스테롤은 호르몬을 만드는 재료다.

십이지장 콜레시스토키닌, 세로토닌, 글루카곤유사펩타이드-1을 생
산한다. 이것들은 소화(당, 지방, 단백질의 흡수)와 장 기능에 중요하다.

췌장 인슐린과 글루카곤을 생산한다. 인슐린은 혈당을 조절하고 신체
가 포도당을 흡수하게 한다. 글루카곤은 혈당을 높인다. 인슐린과 글
루카곤 모두 지방대사에 중요하다.

복부지방조직 렙틴과 (테스토스테론에서) 에스트라디올을 생산한다. 에
너지 비축에 중요하다.

결장 대장의 중간 부분으로, 장내미생물의 도움을 받아 당과 섬유질
을 발효시키고 대변에서 수분을 흡수한다.

위는 부족과 결핍에서 우리를 보호하기 위한 대자연의 환상적
인 발명이지만, 현대에는 과체중의 원인이다. 이것을 이해하려
면 소화가 어떻게 이루어지는지 자세히 알아야 한다.

음식을 먹기도 전에 벌써 첫 번째 단계가 시작된다. 그래서 음
식을 생각만 해도 혹은 냄새를 맡거나 보기만 해도 입에 '군침'
이 돌 수 있다. 이때 무슨 일이 일어나는지를, 러시아의 이반 파
블로프(저자의 말 참조)가 1897년에 이미 동물 실험으로 보여주었
다.[9] 인간도 음식이 근처에 있음을 뇌가 알아차리는 순간 이런

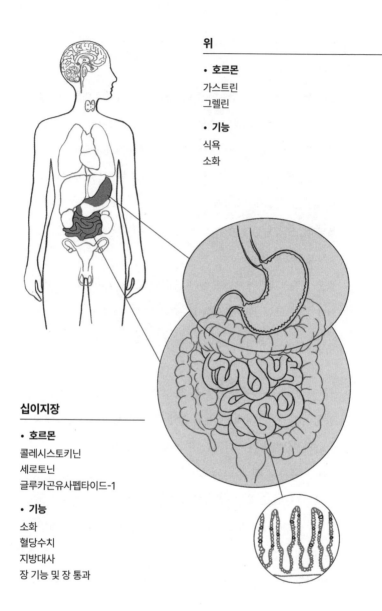

위

- **호르몬**
가스트린
그렐린

- **기능**
식욕
소화

십이지장

- **호르몬**
콜레시스토키닌
세로토닌
글루카곤유사펩타이드-1

- **기능**
소화
혈당수치
지방대사
장 기능 및 장 통과

반응이 일어난다. 뇌는 침이 분비되어 음식을 더 쉽게 삼킬 수 있도록 구강침샘을 자극한다. 파블로프가 발견하기 전까지 이 끈적한 물질은 그렇게 핫한 아이템이 아니었다. 그러나 이제 우리는 침에 온갖 중요한 호르몬, 즉 신호물질이 가득하다는 것을 알고 있다. 특히 인슐린과 코르티솔이 들어 있다. 뇌는 또한 위를 자극하여 식사에 대비시킨다. 가스트린이 방출되어 위산이 분비되기 시작하면 음식물이 위에 도착하자마자 소화된다.[10]

다음 단계에서 위는 음식물 때문에 약간 늘어난다. 이런 팽창을 특수 수용체가 감지하여 신경을 통해 뇌에 신호를 보낸다. 그러면 뇌는 다시 위산을 추가 생산하라고 위에 신호를 보낸다. 그런 과정을 거쳐 음식물은 소장으로 간다. 위에서 죽 상태가 되어 상대적으로 산성인 음식물은 소장의 특수 세포에 신호를 보내고, 그러면 이 특수 세포는 특히 글루카곤유사펩타이드-1과 콜레시스토키닌을 방출한다.[11] 이 두 호르몬의 작용으로 췌장과 담낭에서 소화액과 소화효소가 분비된다. 소화효소는 당, 지방, 탄수화물 같은 영양소가 신체에 더 쉽게 흡수될 수 있게 더 작은 단위로 분해한다. 그다음 간과 담낭이 담즙을 방출하여 지방이 더 잘 소화되도록 돕는다. 이 모든 것이 합쳐지면, 음식물의 산성도가 낮아지고 췌장의 소화효소가 효과적으로 제 임무를 수행할 수 있다.

소화된 음식은 인슐린의 도움을 받아 혈액을 통해 체세포로

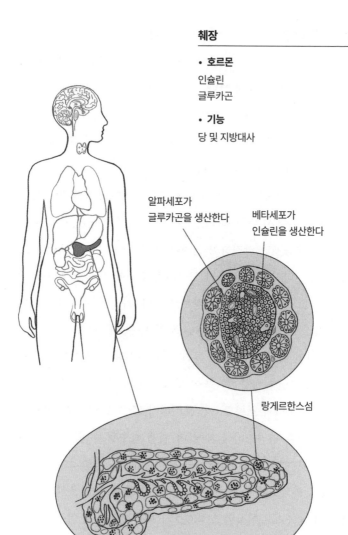

췌장

- **호르몬**
인슐린
글루카곤
- **기능**
당 및 지방대사

알파세포가
글루카곤을 생산한다

베타세포가
인슐린을 생산한다

랑게르한스섬

흡수된다. 그곳에서 연료가 만들어지고, 이 연료는 모든 중요한 신체 과정에 쓰인다. 예를 들어, 심장박동과 호흡, 호르몬 균형과 소화, 체세포의 수선과 복구, 그리고 당연히 생식에도 쓰인다. 음식물을 분해하고 분해된 물질을 흡수하여 신체 구석구석까지 운송하는 데는 인간의 경우 몇 시간이면 족하다.

위의 기능은 배고픈 느낌을 더 오래 지속시키는 것이다. 나는 이것을 설명할 때 주로 사자의 소화를 사례로 든다.[12] 배가 고픈 사자는 얼룩말을 사냥한다. 사자는 일주일에 한두 번 정도 사냥에 나서는데 그 정도면 생존하기에 충분하다. 만약 사자에게 위가 없다면, 얼룩말 고기를 한 입 베어 먹는 즉시 소화되어 아미노산으로 바뀌고 곧장 사자의 혈액으로 흘러들 것이다. 그리고 30분 이내에 배고픈 느낌이 사라질 것이다. 하이에나와 독수리가 남은 고기를 먹어치울 것이고, 사자는 한 입 먹은 게 전부이므로 다음 며칠 동안 버틸 충분한 에너지를 갖지 못할 것이다. 그러나 사자에게는 당연히 위가 있고, 한 입 베어 먹는 즉시 배고픔이 채워지지 않으므로 사자는 남은 고기도 먹어치운다.

인간도 마찬가지다. 위는 소화 과정을 늦추고 일종의 내장된 도시락처럼 완충 역할을 한다. 그 덕분에 음식물을 즉시 소화할 필요 없이 느긋하게 음식을 모두 먹을 수 있다. 음식물이 위에 머무는 동안 상하지 않도록, 위는 자체 생산한 산을 음식물에 약간 첨가한다. 위산이 강한 방부제 구실을 하기 때문이다. 식사가 끝나고 편히 쉴 수 있게 되면, 그때 비로소 소화가 시작된다. 그러면 위의 문이 열리고 위산에 절인 음식물이 소장으로 이동한다. 이 과정은 브레이크(소마토스타틴)와 가속페달(그렐린) 역할을 하는 호르몬에 의해 제어된다.[13] 인간의 위는 이런 식으로 약 세 시간 동안 포만감을 유지한다. 세 시간이면, 계속해서 식량을 찾고 굶주릴 때를 대비해 비상식량을 확보하기에 충분하다. 이 놀라운 메커니즘이 먼 과거의 조상을 결핍에서 보호해주었다.

위에 관한 오해가 여전히 많이 있다. 예를 들어, 뚱뚱한 사람의 위는 다른 사람의 위보다 더 크지 않다. 위가 크다고 해서 뚱뚱해지는 것도 아니고, 많이 먹는다고 위가 더 커지는 것도 아니다. 식욕의 강도 역시 위의 크기와 무관하다. 지나친 식욕은 위와 뇌 사이의 호르몬 및 신경 자극 조절 장애로 생긴다. (위절제수술을 받았을 경우는 예외다. 자세한 내용은 뒷부분에서 설명하기로 하자).

배고플 때 중요한 결정을 내리면 안 되는 이유

많은 부모가 사춘기 자녀의 어마어마한 식사량에 놀라 혀를 내두른다. 사춘기 청소년은 먹고 싶은 걸 다 먹어도 살이 찌지 않는데, 부모들은 물만 마셔도 살이 찌는 것 같다. 이것은 청소년이 얼마나 많은 에너지를 소비하는지뿐 아니라, 건강한 체중을 유지하는 데 물질대사가 얼마나 중요한지도 보여준다. 여기에도 호르몬이 또 관여한다. 포만감 호르몬 렙틴뿐 아니라 배고픔 호르몬 그렐린(이것 역시 나중에 자세히 알아볼 예정이다) 역시 사춘기의 식욕과 성장 속도에 중요한 역할을 한다.[14] 이런 성장은 매우 빠르게 진행되는데 신체가 탄수화물, 단백질, 지방을 사용 가능한 형태의 에너지로 바꾸기 때문이다. 근육량이 늘고 많이 먹어도 살이 찌지 않는 것은 사춘기에 함께 일어나는 두 가지 현상이다.

그러나 호르몬의 균형이 아무리 엄격히 조정되더라도 이에 따르는 예기치 않은 현상까지 막을 수는 없다. 간략히 말해, 사람들은 배가 고프면 결정을 더 빨리 내리는 경향이 있다. 이것은 여러 가지 문제를 초래할 수 있다. 예를 들어, 배가 고픈 판사는 피고에게 불리한 판결을 내리기 쉽고, 점심 식사 전에 내린 판결과 후에 내린 판결이 달랐다는 연구 결과도 있다.[15] 아무튼 이것은 새로운 사실이 아니다. 이미 6세기 초 비잔틴제국의 판사들은 배가 고플 때 판결하는 것을 금지했으니 말이다. 환자에게 항생제를 투여할지 여부를 결정해야 하는 의사에게서도 비슷한 현상이 나타난다. 배가 부르면 더 신중하게 결정하는 데 도움이 된다.[16] 사춘기 청소년 역시 다르지 않다.

배고픔 호르몬과 포만감 호르몬은 청소년의 행동에 영향을 미친다. 이것은 장과 뇌의 수많은 연결 중 하나에서 비롯된다. 우리는 이 연결을 장-뇌 축이라고 부른다. 신경이 장에서 곧장 뇌로 연결된다. 장은 이 연결로를 통해 또는 혈액으로 호르몬을 방출하여 뇌에 신호를 보낸다. 예를 들어, 식사 전에 물을 몇 잔 마시면 식사량이 대폭 줄어든다.

사춘기 이후에도 이 축은 계속 제 역할을 한다. 그러므로 배가 고플 때, 예를 들어 마트에 가는 것은 좋은 생각이 아니다. 그러면 설탕과 칼로리가 많은 음식이 쇼핑카트에 담길 확률이 높기 때문이다.[17]

풍요의 시대가 가져다준 빈곤

현대의 생활방식

풍요가 정점에 달한 현대 사회에 굶주리는 사람은 극소수에 불과하다. 게다가 운동 부족과 과도한 고칼로리 음식 섭취로 과체중에 시달리는 사람도 많다. 350년 전에 암스테르담 의사 스테번 블랑카르트Steven Blankaart는 설탕의 효능을 신봉했다. 1683년에 출간된 《시민 테이블De Borgerlyke Tafel》에서 그는 "일부 부유한 시민들 사이에 퍼진 무질서한 식습관"을 여러 차례 거론하고, 우리 몸을 병들게 하는 산을 설탕이 어떻게 중화하는지 설명하며 설탕 섭취가 우리의 신체 건강에 특히 좋다고 주장했다.[18]

중세 시대 후반에 십자군이 아시아에서 유럽으로 달콤한 '하얀 금'을 가져온 후 오랫동안 설탕은 대체로 건강에 이롭다고 여겨져왔다. 설탕은 중세 시대 약국에서 약으로 구할 수 있었던 사치품이었다. 1970년대에는 아기를 위한 청량음료와 지친 엄마를 달래주는 달콤한 과자 광고까지 나왔다. 1970년대 이후 식료품 성분도 크게 달라져, 영양소는 적게 설탕과 방부제는 많이 들어간 음식들이 우후죽순 쏟아졌고 이는 쉽게 과체중으로 이어졌다. 그러나 현대인은 가려 먹는다. 설탕을 향한 열광은 이제 식었고, 당 섭취를 줄이는 것이 우리의 건강에 매우 중요한 일이 되었다.

운동 부족과 (나쁜) 음식 과다 섭취 이외에 수면도 달라졌다. 산업혁명 이후부터 줄곧 대다수 사람들이 너무 적게 잔다. 서구 사회의 경우 수백 년 전 조상들보다 매일 밤 한 시간을 덜 잔다고, 수면 전문가 매슈 워커Matthew Walker가《우리는 왜 잠을 자야 할까》에 썼다.[19] 24시간 돌아가는 우리의 경제 때문에 노동자의 약 20퍼센트가 야간 근무를 하고, 이것은 밤과 낮의 리듬을 깨고 (스트레스) 호르몬 변동을 일으킨다.[20] 1986년에 발생한 우주왕복선 챌린저호 참사와 체르노빌 원자력발전소 사고의 원인이 수면 리듬 장애에 의한 심각한 판단 실수였다고 한다.[21] 의사들도 수면 부족에 면역되지 않으므로 야간 근무 중에 더 자주 의료 실수를 저지른다.[22]

그러나 야간 근무 없이도 밤잠을 설쳐 힘들 수 있다. 전체 성인의 30퍼센트가 수면장애를 겪는다고 밝혔다.[23] 매슈 워커에 따르면, 장시간 인공조명 노출과 식습관 변화(배부르게 먹고 곧장 잠자리에 드는 경우가 더 잦아졌다) 이외에도 스마트폰, 태블릿, 컴퓨터 화면 앞에서 보내는 시간도 중요한 방해 요소다. 이런 기기들의 인공조명에 오랫동안 노출되면 졸음을 유발하는 호르몬인 멜라토닌이 정상적으로 생성되지 못한다. 그러므로 워커는 잠자리에 들기 한 시간 전에 '화면을 끄라'고 조언한다.

하지만 자연광도 우리의 수면에 영향을 미치는 것 같다. 최근 연구 결과를 보면 사람들은 겨울보다 여름에 평균 12분, 봄에 25분을 더 적게 잔다.[24] 그것은 분명 겨울보다 봄과 여름에 낮이 거의 네 시간이나 더 길기 때문일 것이다. 햇빛은 우리의 생체시계에 긍정적 영향을 미친다. 산업혁명 이후 수면 시간이 점점 줄고 수면 질이 점점 나빠지는 것은 과거와의 단절을 의미하는 것 같다.[25] 미국 역사가 로저 에커치Roger Ekirch가 설명하기를, 인간은 200년 전까지만 해도 동물과 마찬가지로 각각 네 시간씩 '첫 번째 잠'과 '두 번째 잠' 두 단계로 잤고, 그사이에는 깨어 있었다고 한다. 에커치의 책《밤 시간은 나의 것Nighttime is My Time》에는 프랑스 의사 로랑 주베르Laurent Joubert(1529-1582)의 권고가 인용되었는데, 첫 번째 잠과 두 번째 잠 사이에 성관계를 가지면 더 많은 즐거움을 누릴 수 있고 결과도 더 좋다는 것이다. 1990년대에 미국 정신과 의사 토머스 웨어Thomas Wehr가 이런 두 단계 수면의 생물학적 기초를 일부 밝혀냈다.[26] 어둠 속에서 14시간 이상을 보낸 피험자들이 몇 주 후에 똑같이 이런 두 단계 수면 패턴을 따랐고, 이것이 멜라토닌과 성장호르몬 같은 호르몬 방출을 개선했다.

이런 수면 이론이 회의론에 부딪히긴 하지만, 점점 더 많은 연구가 수면 부족과 야간 근무, 과체중, 당뇨병 사이의 연관성을 입증한다.[27] 간단히 말해, 신체 프로그램이 현대 생활방식과 결합하면서 장-뇌 축이 방해를 받아 쉽게 과체중으로 이어진다. 과체중과 나쁜 수면 및 식습관 때문에 마리아와 같은 사람들이 악순환에 빠진다.

마리아는 위절제수술을 고민해보는 게 좋을까?

당신은 그 체중으로 돌아올 수밖에 없다

식탐의 원인 '그렐린'

20세기 말에 뇌과학자들이 성장호르몬 방출과 관련된 것으로 보이는 수용체 하나를 시상하부에서 발견했다. 이 수용체는 그때까지 알려지지 않은 호르몬과 관련이 있었는데, 이 호르몬은 위에서 생산되었고, 3장에서 말했듯이 growth hormone-releasing peptide(성장호르몬방출펩타이드)라는 영어 표현을 가져와 그렐린 Ghrelin이라 명명되었다.[28] 그러나 그렐린은 실제로 성장과 큰 관련이 없고 오히려 체중을 안정적으로 유지하는 역할을 한다는 것이 곧 밝혀졌다.[29] 서구에서 만연한 비만을 고려하면 그렐린 연구는 매우 중대하다.

그렐린은 공복일 때 만들어진다. 이 호르몬의 혈중 농도는 식사 전에 가장 높고 식사 후에 가장 낮다. 그래서 공복을 알리는 배고픔 호르몬으로도 통한다. 최근에는 남성이 햇빛을 받으면 그렐린을 더 많이 생산하여 특히 여름철에 칼로리를 더 많이 섭취한다는 것이 밝혀졌다. 여성은 그렇지 않은데, 에스트로겐이 그렐린 생산을 막기 때문이다.[30] 또한 그렐린은 특히 중독과 관련이 있는 뇌 중앙에서 우리의 결정 속도에 영향을 미친다.[31] 그렐린은 뇌를 자극하여 도파민을 방출하게 하는데, 도파민은 우리에게 행복감을 준다. 우리는 이런 행복한 기분을 더 자주 느끼고 싶어 와인 한 잔이나 초콜릿 한 조각을 보상으로 먹는다. 그런 식으로 중독 또는 의존성이 생긴다. 아마도 그래서 심하게 과체중인 사람이 정말로 음식에 중독된 것처럼 보이는 것이리라. 마리아 역시 담배를 끊으면 마치 흡연 중독을 다른 중독으로 대체하려는 것처럼 더 많이 먹는다고 했다. 최근 연구에서는 심지어 비만 때문에 위 수술을 받은 후 알코올의존증을 앓는 환자 비율이 두 배로 증가한 것으로 나타났다.[32] 섭식장애가 도박이나 섹스 중독으로 발전하는 사례들도 있다.

그렐린에서 주목할 사실은, 음식을 먹게 하는 이 호르몬이 과체중인 사람의 혈액에 유독 많다는 것이다. 과체중인 사람들의 위가 그렐린을 더 많이 생산하기 때문에 그들이 더 많이 먹는 것일까? 아니면 반대로 그들이 이 호르몬에 내성이 생겨 더 높은 농도가 필요한 걸까? 이것에 답하기는 쉽지 않다. 신체가 안정적인 체중을 유지하는 데 도움이 되는 농도일 때, 시스템이 활성화되는 것은 분명하다. 살찐 상태를 유지하고자 한다면 더 많이 먹어야 한다. 그리고 위는 그렐린을 더 많이 생산해야 마땅하다. 그러나 이것은 동시에 논리적이지 않은 것처럼 느껴지는데, 사람들은 일반적으로 너무 뚱뚱해지면 배고픔을 덜 느낀다고 생각하고 그러길 원하기 때문이다!

우리의 신체는 칼로리 욕구를 높여 늘어난 체중을 유지하기 위해 최선을 다하는 것처럼 보인다. 마치 일단 증가한 체중 수준을 그대로 유지하게 하는 조절장치가 내장된 것 같다. 이것을 세트포인트 체중 또는 설정된 체중이라고 부른다.[33] 이것이 다이어트 때 흔히 나타나는 요요현상을 설명해준다. 요요란 단기간에 살을 많이 뺀 사람이 이전 체중으로 돌아가거나 더 높은 체중에 도달할 때까지 자동으로 다시 살이 찌는 현상을 말한다.

35세에 벌써 130킬로그램인 마리아가 그 예다. 심한 과체중으로 위 수술을 받은 사람에게도 이런 효과가 나타난다. 어떤 이유로든 그런 수술을 되돌려놓을 수밖에 없는 경우, 환자의 체중은 즉시 늘어나 수술한 지 몇 년이 흘렀더라도 수술 전 수준과 거의 같아진다.

이런 설정된 체중은 우리의 체온을 안정적으로 유지하는 뇌 깊은 곳의 마법 장소인 시상하부에서 조절된다. 평생 37도 내외로 유지되는 체온과 달리, 설정된 체중은 세월과 함께 상향 조정되는 것 같다.[34] 장기간에 걸쳐 전보다 더 많이 먹으면 체중만 느는 것이 아니라 설정값도 높아져서 예전 체중으로 돌아가기가 더 어려워진다. 그렐린이 유지하는 이 설정된 체중 때문에 신체는 예전보다 결코 더 가벼워지지 않으려는 경향이 있다.[35] 그것은 마치 소득과 같다. 높아지기만을 바라고 낮아지는 것은 절대 원치 않는다!

그렐린은 모든 패스트푸드 체인 사업을 위한 이상적인 초석을 마련한다. 고객에게 맛있는 햄버거를 판매하되 가능한 한 고칼로리인 제품을 저렴한 가격에 같이 제공하라. 이를테면 청량음료와 감자튀김! 이런 작은 투자로 고객층을 더 두텁게 할 수 있다. 그리고 사람들이 충분히 오랫동안 고칼로리 음식을 섭취하게 되면, 설정된 체중과 그렐린 농도가 공복 상황에서 자동으로 올라간다. 그러면 계속해서 햄버거를 먹고 싶은 욕구가 점점 더 강해질 것이다.

비만이 유행하는 걸 보면 그렐린은 정말로 대단한 호르몬인 것 같다. 신체는 왜 체중을 유지하려고 할까? 그것은 심혈관 질환을 비롯해 당뇨, 무릎 관절통 등 건강에는 문제를 초래하지만 생물학 관점에서는 매우 유용하기 때문이다. 어떤 동물이 풍요로운 곳에 살 수 있다면 그것은 성공을 의미할 것이다. 허기가 채워지고, 체중이 늘고, 설정된 체중도 높아진다. 인간도 마찬가지다. 인류 초기에는 설정된 체중이 높았을 터이다. 그래서 배고픔이 강력한 자극이었고, 그것에 힘입어 인간은 더욱 창의적으로 발달했다. 그렇게 인간은 열심히 음식을 찾아 헤맸고 칼로리를 얻기 위해 지구 전체로 퍼져나갔다.

그렐린은 체중, 음식, 배고픔과 확실히 관련이 있지만, '배고픔

호르몬'이라 불릴 자격이 실제로 있는지는 의문이다. 그렐린은 췌장, 신장, 난소, 고환, 폐 등 다른 신체 부위에서도 생산되기 때문이다. 심한 과체중 때문에 위 수술을 할 경우, 심지어 반대 효과가 나타나기도 한다. 위 우회술 후, 위는 계속해서 비어 있음에도 그렐린 농도가 올라가지 않고 오히려 내려간다.[36]

그렐린 생산을 담당하는 유전자는 예상보다 훨씬 더 복잡하게 작동한다. 아마도 오래전에는 그렐린과 그것의 수용체가 지금과는 전혀 다른 일을 했을 것이다. 또는 배고픔 호르몬이 배고픔 그 자체만큼이나 복잡하게 진화했다.

에너지 공급량 vs 소비량

다시 마리아에게 돌아가보자. 마리아는 왜 살을 빼지 못할까? 그녀의 신체가 불어난 체중을 유지하려 해서? 그것은 절반만 정답이다. 성인의 체중은 질량의 합일 뿐 아니라 에너지의 총합이기도 하기 때문이다.

신체는 물질대사와 근골격계, 기타 모든 신체 과정을 유지하는 데 꼭 필요한 영양분에서 에너지를 얻는다. 칼로리로 표현되는 이 에너지의 공급량이 소비량보다 많으면, 신체는 초과 에너지를 체질량 형태로 저장한다. 한마디로 체중이 증가한다. 반대로 공급량이 소비량보다 적으면 신체는 저장해놓았던 에너지(칼로리)를 꺼내 쓰고 체중이 감소한다. 공급과 소비가 균형을 이루면 체중은 안정적으로 유지된다. 아주 단순한 회계다. 그러나 뚱뚱한 사람들의 첫 번째 대응책인 '적게 먹기+많이 움직이기'가 모든 문제를 해결하는 것은 아니다. 불행히도 그렇게 간단한 문제가 아니다.

체질량이 많은 사람은 그만큼 많은 에너지를 소비한다. 또한 같은 동작을 하더라도 늘어난 체중 때문에 근육은 더 힘들게 일해야 한다. 그러므로 과체중인 사람의 에너지 총소비량은 정상 체중인 사람보다 높다. 마리아는 평소보다 더 많이 먹어야만 앞에서 설명한 설정된 체중에 맞게 뚱뚱해질 뿐만 아니라 뚱뚱함을 유지할 수 있다. 뚱뚱함을 유지한다? 그렇다, 과학자들이 입증하듯이, 인체는 여분의 지방조직을 없애기 싫어한다. 이것은 원시세포에 관한 우리의 지식과도 일치한다.

그러나 나의 환자 마리아는 또 다른 얘기를 했다. 그녀는 인생의 특정 시점에서(첫 임신 이후) 체중이 늘었고 그때 찐 살이 다시 빠지지 않은 것 같다고 말했다. 임산부가 더 많이 먹는다는 사실 외에도, 임신 후 호르몬 변화가 일어나(6장 참조) 실제로 살이 많이 찌기도 한다. 이때 장내미생물의 변화도 중요한 역할을 한다(자세한 내용은 6장 참조). 그러나 나이가 들수록 근육량이 서서히 줄기 때문에 기초대사량이 줄어든다는 것도 잘 알려져 있다. 또한 사람들 대부분은 20대 이후부터 직장에 다니고 가정을 꾸리느라 청소년 시절보다 덜 움직이고 운동도 적게 한다. 그러므로 마리아의 과체중은 변화된 식습관, 호르몬 변화, 물질대사 장애, 운동 부족이 불행히도 겹치는 바람에 발생했는지도 모른다.

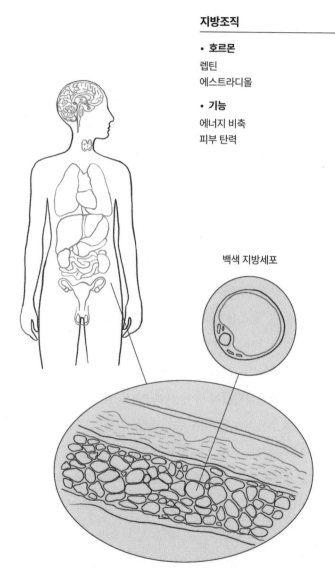

지방조직

• **호르몬**
렙틴
에스트라디올

• **기능**
에너지 비축
피부 탄력

백색 지방세포

과체중을 막는 호르몬 제동기

포만감의 형태

먹을 것이 넘쳐나는 시절이 거의 없었던 탓에, 동물이기도 한 우리 인간은 부족과 결핍을 견디며 살아남아야 했다. 그런 이유로 모든 생명체는 가능한 한 많은 영양분을 확보하는 방향으로 수없이 적응해왔다. 기린의 목, 독수리의 부리, 개미들의 협동을 생각해보라. 반면, 과잉에 대한 대비는 거의 되어 있지 않다.

우리는 돼지나 닭을 사육할 때, 동물이 만족할 줄 모른다는 사실을 교묘하게 이용한다. 수의사들은 개, 토끼, 고양이의 비만을 점점 더 자주 목격한다.[37] 그리고 오늘날의 인간 역시 여전히 만족할 줄 모르는 동물이다. 세계에서 가장 뚱뚱한 사람의 체중은 500킬로그램, 심지어 600킬로그램이 넘는다. 풍요롭게 산다고 해서 모두가 과체중인 것은 아니므로, 우리가 과식하지 않게 막아주는 특정 규제시스템이 분명 있는 것 같다.

우리의 이성(뇌)은 우리가 더 뚱뚱해지지 않게 막아주는 중요한 브레이크 구실을 한다. 우리는 지방을 지나치게 저장해 뚱뚱해지는 것과 먹어서 즐거워지는 것을 스스로도 의식하지 못하는 사이에 끊임없이 비교한다. 그러나 신체에는 이미 과체중을 어느 정도 막는 호르몬 제동기가 내장되어 있다.

과체중 방지에 관여하는 호르몬시스템은 두 가지가 있다. 하나는 빠르게 작동하여 즉각적인 포만감을 제공하고, 다른 하나는 다소 느리지만 그 대신에 더 강력하게 포만감 효과를 낸다. 그렐린이 맨 처음에 신체를 자극하여 소화관을 음식으로 채우지만, 소화관이 가득 찼을 때 신체에 그 사실을 알리는 호르몬은 소장의 맨 끝에서 생산된다. 이 호르몬은 '펩타이드 YY 3-36' 또는 줄여서 'PYY'라는 재미없는 이름을 얻었다. 음식물이 소화관의 멀리 끝부분에 도달하자마자 이 호르몬은 소장의 마지막 몇십 센티미터에서 혈액으로 방출되어 다양한 방식으로 소화를 돕고 동시에 식욕을 감소시킨다. 이 호르몬이 "충분해!"라고 신호를 보내면 즉시 식욕이 떨어진다.

그러나 다소 늦게, 식사 후 포만감을 주는 강력한 호르몬 두 가지가 더 있다. 인슐린과 렙틴이다. 이 두 호르몬은 협력하여 당과 지방 저장을 조절한다. 과체중인 사람들은 두 호르몬의 혈중 농도가 매우 높다.

인슐린 저항성이 위험한 이유

렙틴과 인슐린

1949년 미국의 한 실험실에서 먹기를 멈출 수 없는 흰쥐 한 마리가 태어났다. 이 새끼 쥐는 둥글둥글 뚱뚱해졌고 나중에 자기 자손에게도 이 특성을 물려주었다. 이것은 DNA의 작은 결함으로 발생한 선천성 기형이었다. 연구진은 이 생쥐를 영어단어 obese(비만)를 줄여 OB-생쥐라고 불렀다.[38] 어떤 호르몬을 생산하는 쥐 유전자에서 유전성 DNA 돌연변이가 있었다. 이 호르몬이 렙틴인데 이것은 반세기 후에야 발견되었다. 렙틴은 '얇다'는 뜻의 고대 그리스어 'leptós'에서 따온 이름이다. 이 호르몬은 지방세포에서 만들어지고 뇌에서 폭식 충동을 억제한다.[39] 정상적인 쥐라면 렙틴이 뚱뚱해지는 것을 예방했을 것이다. 쥐가 너무 뚱뚱해지면 지방세포가 많아지고, 많아진 지방세포가 렙틴을 생산하고, 렙틴이 폭식 충동을 억제하여 과체중을 막기 때문이다. OB-생쥐는 선천성 유전자 결함으로 렙틴을 생산하지 못했다. 그 결과 폭식 충동이 억제되지 않았다. 그러니 계속 먹었고 뚱뚱해졌다.

당뇨병 + 인슐린

덴마크의 노벨상 수상자 아우구스트 크로그August Krogh는 넷째를 출산한 지 1년이 된 아내가 소변을 점점 더 자주 보고, 식욕이 떨어지고, 시력도 나빠졌다는 사실을 알아차렸다. 둘 다 의사인 이 부부는 곧 스스로 당뇨병 진단을 내렸으나, 1921년 당시에는 엄격한 저탄수화물 식단 외에 고혈당 수치를 낮추는 방법이 아직 없었다.

그러나 크로그는 의사였으므로, 당뇨병의 원인이 췌장의 특정 세포에서 인슐린을 충분히 생산하지 못하기 때문임을 알고 있었다. 이 특정 세포는 1869년에 독일 과학자 파울 랑게르한스Paul Langerhans가 처음 발견했다. 이 세포들은 현미경으로 보면 작은 무리를 이루고 있는 것처럼 보였기 때문에, 랑게르한스는 이것을 자신의 이름과 섬(insulae)을 붙여 '랑게르한스섬'이라고 명명했다. 52년 후, 이 세포가 생산하는 호르몬에 '인슐린Insulin'이라는 이름이 붙여졌다. 1890년 러시아 연구진은 개의 췌장을 수술로 제거하면 급성 당뇨병이 발생한다는 사실을 알아냈다. 크로그는 토론토의 젊고 야심찬 의사인 프레더릭 밴팅Frederick Banting과 찰스 베스트Charles Best가 개의 췌장에서 인슐린을 분리하는 데 성공했다는 소식을 들었다. 밴팅과 베스트는 췌장이 제거된 개 마조리에게 인슐린을 다시 투여하여 혈당수치를 안정시킬 수 있었다. 크로그는 토론토로 가서 사람에게도 인슐린을 투여할 수 있는지 알아보기로 했다.

밴팅과 베스트는 도살장에서 답을 찾았다. 그곳에는 갓 도살된 송아지의 췌장이 많았고, 거기서 인슐린을 넉넉히 채취할 수 있었다. 두 의사는 자신들의 발견에 너무 기쁜 나머지 단 1달러만 받고 크로그에게 유럽 시장의 인슐린 생산 및 판권을 허가해주었다. 그러나 조건이 하나 있었는데, 그것으로 이윤을 추구해서는 안 된다는 것이었다. 이 기업은 장차 노보 노디스크Novo Nordisk라는 이름을 달고 당뇨병 치료제 분야에서 국제적으로 활약할 것이다.

이 발견은 네덜란드에서도 큰 관심을 끌었다. 네덜란드의 대표 제약회사 오가논Organon은 1920년대에 살로몬 판즈바넨베르흐Salomon van Zwanenberg가 탁월한 화학자 마리위스 타우스크Marius Tausk와 네덜란드 내분비학 창시자인 암스테르담 약리학자 에른스트 라크뵈르Ernst Laqueur의 도움을 받아 설립했다.[40] 라크뵈르는 도살된 소의 분비샘과 기관을 이용해 호르몬제를 생산하는 데 최초로 성공했다. 오가논은 인슐린뿐 아니라 갑상샘호르몬 T4와 테스토스테론을 이용한 치료법을 기반으로 하는 대규모 국제 제약회사로 발전했다. 그리고 이 기업은 피임약 개발에도 뛰어들었다(7장 참조). 라크뵈르의 증손녀가 이 기업의 창립을 소재로 멋진 소설을 썼다.[41]

인체에서도 지방세포가 렙틴을 생산하고, 앞에서 다룬 OB-생쥐처럼 렙틴 유전자에 희귀한 돌연변이가 있어 선천적으로 폭식을 억제하지 못하는 경우가 생긴다. 렙틴을 투여하면 이런 경우 체중을 조절하는 데 도움이 되지만, 렙틴은 인공 생산이 어렵다. 게다가 더 유명한 다른 호르몬이 있다. 이 호르몬은 물질대사를 훨씬 더 잘 조절할 수 있고(자세한 내용은 6장 참조) 수억 명의 수명을 연장했지만, 불행히도 체중에는 긍정적 영향을 미치지 않는다. 이 호르몬이 바로 인슐린이다.

계속해서 너무 많이 먹으면 점점 더 뚱뚱해지는 이유는 무엇보다 물질대사가 만족할 줄 모르기 때문이다. 소화계의 배고픔 호르몬과 포만감 호르몬은 매우 효율적으로 협력하고, 신체가 날씬함보다 뚱뚱함을 얼마나 선호하는지를 보여준다. 풍요의 시대에 뚱뚱한 것은 사실 대단한 일이 아니다. 그러나 심하게 과체중인 사람은 대개 신체가 생산하는 인슐린에 둔감해진다. 말하자면 소위 인슐린 저항성이 생긴다. 그러면 췌장은 인슐린 생산량을 늘리기 위해 초과 근무를 할 수밖에 없다. 근육과 마찬가지로 분비샘 역시 지치고 탈진 상태에 이를 수 있다. 그러면 결국 인슐린이 충분히 생산되지 못하는 제2형 당뇨병이 발생한다. 이 경우 환자는 외부에서 인슐린을 얻어야 하는데, 그러려면 본인이 직접 주사로 인슐린을 주입해야 해서 상당히 성가시고 힘들다. 게다가 살도 더 찐다.

인슐린은 저주이면서 동시에 축복이다.

그러나 물질대사와 소화의 이런 호르몬 상호작용으로는 마리아
가 130킬로그램인 반면 주변 사람들은 그렇게 뚱뚱하지 않은 이
유를 완전히 설명하지 못한다. 마리아의 주변 사람들 역시 고칼
로리로 가득 찬 환경에서 살았기 때문이다. 이것을 설명하려면
뇌와 신경계를 좀 더 자세히 살펴봐야 한다.

세포 차원의 물질대사와 호르몬에 조절되는 소화계 외에, 배
고픔과 체중 조절에 영향을 미치는 또 다른 요소가 있다. 바로
우리의 뇌다. 뇌는 거의 모든 대사 과정의 가장 큰 동력이다. 놀
랍게도 뇌와 소화관은 밀접하게 연결되어 있다. 소화관에는 매
력적인 자체 신경계가 있는데 그 규모가 뇌와 맞먹는다! 우리의
장을 괜히 '제2의 뇌'라고 부르는 게 아니다.[42]

옛날에는 힘이 약하면 적어도 똑똑할 것이라고 믿었다. 하지
만 특히 뇌는 엄청난 양의 에너지를 소비한다. 다행스럽게도 인
간은 최대한 많은 칼로리를 섭취할 수 있는 실용적인 방법과 요

령을 알았다. 예를 들어, 잘 익은 열매만 골라 먹으면 적은 양으로도 더 많은 칼로리를 섭취할 수 있다. 잘 익은 열매에는 당분이 가장 많이 들어 있기 때문이다. 달콤한 맛과 파랑, 빨강, 진노랑 등 색깔로 잘 익은 열매를 식별할 수 있다. 동물의 근육과 골수에는 영양분과 칼로리가 많이 들어 있다. 즉, 단백질과 지방이 풍부하다. 우리가 풍미라고 부르는 기름지고 짭조름한 맛과 짙은 붉은색에서 그것을 식별할 수 있다. 열매를 찾아내고, 포획한 동물을 나눌 때 최고 품질의 고칼로리 부위를 선택하기 위해 우리의 조상은 세 가지가 필요했다. 영리한 지성, 민첩한 손, 좋은 눈. 인간은 색상을 3차원으로 인식할 수 있는 몇 안 되는 포유류에 속한다. 이런 능력 덕분에 인간은 잘 익은 것, 품질이 좋은 것, 덜 익은 것, 상한 것 사이의 미묘한 색상 차이를 멀리서도 식별할 수 있다.

손의 해부학적 구조 역시 놀랍도록 정교하다. 그래서 우리는 엄지와 검지 또는 엄지와 다른 손가락을 이용해 원하는 사물을 정확히 집을 수 있다. 소위 핀셋처럼 집을 수 있는 이런 능력은 작은 물건을 분류할 때, 더미에서 상하고 덜 익은 열매를 골라낼 때, 동물의 몸에서 썩어가는 내장을 제거할 때, 딱딱한 잎들 사이에서 수분이 많은 연한 잎을 골라낼 때, 연한 생선 살에서 가시를 빼낼 때, 땅에서 맛 좋은 뿌리를 캐낼 때, 열매의 껍질을 벗길 때 확실히 편리하다. 색상을 입체적으로 식별하고, 올바른 판단을 내리고, 복잡한 두 손의 미세한 동작을 제어하려면 큰 뇌가 필요하다. 그래서 우리가 호모 사피엔스, 지능을 갖춘 인간이라 불리는 것이다.

불행하게도 이 아름다운 뇌는 심각한 과체중을 부추기는 해로운 역할을 한다. 그리고 그것은 약간 특이한 현상과 관련이 있는데, 인간은 고칼로리 음식을 '맛있다'고 인식한다. 뭔가 달콤하거나 맛있는 걸 먹으면 우리의 뇌는 올바른 결정에 대한 보상으로 좋은 기분을 만든다. 동물의 세계에서 이것은 비교적 낯선 현상이다. 굶주린 하이에나는 썩어가는 얼룩말을 가죽이며 털이며 글자 그대로 닥치는 대로 먹는다. 맛이 있냐 없냐는 중요하지 않다. 뭐든 먹기만 하면 주린 배를 채울 수 있기 때문이다. 호모 사피엔스는 달랐다. 그들은 고기뿐 아니라 열매나 곡식 같은 다른 고칼로리 음식에서도 영양분이 가장 많은 부위만을 맛있다고 느꼈다. 그래서 식사 때마다 가장 많은 에너지를 얻을 수 있었고, 그것을 지방조직 안에 저장할 수도 있었다.

'맛있다'라는 새로운 느낌이 '배고픔'이라는 예전 느낌을 대체했다. 인간은 허기를 채우기 위해서뿐만 아니라, 무엇보다 맛있는(말하자면 고칼로리) 음식을 먹기 위해 채집하고 사냥했다. 그렇게 인간은 까다롭게 골라 먹는 잡식동물이 되었고, 그것은 큰 맹수들 사이에서 고군분투하는 작은 종에게 매우 유익했다. 호모 사피엔스는 육체적 노력을 적게 들이고도 훨씬 높은 품질의 음식을 더 많이 섭취할 수 있었다. 그래서 칼로리와 양분이 넉넉했다. 효율적인 식습관 덕분에 호모 사피엔스는 심지어 휴식을 취하고, 공상에 잠기고, 맛있는 열매나 내일 추적하여 사냥할 매머드를 상상할 시간도 갖게 되었다.

최초의 인간은 무리 지어 살고 먹는 사회적 동물이었다. 아이들은 안전하게 보호받았다. 그들이 없으면 미래도 없기 때문이다. 그러나 아이들은 어른만큼 많이 먹을 수 없으므로, 에너지가 가장 많은 부위, 가장 맛있는 부위를 아이들에게 주었다. 이런 식으로 그들은 어렸을 때부터 무엇이 품질이 좋고 맛있고, 무엇이 그렇지 않은지 배웠다. 오늘날에도 우리는 아이들에게 무의식적으로 달콤하고 빨갛고 맛있는 음식을 좋아하도록 가르친다. 아이들이 괜히 케첩을 그토록 좋아하는 게 아니다. 그것은 신선한 고기처럼 붉고, 풍미가 명확하며, 무엇보다 순수 당분 함량이 20퍼센트 이상이다.

오늘날 비만이 만연하는 중요한 원인이 여기에 있다. 우리는 아이들에게 가장 맛있는 음식을 준다. 선사시대 야생에서는 먼 거리를 걷고 집을 지을 수 있도록 고품질에 고칼로리 음식이 물질대사를 통해 빠르게 에너지로 전환되었지만, 오늘날 우리가 맛있다고 느끼고 섭취하는 것은 주로 '가짜' 칼로리다. 그것은 진짜 음식이 아닌 그저 위를 채우는 충전제일 뿐이며, 완전히 다른 에너지 연소와 결합한다. 신사시대 인간이 과자, 감자칩, 케첩을 알았더라면 이미 수천 년 전부터 아주 뚱뚱했을 터이다.

호모 사피엔스는 발달한 뇌 덕분에 무기와 도구를 만들었고 불을 발견했다. 이제 인간은 굽고, 튀기고, 끓일 수 있게 되었고 음식을 더욱 쉽게 더 맛있게 먹을 수 있게 되었다. 그 결과 인간은 수렵과 채집을 완전히 버리고 매우 집약적인 새로운 식량 생산 방법, 즉 농업과 가축 사육을 개발했다. 그러나 그로 인해 한 종류의 음식만 풍부한 상황이 빠르게 번졌다. 언젠가는 문제가 발생할 수밖에 없었다.

기발한 뇌가 복잡한 식습관을 만든다

우리의 뇌는 여러 층으로 구성되어 있다. 식사 같은 기본적인 기능조차도 물질대사, 소화, 호르몬, 신경, 근육과 더불어 뇌가 관여하여 이루어진다. 우리는 지금까지 물질대사와 소화를 자세히 살펴보았고 그것이 그렇게 간단한 작동이 아니며, 특히 뇌의 가장 바깥층인 대뇌피질에서 복잡한 상호작용이 일어나 복잡한 식습관이 만들어진다는 것을 확인했다. 이것 때문에 감정적 식사, 폭식증, 스트레스성 식사, 과식 같은 다양한 형태의 심리적 섭식장애도 생기고 이런 섭식장애는 심각한 과체중으로 이어지기도 한다.

뇌의 한 가지 층이 아니라 여러 층이 동시에 우리의 행동을 조절한다(163쪽 그림 참조). 가장 안쪽에 자리한 층, 그러니까 뇌줄기와 시상하부가 있는 곳을 '제1의 본성'이라고 부른다. 이것은 파충류 뇌다.[43] 우리는 원래 수렵채집인이었고 위험이 닥쳤을 때 빠르게 행동해야만 했다. 그때의 원시적 본능이 이곳 파충류의 뇌에 들어 있다. 1장에서 이미 다루었던 서골비기관과 페로몬 역시 뇌의 가장 안쪽에 영향을 미친다. 그래서 우리는 맛있는 모든 것을 주저 없이 먹고자 하고, 속담 그대로 눈이 위보다 더 크며(배고플 때 음식을 과하게 많이 담는다는 속담이다 — 옮긴이), 냄새를 맡아보고 맛보고 몸에 좋은지 확인한 다음 혼자 또는 자식들과 먹는 것을 가장 좋아한다. 엄마들은 자식이 음식을 맛있게 먹는 모습을 흐뭇하게 본다.

인간의 뇌 가장 안쪽 층 주변에 피질이 발달했는데, 이 피질이 변연계다. 이것은 '제2의 본성'이라 불리고 우리의 감정을 조절한다. 수렵과 채집의 자유를 포기하고 농사를 지으면서 필연적으로 새로운 삶의 법칙이 등장했다. 선과 악으로 구성된 이런 도덕을 우리는 이제 당연한 것으로, 무엇보다 재산과 절제에 관한 합의를 포괄하는 문명으로 여긴다. 가장 많이 일하는 사람 또는 상속받은 사람이 가장 많은 음식을 갖는다. 맛있는 것을 취하는 것이 절도가 되고, 수확을 기다리는 것이 미덕이 되었다. 부자와 가난한 사람의 차이는, 카롤리네 공주와 괴팍한 중세 교황 인노첸시오 8세 때처럼 뚱뚱함과 마름의 차이였다.

뇌의 가장 바깥층에서 '제3의 본성'이 발달했다. 이것이 대뇌피질이고 우리의 의지력과 합리성이 여기에 들어 있다. 더는 사냥이나 채집, 경작을 하지 않는 인간의 생활규칙이 여기에 포함된다. 이런 생활규칙에는 사회법률 및 규정, 종교의 식사 규칙,

국가의 영양지침, '식품 신호등'(식품에 든 영양성분의 함량에 따라 등급을 정해 녹색, 황색, 적색으로 표시하는 제도 – 옮긴이), 의학적 조언, 다이어트 등이 포함된다. '제3의 본성'은 '제1의 본성'의 유혹에 넘어가지 않도록 우리에게 경고를 쏟아낸다. 탄수화물과 과자, 지방을 피해! 너무 많이 먹지 마! 아침 식사를 거르면 안 돼! 콜레스테롤을 조심해! 칼로리를 계산해! 재료를 살펴! 영양성분–앱을 사용해! 사람들은 심지어 덜 먹기 위해 돈까지 낸다. 선사시대 조상이 이 얘기를 듣는다면 미쳤다고 생각할 것이다.

경고나 신호는, 똑같이 전기로 작동하는 일종의 슈퍼컴퓨터인 우리의 뇌에서 나온다. 신호는 신경세포의 전기 자극으로 전달된다. 그러나 한 신경세포에서 다른 신경세포로 자극을 실제로 전달하는 것은 전기 자극이 아니라 화학물질, 즉 신경전달물질이다. 뇌의 중요한 신경전달물질 중 하나가 사랑의 설렘을 만드는 세로토닌이다. 이 물질은 기분뿐 아니라 체중에도 직접적 영향을 미친다. 많은 항우울제가 세로토닌 효과 이외에 식욕을 자극하여 과체중을 촉진하는 데서 우리는 이것을 알 수 있다. 세로토닌, 기분, 식욕. 이 셋은 서로 연결되어 있다.

세로토닌은 우리의 뇌에서 중요한 물질이지만, 그것의 90퍼센트가 소장에서 생산되고 그곳에 사는 미생물에 의해 조절되는 것 같다. 세로토닌이 정확히 어떻게 뇌에 작용하는지는 아직 밝혀지지 않았다. 그러나 장내미생물이 과체중 발생에 중요한 역할을 하고 식욕뿐 아니라 기분 변화에도 영향을 미친다는 것이 입증되었다. 이 내용은 6장에서 자세히 다루기로 하자.

위절제수술이 도움이 되는 사람들

다시 묻겠다. 마리아는 위를 수술하여 체중을 감량해야 할까? 신체가 원하는 대로 과체중을 유지하려면 하루 평균 2400칼로리를 섭취해야 한다. 그러지 않으면 운동을 하지 않더라도 체중이 감소할 것이다. 마리아는 임신을 하고부터 살이 많이 쪘으므로, 선천성 렙틴 생산 장애가 있을 확률은 거의 없다. 하지만 혈중 그렐린 농도가 높아 배고픔을 강하게 느낀다. 뚱뚱해진 지금도 여전히 다른 사람들보다 더 많이 배고픔을 느끼는 이유를, 세트포인트 체중 또는 설정된 체중으로 설명할 수 있다. 그리고 어쩌면 그 원인이 후생적 변화에 있을지도 모른다. 오랜 기간 너무 많이 먹었기 때문에, 늘어난 음식 섭취량이 유전자에 '각인'된 것이다. 그렇다고 이것이 이 상태를 방치해도 되는 면죄부일 수는 없다. 마리아는 다른 여성과 마찬가지로 삶을 방해하는 과체중에 맞서 싸울 수 있는 강력한 메커니즘, 즉 뇌를 가지고 있다. 마리아는 뇌 덕분에 무엇을 먹고 무엇을 먹지 않을지 결정할 수 있다. 하지만 바로 그것이 마리아의 문제다. 의식적이든 무의식적이든 이런 결정으로 인해 그녀는 이토록 뚱뚱해졌다. 그녀가 선사시대에 살았더라면 이러한 선택 덕분에 훌륭한 사냥꾼이나 채집자가 되었을 테고, 선천적으로 같은 선택을 할 줄 아는 자녀를 두었을 것이다. 결핍 덕분에 칼로리 섭취의 균형을 유지했다는 말이다.(이것이 바로 우리의 조상은 과체중이 없었는데 오늘날 심각한 과체중이 발생하는 이유다). 마리아의 문제는, 오늘의 지상 낙원에서 어제에 적합한 결정을 내린다는 것이다. 오늘날은 칼로리가 사방에 널려 있다. 특히 주머니가 아주 가벼운 사람들일수록 더더욱 그렇다.

최신 치료법 중에, 배고픔을 줄이기 위해 인공 장호르몬 GLP-1(글루카곤유사펩타이드-1)을 다량 투여하는 방법이 있다. 그러나 관건은 이 효과가 얼마나 오래 지속되느냐다.[44] 체중 감량을 위한 소화관 수술은 매일 GLP-1을 투여하는 것보다 훨씬 강한 침습적 의료행위지만, 칼로리 섭취를 인위적으로 제한하여 균형을 회복하고 물질대사를 재조정할 수 있다.

과체중을 없애기 위한 수술은 로마제국에도 이미 있었다. 가이우스 플리니우스 세쿤두스Gaius Plinius Secundus는 자신의 책《박물지Naturalis historia》(서기 78년)에서 한 뚱뚱한 청년 이야기에 한 장을 할애했다. "루키우스 아프로니우스Lucius Apronius의 아들은 움직임에 방해가 되는 무거운 몸집에서 벗어나기 위해 배에서 지

방조직을 제거했다고 한다." 이 역사가는 또한 지방조직에는 혈관도 감각도 없다고 썼다.[45]

이런 수술은 로마제국에서 자주 수행되었던 것 같다. 100년 후에도 《탈무드》에 비슷한 수술이 기술되었는데, 유대 지역에서 보기 드물게 뚱뚱했던 랍비 엘레아사르 벤 시몬Eleasar ben Simon 이야기다. "그들은 그에게 수면제를 먹이고 대리석 방으로 데려가 배를 열고 지방 덩어리를 떼어냈다."[46] 수술을 한 이유는 미용 차원뿐 아니라 기능 차원도 컸던 것 같다. "이 선한 남자가 허리둘레 때문에 아내와 성관계 때 어려움을 겪었기 때문이다."

히포크라테스가 이미 수백 년 전에 이런 수술이 죽음으로 끝날 수 있음을 알았으므로, 실제로 배를 열었을 가능성은 없어 보인다. 게다가 두 남자 모두 수술 후에도 수년간 생존한 것으로 알려졌다. 아프로니우스의 아들에게서 제거된 것은 아마도 지방조직이 아니라 늘어진 피부였을 것이다. 그는 어떤 임무를 위해 아프리카로 파견되었고 그곳에서 살이 많이 빠져 피부가 늘어졌을 터이다. 그러니까 이 경우에는 지방 제거 수술이 아니라 소위 복벽 성형이다. 이 기술은 1960년대에 브라질 외과 의사 이부 피탕구이Ivo Pitanguy가 미국 배우 엘리자베스 테일러Elizabeth Taylor의 늘어진 뱃살을 제거해준 이후로 크게 유행했고, 그 후 외과 의사들은 이 수술을 부유층에 (재)도입했다.[47] 1980년대에 프랑스 외과 의사 이브제라르 일루즈Yves-Gérard Illouz는 피부 아래의 지방조직을 잘라내지 않고 진공 주사기로 흡입하는 기발한 아이디어를 내놓았다. 그렇게 지방흡입술이 발명되었다. 피하지방 제거는 비록 미용 효과가 있긴 하지만 물질대사에는 거의 영향을 미치지 않는다. 결국 중요한 것은 물질대사다.

지방을 제거하는 것보다는 복강에 개입하는 다른 방법들이 체중 감량에 더 효과적인 것으로 밝혀졌다. 1960년대에 미국 외과 의사 에드워드 메이슨Edward Mason은 위 축소 수술을 실험했지만 항상 성공적이진 않았다. 1969년에 발표한 연구 논문에서 그는 실패의 원인을 환자에게 돌렸다. 체중이 줄면 자신의 수술 덕분이었고, 체중이 줄지 않으면 환자 탓이었다. 그는 나중에 이 수술을 오늘날의 표준인 복강경 위 우회술, 즉 최소 침습적 위 우회술로 개선했다. 이 수술로 환자는 남은 생애 동안 체중 4분의 1을 줄일 수 있다.[48]

비만 수술은 서구 사회에서 지난 20년 동안 엄청나게 중요해졌다. 언뜻 보면 체중 감량 수술은 '스스로 초래한' 문제를 아주 편하게 해결하는 것처럼 보일 수 있다. 그러나 사람들이 어떻게 생각하든, 결과적으로 호르몬 수치를 개선하는 위 축소 수술은 현재 지속적인 효과를 보장하는 유일한 치료법이다. 그리고 이런 수술의 추가 효과는 심지어 더욱 강력하다. 당뇨병 환자의 4분의 3은 약물치료를 중단할 수 있고, 많은 환자가 건강이 개선되어 건강하게 늙을 기회를 얻는다.[49] 물론 위 수술로 문제의 원인이 완전히 사라지는 것은 아니다. 그러나 문제를 해결할 수 있다면 문제의 원인을 아는 것이 그렇게 중요할까? 그러므로 배가 다시 물 위에 떠서 계속 항해할 수 있도록 바닥짐을 배 밖으로 던져라. 과체중을 없애면 환자는 다시 살아갈 수 있다.

심각한 과체중을 막기 위해 전 세계적으로 가장 많이 시행되는 위 우회술 또는 위 축소술이라 불리는 수술은 간단한 원리에 기초한다. 이런 수술을 받으면 장이 위의 시작 부분과 연결되어 음식물을 삼키면 즉시 장으로 들어가 거기서 소화된다. 말하자면, 위에서 세 시간 동안 머물며 배고픔을 연장하는 일이 없다. 이렇게 하면 한 입 먹었을 때 허기가 사라진다. 그 대신 환자들은 평생 하루에 여러 차례 소량의 식사를 해야 한다.

마리아 역시 이 수술을 받았고 결과도 좋았다. 60킬로그램을 감량했고, 살이 야금야금 다시 찌는 일 없이 현재까지 체중이 잘 유지되고 있다.

병적 비만의 최후 수단인 위 축소술은 추가로 단맛 감각도 둔화시킨다. 수술 후 소화 호르몬의 변화로 단맛 욕구가 줄면 예상대로 체중을 빼는 데 도움이 된다. 그러나 신체가 실수로 포만감 신호를 뇌에 보내지 않으면 부정확한 미각 때문에 반대로 체중이 더 늘기도 한다. 우리가 느끼는 맛과 실제로 먹는 것 사이에 차이가 있으면, 신체가 비축 식량을 조사할 때 헷갈리기 때문이다.

수술이 매우 안전하고 한 시간 이내에 끝날 수 있더라도, 과체중이 심하고 이런 수술을 받고자 하는 사람이 현재 너무 많아서, 전 세계 모든 외과 의사가 앞으로 평생 이 수술만 해도 이 사람들을 모두 수술하는 것은 불가능할 것이다. 그러므로 비만 수술은 비만 팬데믹의 해결책이 아니다. 씁쓸한 진실이지만, 과체중은 결국 부메랑처럼 돌아올 것이다. 과체중이 심한 사람은 건강이 악화될 위험이 커 수명이 짧아진다. 과체중은 '문명병'이라 부르는 질병의 대표 위험 요소이기 때문이다. 당뇨병, 심혈관 질환, 암이 바로 이 문명병 삼총사다. 이것은 전 세계에서 일어나는 현상이라 할 수 있는데, 최근까지 전염병과 영양실조가 가장 중요한 사망 원인이었던 아프리카에서조차 이제는 문명병이 증가하고 있기 때문이다.

어쩌면 비만 팬데믹으로 인간 종이 둘로 나뉘어, 미래에는 실제로 건강하고 장수하는 인간을 호모 사피엔스 프로프리우스 *Homo sapiens proprius*라 부르고, 과체중인 인간을 호모 사피엔스 오베지타테*Homo sapiens obesitate*라 부르게 될지도 모른다. 그러므로 비만 팬데믹에 맞서 싸울 때, 호르몬 지식과 호르몬이 식습관에 미치는 영향을 활용해야 한다. 이 지식을 깊이 분석하면 우리는 새로운 약물과 치료법을 개발할 수 있다. 그러나 무엇이 최선의 길일까? 결핍된 호르몬을 보충하는 것? 아니면 위를 수술하여 뇌와 물질대사와 소화의 상호작용에 간접적으로 개입하는 것? 그 대답은 현재까지 불분명하다.

어쩌면 과체중 치료에서도 장내미생물이 중요한 역할을 할지도 모른다.

6

장 속, 보이지 않는
동반자들의 활약

장내미생물

2006년 가을에 나는 암스테르담 대학의학센터에서 내과 전문의로 일했다. 우리 병동에는 침울한 80대 환자가 이미 여러 달째 입원해 있었다. 요로감염 때문에 받은 항생제 치료 후유증으로 만성 설사에 시달렸고 어떤 약도 도움이 되지 않았다. 설사의 원인은 클로스트리듐 디피실리균*Clostridium difficile* 감염이었다. 이 박테리아는 장벽을 공격하여 심한 복통, 발열, 경련을 일으킨다. 환자들은 하루에 최대 10회씩 물똥 설사를 하게 된다. 그러면 체중이 심하게 줄고, 완전히 녹초가 되어 누워 있어야 할 정도로 몸이 허약해진다. 이런 감염은 치명률이 20퍼센트나 된다. 그러니 그런 환자들 대다수가 침울해지는 건 당연하다. 우리의 80대 환자는 오랫동안 침상에 누워 있었기 때문에 수척하게 말랐고 온몸이 상처투성이였다. 전체적으로 매우 심각한 상황이었다.

이 환자가 바라는 것은 오직 한 가지, 병원에서 나가 (전이성 암을 앓고 있는) 남편과 함께 집에 있는 것이었다. 환자의 심정을 아주 잘 이해할 수 있었으므로, 어쩌면 약간의 자만으로 나는 단기간에 환자를 치료할 방법을 찾기 시작했다. 그러나 쉽지 않았다.

그러던 중에 몇 년 전 큰 웃음을 자아냈던 학회 발표가 생각났다. 그때 노르웨이의 소화기내과 교수 요하네스 오스Johannes Aas가, 1958년 논문을 읽은 후 내 환자와 비슷한 사례를 건강한 사람의 대변으로 치료한 적이 있다고 발표했었다.[1] 다른 박테리아를 가진, 그러니까 클로스트리듐 디피실리균이 없는 건강한 대변을 투여하면, 이런 성가신 박테리아의 성장이 느려진다는 것이다.[2] 이런 방식으로 박테리아 사이에 싸움을 붙이면 가장 잘 증식할 수 있는 건강한 종이 승리하여 악당 클로스트리듐을 장에서 몰아낼 것이라는 아이디어였다. 자연에서 매일 일어나는 일이 대변 이식을 통해 신체에서도 일어나게 지원할 수 있다는 얘기였다. 노르웨이 의사의 발표가 있은 지 몇 년이 지나서야 나는 그 의미를 깨달았다.

환자의 동의를 받은 지 일주일도 안 되어 나는 네덜란드 최초의 대변 이식에 필요한 모든 것을 갖추었다. 믿기지 않겠지만 대변 용액을 만드는 데 간단한 주방기기 하나면 충분했다. 나 역시 그렇게 간단할 줄은 꿈에도 생각하지 못했었다. 어느 금요일 오후, 우리는 대장내시경 중에 환자의 몸에 환자의 아들이 기증한 대변 용액을 주입했다. 치료실에서 처음에는 웃음기도 약간 있었지만, 점차 긴장감이 돌았다. 간호사부터 의사까지 치료에 참여한 모든 사람이 뭔가 아주 특이한 일이 벌어질 것을 감지했기 때문이다.

그날 오후 환자가 무사히 병실로 돌아왔을 때, 아직은 아무것도 달라진 것이 없어 보였다. 그러나 주말을 보내고 다시 병실에 갔을 때, 나는 환자의 만성 설사 증상이 실제로 호전된 것을 확인했다. 환자는 심지어 처음으로 약간 걸어볼 수도 있었고 기분도 매우 쾌활해졌다. 침울한 기분이 완전히 사라졌다. 게다가 치료 부작용도 없었다. 다음 날 환자는 퇴원하여 남편과 함께 집으로 갔다. 그렇게 노부부는 삶을 몇 년 더 함께 즐길 수 있었다.

2014년에 프랑크푸르트 암 마인 괴테대학 내분비학 박사과정생이었던 24세의 기울리아 엔더스Giulia Enders가《매력적인 장 여행》이라는 책을 출판했다.[3] 이 책 덕분에 장을 바라보는 사람들의 시선이 갑자기 달라졌다. 이 책은 출판된 해에만 100만 부 넘게 팔렸고, 2015년에는 영어판이 출간되었으며, 이어서 40개 언어로 번역되었다.《매력적인 장 여행》은 위장관을 일종의 운하로 본다. 이 운하의 한쪽 끝에서는 식음료가 유입되고 다른 쪽 끝에서는 경단, 가래떡, 설사, 방귀 형태로 다시 배출된다. 엔더스는 우리의 장이 얼마나 복잡하고 매력적인지 보여준다. 비록 장의 반전 매력을 완전히 다 보여주진 못했지만, 내분비 과정에 미치는 장내미생물의 영향력을 연구하는 사람으로서 나는 여러 지점에서 엔더스의 의견에 전적으로 동의한다.

호르몬과 장내미생물 사이에 어떤 관련이 있을까? 아주 많다. 건강한 호르몬 균형을 위해서는 장내미생물이 반드시 있어야 하기 때문이다. 장내미생물은 수십 가지 다양한 호르몬의 방출과 생산에 관여한다.[4] 장내미생물은 중추신경계를 통해 호르몬 생산과 뇌 기능에 영향을 미친다.[5] 또한 일반적으로 박테리아가 항생제에서 콜레스테롤저하제에 이르기까지 신약 개발의 원천이 되는 경우가 많다.[6] 간단히 말해, 우리 안팎의 박테리아는 건강한 삶에 매우 중요하다!

6장에서는 장과 그곳에 사는 거주민을 다룬다. 여기서는 장내미생물에 관한 잘 알려진 지식을 정리하고, 호르몬에 관한 책에 장내미생물이 포함된 이유를 설명할 것이다. 그러나 장내미생물과 호르몬 사이의 균형을 잘 유지하기 위해 우리 스스로 할 수 있는 일이 무엇인지를 훨씬 더 중요하게 다룰 것이다.

장을 '제2의 뇌'라고 부르는 이유

《매력적인 장 여행》이 출판되기 전에 이미 우리는, 음식물이 장을 이동하는 동안 영양소가 분해되어 장벽을 통해 혈액으로 보내진다는 사실을 알고 있었다. 그러나 이 과정을 좀 더 상세히 알고자 하는 사람들을 위해 여기에 몇 가지 세부 내용을 추가하고자 한다. 전분의 분해는 이미 입에서 씹을 때 시작된다. 이때 첫 번째 소화효소 프티알린이 방출된다. 프티알린은 췌장의 아밀레이스와 마찬가지로 음식물의 전분을 탄수화물로 바꾼다.[7] 으깨진 음식물이 위에 도달하면 프티알린의 역할은 끝나고 위산이 활동을 시작한다. 씹는 동안 침의 효소가 음식물에 잘 혼합되어, 음식물이 위를 통과하여 소장에 도착해서도 탄수화물의 소화가 최소 한 시간 동안 계속 진행된다. 그러므로 잘 씹는 것이 매우 중요하다.

위산의 영향으로 단백질은 위에서 이미 잘게 쪼개졌다. 이제 펩신 효소가 단백질을 아미노산으로 분해하고, 이 아미노산은 장에서 호르몬 생산을 다시 시작할 수 있다. 탄수화물이 당(포도당)으로 분해되는 과정은 소장에서 췌장 효소의 도움으로 완료된다. 장의 소화 과정이 더 진행된 후에야 비로소 지방이 더 잘 태워지는 지방산으로 바뀌기 시작한다. 음식물이 완전히 작은 입자로 바뀌면 림프를 거쳐 장벽을 통과하여 혈액으로 들어간다. 섬유질처럼 소화되지 않는 남은 찌꺼기들은 더 멀리 이동하여 다른 폐기물과 혼합된다. 그러면 장의 마지막 부분인 대장에서는 소중한 비타민과 미네랄이 많이 함유된 마지막 액체가 소화 호르몬 GLP-1의 도움으로 흡수된다.[8] 끝으로 최종 폐기물은 강력한 직장에서 우리 몸을 떠나 변기 속으로 사라진다.

이것은 소화 과정을 고전적으로 요약한 것으로, 우리가 학교에서 배웠고 대학에서도 수십 년 동안 의대생들에게 가르쳐온 내용이다. 그러나 기울리아 엔더스의 말처럼, 우리의 위장관은 그보다 훨씬 더 복잡하고 야심 찬 기관이다. 실제로 우리의 장과 그곳 주민들은 수많은 다양한 호르몬의 생산을 담당하고, 아직 알려지지 않은 호르몬 유사물질이 얼마나 많이 더 있을지 아무도 모른다. 소화에 관여하는 가장 중요한 호르몬은 앞에서 설명한 인슐린, GLP-1, 콜레시스토키닌이다. 여기에 소장과 대장에서 생산되는 세로토닌을 추가할 수 있다.[9] 또한 장내미생물은 장운동에도 중요한 역할을 한다.[10] 그리고 우리는 최근에, 장내미생물이 부신의 코르티솔과 아드레날린 생산에 관여하고 우리의 페로몬도 대변에서 생산된다는 사실을 알게 되었다. 그러므로 우리의 장은 그저 똥이나 방귀를 만들어내는 곳이 아니다. 엔더스의 표현대로, 장은 '우아한 발레리나'에 비유할 수 있다.

기울리아 엔더스의 데뷔 시기는 아주 적절했다. 지난 15년 동안 장의 진정한 본질과 기능에 대한 견해가 근본적으로 바뀌었기 때문이다. 예전에는 장내미생물을 그저 종에 따라 그리고 배양 방법으로만 연구할 수 있었지만, 이제는 유전자 암호(DNA 염기서열) 해독으로 몇 시간 안에 무엇이 우리의 장 안에 거주하는지 알 수 있다.[11] 게다가 최근 수십 년 동안, 우리의 행동에 장이 미치는 영향력을 기반으로 장을 과감하게 '제2의 뇌'라고 부르는 연구자들이 많아졌다. 장은 신경계와 호르몬을 통해 뇌와 소통한다![12]

사실 우리는 오래전부터 이것을 알고 있었다. '목이 메다', '겁에 질려 그만 바지에 지리다', '위에 돌덩이가 앉았다'처럼 감정을 표현하는 관용구들에서 엿볼 수 있듯이, 우리의 조상들은 장과 뇌가 연결되었음을 알고 있었다. 많은 사람에게 장을 더욱 대중적이고 친근하게 만들어준 기울리아 엔더스에게 감사를 전한다.

하지만 이 기발한 기관에 대해 아직 할 말이 아주 많다. 이제 우리는 장이 어떻게 작동하는지 더 잘 알고, 새로운 발견들이 호르몬에 관한 지식을 더 많이 제공하기 때문이다. 우리의 안녕은 장내미생물에 크게 좌우된다. 건강한 장은 면역력뿐 아니라 더 많은 에너지와 집중력도 제공한다. 말하자면, 장내미생물은 영어단어 암기하기, 잘 자기, 식습관 및 식사량을 결정할 뿐만 아니라, 아이들과의 정서적 관계를 조절하는 뇌에도 관여한다.

장내미생물의 이 모든 좋은 특성 이외에, 애석하게도 우리의 몸과 기능에 부정적 영향을 미치는 미생물도 있다.[13] 2019년에 런던의 정신과 의사 에드워드 불모어Edward Bullmore는 소화계에 나쁜 미생물이 있으면 어떻게 우울증(세로토닌 부족으로), 파킨슨병(도파민 부족으로), 치매(특정 뇌세포의 만성 염증으로)가 생기는지 설명하는 베스트셀러《염증에 걸린 마음》을 출판했다.[14] 현대의학의 아버지 히포크라테스는 2500년 전에 종이에 기록해놓았다. "모든 질병은 장에서 발생한다."

내 장 속에 뭔가가 살고 있다고?

마이크로바이옴의 부흥

기울리아 엔더스보다 먼저 장의 복잡성을 설명한 사람들이 있다. 1958년 33세에 노벨생리의학상을 수상한 미국 분자생물학자 조슈아 레더버그Joshua Lederberg는 비전가의 면모를 발휘했다.[15] 그는 수십 년 전에 이미, 장에서 일어나는 페로몬 및 호르몬 유사물질 생성과 장내미생물을 잘 이해하면 신체 기능을 이해하는 데 크게 도움이 된다는 것을 알고 있었다. 그는 2001년에 장에 거주하는 박테리아, 곰팡이, 바이러스, 효모로 구성된 수백만 개 미생물을 총칭하는 용어로 '마이크로바이옴Microbiome'을 도입했다. 이 미생물들은 장을 건강하게 유지하고 병원균으로부터 우리를 보호한다. 레더버그는 생물의학에 진정한 혁명을 일으켰다. 그러나 그는 장내미생물의 중요성을 처음으로 인식한 사람이 아니었다. 4세기 중국 의학서적에서 갈홍이라는 의사가 우울증과 복통에 효과가 있다면서 갓난아기의 똥('노란 국')으로 치료할 것을 권장했다.[16] 또한 아라비아의 로런스로 더 잘 알려진 영

국 장교이자 작가인 토머스 에드워드 로런스Thomas Edward Lawrence
는 20세기 초에 아라비아반도의 베두인족으로부터 낙타똥으로
만든 차를 일종의 웰컴티로 대접받았다. 베두인족 전통에서 그
것은 질병을 예방하는 차였다. 몇 년 뒤에 우리가 알게 되었듯
이, 낙타똥에는 여행자의 설사를 예방하는 데 도움이 되는 항염
증 호르몬인 이른바 박테리오신Bacteriocine이 함유되어 있다.

실제로는 아주 오래된 사실이라도 새롭게 알게 된 지식이면
종종 매우 더디게 관철된다. 그래서 21세기 초가 되어서야 비로
소 의사들이 면역체계, 물질대사, 소화 등에 미치는 장내미생물
의 실질적 이점을 인식했고 마이크로바이옴이라는 새로운 용어
도 도입할 수 있었다. 그리고 새로운 지식은 종종 새로운 질문으
로 이어진다. 장에는 도대체 어떤 미생물이 살고, 그들은 정확히
어디에 기반을 두고 있을까? 그들은 거기서 무엇을 할까? 그들
은 거기까지 어떻게 갈까? 그리고 당연히 의학에서 중요한 질문
으로, 어떻게 하면 마이크로바이옴에 영향을 미쳐 건강에 유익
하게 할 수 있을까?

최근 10년 사이에 장 연구가 폭발적으로 증가했다. 장을 주제
로 하는 논문이 2010년 1178개에서 2021년에 8986개로 일곱 배
이상 증가했다. 이런 증가는 장내미생물의 구성을 연구할 수 있
는 최신 방식 덕분이다. 몇 년 전에는 심지어 인간과 동물의 장
내미생물 구성과 기능 연구를 전문으로 하는 〈마이크로바이옴〉

이라는 학술지도 창간되었다. 전 세계적으로 마이크로바이옴 학회가 개최되고, 이 주제로 벤처 자본이 몰리고, 새로운 연구 분야의 가능성에서 수익을 올리려는 스타트업이 우후죽순으로 생겨나고 있다. 환자협회와 거대 제약회사도 움직이기 시작했다. 모두가 마이크로바이옴의 큰 기회와 가능성에 동참하여 자신의 몫을 챙기고자 한다. 더 나은 진단부터 새로운 치료법까지 가능성과 기회는 다양하다. 이것이 그저 과도한 들뜸이 아니고, 희망이 실현될지는 두고 볼 일이다. 그런데 마이크로바이옴은 우리의 건강 개선에 어떤 역할을 할까? 그리고 과학자들은 박테리아가 정말로 특정 호르몬 질환의 원인이라는 것을 어떻게 입증할수 있을까?

대변 이식이 호르몬에 미치는 영향

2002년에 나는 베를린 샤리테병원 이비인후과에서 인턴 생활을 했었다. 나는 동독에서 의학 교육을 받은 한 교수를 매일 동행했는데, 처음 만난 날 그 교수는 내게 다음과 같은 가르침을 주었다. "훌륭한 보조 의사는 질문하지 않고, 무엇보다 잘 듣습니다." 그래서 나는 교수 옆 스툴에 조용히 앉아, 머리와 목 부위에 존재하는 모든 감염에 관해 배웠다. 샤리테병원에서 나는 로베르트 코흐Robert Koch(1843-1910)의 감염 및 박테리아 연구에 매료되었다. 코흐는 폴란드(당시 프로이센)의 볼슈테인에서 보건소 의사로 일하던 중 환자의 침, 대변, 상처 진물에 관심을 갖기 시작했고, 생일에 아내에게 현미경을 선물 받으면서 그의 열정은 더욱 커졌다. 그는 진료실 한쪽 구석에서 의학계에서 가장 위대한 발견에 몰두했고, 이 발견으로 1905년에 노벨상을 받았다. 코흐가 발견한 것은 무엇일까? 그렇다, 박테리아가 질병을 일으킬 수 있다는 사실이다!

코흐는 샤리테에서 교수로 일하기 시작한 후(그러니까 거의 100년 후 내가 걷게 될 바로 그 복도를 걷기 시작한 후), '코흐의 가설'을 발표했다.[17] 이것은 특정 박테리아와 바이러스가 인체에 질병을 일으키는지 입증하고자 할 때 의사와 과학자가 사용할 수 있는 간단한 규칙이었다. 그 규칙은 다음과 같다. 첫째, 코로나 팬데믹 때 보았던 것처럼 박테리아나 바이러스(병균)가 인체에서 대량으로 발견되어야 한다. 둘째, 병균을 분리하고 배양할 수 있어야 한다. 셋째, 그 병균에 감염된 실험동물에서 의심되는 질병이 발병해야 한다(이 동물은 나중에 치료될 수 있어야 한다). 그리고 마지막으로, 실험동물에서 나온 박테리아가 환자에게서 발견한 것과 같아야 한다.

문제는 여전히 남아 있다. 어떻게 한 사람의 박테리아를 다른 사람에게 옮겨 호르몬의 효과를 높일 수 있을까?

2006년 암스테르담 대학의학센터에서 대변 이식을 성공한 이후, 비슷한 환자들을 대상으로 한 대규모 연구에서 치료가 성공적으로 재현되었다.[18] 그 이후로 대변 이식은 전 세계적으로 만성 클로스트리듐 디피실리균 관련 설사의 치료 방법이 되었다. 내분비학자로서 나는 대변 이식이 호르몬에 미치는 영향에 점점 더 관심을 두게 되었다. 그렇게 우리는, 장내미생물 구성이 바뀌면 인체가 인슐린에 더 민감해지고,[19] 과체중인 사람의 뇌에서 세로토닌과 도파민의 효과가 감소하는 것을 발견했다.[20] 사람들

을 즉시 침울하게 만드는 세로토닌 부족을 생각해보라. 장에 박
테리아가 전혀 없는 무균 쥐는 다른 쥐들보다 더 겁이 많고 학습
능력도 떨어진다. 또한 무균 쥐는 장도 미숙하게 발달한다.[21] 그
래서 나는 우리의 장이 실제로 어떤 '좋은' 거주민을 수용하고,
어떤 '무단침입자'를 경계해야 하는지 더 자세히 알아봐야겠다
고 생각했다.

박테리아는 일반적으로 몸 안에서 무리 지어 복잡한 공동체를
형성하는데, 레더버그는 이것을 '마이크로바이옴'이라고 불렀고
그중 대부분이 장에 거주한다. 15년 전까지만 해도 배양된 박테
리아를 통해서만 어떤 박테리아가 피부 또는 대변에 있는지 확
인할 수 있었다. 먼저 기관, 대변, 체액을 면봉으로 닦은 다음 이
면봉을 '영양이 풍부한' 접시(양의 피가 담긴 접시)에 몇 번 문질러,
거기서 어떤 박테리아가 자라고 있는지 확인했다.

이것은 매우 까다로운 작업이었는데, 예를 들어 면봉에 박테
리아가 너무 적거나 공기를 싫어하는 박테리아일 경우 잘 번식
하지 않기 때문이다. 상황에 따라 달라지는 이런 방법으로 인해
장내미생물의 수가 심하게 과소평가되기도 했다. 그래서 당시에
는 인체에 서식하는 박테리아가 대략 300종에 불과하다고 믿었
다. 이제는 큰 진전이 있어 장내미생물의 정확한 구성을 확인할
수 있다. 이른바 고속대량스크리닝High-Throughput-Screening을 통
해 박테리아의 DNA를 분석할 수 있다. 정확한 작동방법을 여기

에 다 설명하기는 어려울 것 같고, 아무튼 이 최첨단 기술을 통해 우리는 건강한 장의 대변 1그램에 박테리아 수천 종이 들어 있음을 확인할 수 있었다. 이것은 과거의 300종보다 훨씬 많은 숫자다. 게다가 이 수치에는 바이러스와 곰팡이가 빠져 있다. 이 장내 거주민들은 음식에서 나온 물질을 다른 물질로 바꾸기도 한다. 최근에 밝혀지기를, 장에서 매일 다량의 알코올이 생성된다고 한다. 건강한 사람의 경우 맥주 세 병, 비만 환자는 최대 위스키 0.5리터가 생성된다.[22] 우리의 배 속에 작은 양조장이 있으리라고 그 누가 생각이나 했겠나!

장 내용물에 섞여 있는 수많은 박테리아 무리는 우리의 장을 마법의 상자로 만든다. 장은 단순한 소화관이 아니라 훨씬 더 다재다능하다. 곰팡이, 바이러스, 박테리아를 통칭하는 마이크로바이옴은 다양한 기능을 수행하는, 무게가 2킬로그램인 한 유기체로 볼 수도 있다. 말했듯이, 장내미생물은 세로토닌과 도파민 같은 환영할 만한 호르몬을 생산하고, 우리의 기분에 중요한 역할을 한다. 하지만 트립토판에서 만들어지는 호르몬 유사물질인 키뉴레닌 같은 나쁜 물질도 생성한다.[23] 염증성 장 질환 환자의 혈액에서는 이런 물질이 지나치게 많이 발견된다. 키뉴레닌은 기분을 침울하게 하고 지방간 질환을 유발할 수 있다. 그러나 최근에 밝혀지기를, 골수의 면역세포는 우선 소장으로 가서 좋은 박테리아와 나쁜 박테리아를 구별하는 방법을 배운다고 한다.

우리의 면역체계를 위한 일종의 기본 학습 과정인 셈이다. 이 과정을 마친 후 그들은 우리 몸의 방어부대 역할을 이행한다.[24] 그러나 이런 '훈련'이 때때로 잘못되어 면역세포가 호르몬 공장에 맞서기도 하는데, 그러면 갑상샘이 약해진다.[25]

장내미생물은 한마디로 매우 중요하다. 그들은 면역체계를 관리하는 것 외에도 음식물에서 가능한 한 많은 에너지를 뽑아낸다. 물론 음식물이 장에 충분히 오래 머물러야 가능한 일이다.[26] 과체중인 사람은 장내미생물 구성이 좋지 않아 배변 활동(이른바 운송 시간)이 느려진다.[27] 생쥐의 경우 박테리아 구성이 심지어 체온과 물질대사에도 영향을 미친다.[28] 장내미생물 구성이 다양하면 수면의 질도 개선된다.[29] 시차로 생기는 피로는 장내 거주민을 심하게 방해하여 수면 호르몬인 멜라토닌 방출을 방해할 수 있다.[30] 그러면 필연적으로 물질대사도 균형을 잃게 된다.

집 안에 들이고 싶지 않은 나쁜 박테리아인 '무단침입자'는 어떨까? 우리의 면역체계에는 침입한 병원체를 밖으로 쫓아낼 수 있는 경보장치가 내장되어 있다는 사실을 잊어선 안 된다. 주인인 장내미생물은 합심하여 병원체를 성공적으로 방어한다. 예를 들어, 항생제에 내성이 생긴 한 박테리아가 우위를 차지하려 위협할 경우, 건강한 장내미생물들이 직접 나서서 장 점막을 추가로 보호한다.[31] 그렇게 무단침입자는 제압되고 대규모 불법 점거 시도는 실패로 끝난다. 또한 장내미생물은 다른 박테리아의 성장을 억제하기 위해 협동하여 천연 독소를 생산한다. 가장 잘 알려진 것이 페니실린이다. 페니실린은 다른 모든 항생제와 마찬가지로, 한 그룹에 무기를 제공해 증식하는 다른 그룹을 제거하게 한다. 박테리아는 또한 박테리오신을 생산할 수 있다. 박테리오신은 장에서 나쁜 박테리아를 죽인다.[32] 예를 들어, 우리 몸에서 만성 스트레스 반응을 지속적으로 일으키는 박테리아를 제거한다.[33] 인체와 장내미생물은 서로 호르몬을 주고받는다.

엄마가 전해준 건 사랑뿐이 아니다

모체의 박테리아

임신을 하면 엄마의 장내미생물이 달라지는데 아마도 임신 호르 몬의 영향인 것 같다.[34] 임신 초기 3개월과 후기 3개월에 임산부 의 장내미생물은 과체중인 사람의 장내미생물과 가장 비슷하다. 아마도 엄마의 장이 아기에게 가능한 한 최고의 삶을 선사하기 위해 음식에서 최대한 많은 에너지를 빨아들이기 때문일 것이 다. 아기가 세상으로 나오는 방식 역시 장내미생물 구성과 나중 에 앓게 될지도 모를 질병에 중요한 역할을 하는 것 같다. 자연 분만의 경우, 엄마의 박테리아가 아기의 입으로 들어가 장에 도 달한다. 질과 혈액을 통해 전달된 박테리아는 갓난아기의 면역 체계로 간다. 거기서 그들은 신생아의 아직 약한 면역력을 강화 하여, 아기가 앞으로 직면할 모든 낯선 박테리아에 더 잘 반응할 수 있게 한다.

그러니까 엄마의 장에서 온 박테리아는 엄마의 피부에 있는 박테리아보다 더 다양하고 '병원체'에 더 가깝다. 제왕절개로 태어난 아기는 엄마의 품에 안겨 젖을 먹고, 이때 엄마의 피부 박테리아가 아기의 장에 들어가 증식한다. 그러나 이것이 큰 차이를 만든다. 아기의 장에 있는 면역체계는 엄마의 피부 박테리아를 순순히 받아들인다. 그래서 엄마의 피부 박테리아는 아기의 장에서 더 쉽게 증식할 수 있다. 그러나 동시에 그런 이유로 아기의 면역체계는 '훈련'의 기회를 얻지 못한다. 기울리아 엔더스의 말을 빌리면, 아기의 면역체계는 그저 단순한 춤만 배울 뿐 탱고 같은 어려운 동작은 배우지 못한다.

그러면 나중에 문제가 될 수 있다. 면역체계가 어려운 춤을 추는 낯선 박테리아에 대처하는 법을 배우지 못하면, (예를 들어 식중독 후에) 병균이 마이크로바이옴에 침투할 기회가 더 커진다. 당연히 우리는 해로운 박테리아가 그곳에서 퇴치되길 바라지만 병균은 단단히 들러붙어 갑상샘과 췌장에 면역 질환을 일으키는 등 막대한 손상을 유발할 수 있다.[35] 제왕절개로 태어난 아기도 다행히 나중에 면역체계를 '훈련'할 수 있다. 헬싱키대학의 마이크로바이옴 연구자 카트리 코르펠라katri Korpela는 최근 제왕절개 아기에게 엄마의 대변 혼합물을 주입하는 미니 대변 이식을 실험했다. 그것으로 코르펠라는 엄마의 피부 박테리아 대신 질과 장의 박테리아를 갓난아기의 장에 넣어주면 아기가 훨씬 더 건강하게 삶을 시작할 수 있음을 증명했다.[36]

제왕절개 여부와 관계없이, 장내미생물은 태어날 때부터 줄곧 서로 균형을 이루는 복잡하고 안정적인 공동체로 발전한다. 모든 것이 순조롭게 진행되면 바이러스와 곰팡이, 기생충, 박테리아가 조화롭게 함께 살아간다. 이미 언급했듯이, 거주민 중 하나가 너무 많은 공간을 차지하면 다른 박테리아와 호르몬 유사물질이 이것을 바로잡는다.

이런 미생물의 발달에는 기복이 있고, 아기가 성장하는 환경역시 이런 기복에 중요한 역할을 한다. 옛날에는 아기가 여러 여성의 젖을 먹는 것이 흔한 일이었다. 최근 한 연구가 밝혔듯이, 모유 수유는 아기의 장에 유익한 또는 해로운 박테리아 종이 형성되는 데에 큰 영향을 미친다. 모유 수유를 통해 면역체계가 잘 훈련되거나 반대로 잘못 조정되어 나중에 병에 걸릴 위험이 증가하기 때문이다.[37]

장 유형

흥미롭게도, 한집에 사는 사람들의 장내미생물 구성이 비슷하다는 사실이 밝혀졌다. 심지어 반려동물과 주인의 장내미생물 구성이 최대 50퍼센트까지 일치하는 것으로 드러났다.[38] "친구를 보면 그가 어떤 사람인지 알 수 있다." 이 격언이 여기서 더 깊고 의학적으로도 중요한 의미를 띤다. 혈액형처럼, 사람들을 장내미생물의 특정 조합에 따라 분류할 수 있다. 이런 장 유형은 국적, 성별, 나이, 체중과 아무런 관련이 없다. 같은 유형을 묶어주는 공통 요소는 식습관이다.[39] 놀랍게도 이런 장 유형은 갑상샘호르몬[40]과 인슐린[41]의 효력에도 영향을 미칠 수 있다.

머지않은 미래에 병원은 우리의 장 유형을 검사할 수 있을 것이다. 그렇게 되면 특정 (내분비) 질환을 더 일찍 발견할 수 있다. 장내미생물 구성은 우리의 안녕을 도울 뿐 아니라, 특정 질병을 드러내고, 다이어트의 효과를 결정하고, 음주의 결과와 심지어 약물의 효능까지도 결정할 수 있기 때문이다. 그러므로 전날 저녁에 신나게 파티를 즐기고 아침에 심한 숙취로 고생하는 A는 파라세타몰 알약을 먹더라도, 똑같이 술을 많이 마신 B보다 약효가 낮을 수 있다. 선천적으로 B의 장에는 파라세타몰을 처리하지 않고 혈류로 흡수되게 하는 박테리아가 더 많이 살기 때문이다. 강조하건대, 이것은 가설에 불과하다. 그러나 추가 연구가 강력히 요구되는 것은 의심의 여지가 없다.

장내미생물의 다양성을 지켜라

항생제 남용 문제와 새로운 치료법

건강한 장내미생물이 사람의 건강을 유지해주는 것처럼, 장내미생물 구성이 바뀌면 호르몬 질환이 발생할 수 있다. 이것이 정확히 어떻게 작동하는지 이해하려면 아직 많은 연구가 필요하지만 우리는 도움이 될 만한 중요한 지식을 이미 알고 있다. 미국 뉴저지 러트거스대학의 의사이자 미생물학자인 마틴 블레이저Martin Blaser에 따르면, 장내미생물의 다양성은 항생제 남용과 서구식 생활방식으로 인해 심하게 무너지고 있다. 한번 무너진 장내 환경이 정상으로 회복되는 데는 종종 수개월이 걸리며, 영영 균형을 되찾지 못하는 경우도 많다.[42] 실제로 최근에 알려졌듯이, 항생제를 복용한 적도 없고 서양 음식을 먹어본 적도 없는 아마존 원주민은 장내미생물이 우리보다 대략 30퍼센트 더 풍부하다.[43] 허를 찌르는 자투리 정보를 하나 말하자면, 그들은 당뇨병이나 과체중을 거의 앓지 않는다. 장내미생물의 절반은 부모로부터 받고 나머지 절반은 환경에서 생긴다고 가정하면, 새로운 세대로 갈수록 장내미생물의 다양성은 줄어들 것이라고, 블레이저는 설명한다.[44] 이런 정보를 염두에 두고, 아기의 똥 기저귀를 편견 없이 다시 한번 찬찬히 살펴보라.

장내미생물 구성이 '빈약한' 사람들에게도 희망이 있을까? 앞서 말했듯이, 대변 이식은 이미 병원에서 시행되고 있고 적어도 일시적으로 장내미생물 구성을 개선할 수 있다. 이제는 우아하게 캡슐 형태로 대변을 이식할 수 있고(당연히 배설물을 먹는 것보다 훨씬 낫다), 심지어 돈을 많이 받고 이런 치료를 제공하는 개인병원도 있다.[45] 나는 대변 미생물 이식(FMT) 치료를 상업적으로 이용하는 것이 아직은 너무 이르다고 생각한다. 하지만 추가 연구를 통해 우리의 장내미생물, 즉 건강을 위한 호르몬 보물창고를 열어볼 수 있을 것이다. 이 모든 새로운 발견이 개별 환자에게 어떤 의미일지는 아직 밝혀지지 않았다.

때로는 수천 년 전 기록을 되돌아보는 것도 유용하다. 의사들은 이미 오래전에, 심장박동과 체온과 물질대사를 서로 조율하는 데 메트로놈 구실을 하는 갑상샘이 우리의 물질대사에 중요한 역할을 한다는 것을 알고 있었다. 갑상샘호르몬이 부족하면 장이 제대로 작동하지 않는다는 것은 수천 년 동안 잘 알려진 사실이다. 현대 서양 약학의 근본이 되는 《약물지De materia medica》를 1세기에 편찬한 그리스 외과 의사이자 약리학자인 페다니우스 디오스코리데스Pedanius Dioskorides가 아마도 최초로 대변 이식의 초기 버전을 시작했을 것이다. 그는 건강한 개와 도마뱀의 배설물을 갑상샘 질환 환자에게 투여하여 병을 치료하려고 애썼다.[46] 하필이면 개와 도마뱀을 선택한 이유는 자세히 설명되지 않았지만, 그는 분명 정상적인 배변과 건강한 갑상샘 기능의 연관성을 알고 있었다.

수십 년 동안 우리는 대변을 물질대사의 냄새나고 쓸모없는 최종 찌꺼기로 여겼다. 하지만 이제 대변은 새로운 치료법의 원천으로 떠올랐다. 예를 들어, 나중에 류머티즘이나 당뇨병이 발병하는 것을 예방하기 위해 환자 맞춤형으로 제조한 박테리아 음료를 매일 마실 날이 올지 모른다. 또는 자신의 장내미생물에서 얻는 호르몬 유사물질로 약을 만들어 물질대사를 개선하는 기술도 생각해볼 수 있다. 예전에는 그것이 꿈같은 얘기였지만, 머지않아 새로운 치료법과 새로운 호르몬 개발의 기반이 될 것이다. 그리고 비록 장내미생물 구성과 다양성 개선이 세상의 모든 질병을 없애진 않겠지만, 호르몬 균형을 더 잘 통제할 수 있을 것이라 나는 믿는다.

새로운 세대의 연구자들은 장내미생물에 개입하여 일상생활에 미치는 호르몬의 힘을 어느 정도 제어할 수 있을 것이다. 예를 들어, 갑상샘 기능이 개선되어 자가면역질환의 공격성이 약해질 것이고, 환자의 식욕이 올라가 암 치료를 더 잘 견딜 수 있을 것이다. 이외에도 더 많은 질병에서 호르몬은 우리의 신체와 정신의 안녕에 중요한 역할을 할 뿐 아니라 장내미생물에도 긍정적 영향을 미칠 것이다. 환상적인 전망이다. 이미 2000년 전에 자신의 발견을 기록으로 남겨 후세에 공유해준 중국의 갈홍과 그리스의 디오스코리데스에게 감사를 전한다.

7

스트레스가 당신을
소리 없이 망가뜨릴 때

성인기

내분비 호르몬 장애는 대개 성인기에 나타난다. 전체 인구의 약 5~10퍼센트가 이런 병을 앓는다.[1] 가장 일반적인 내분비 호르몬 장애는 당뇨병과 갑상샘기능저하증이다. 사실 모든 호르몬 장애가 질병을 악화시키고 심지어 환자의 생존 확률에도 영향을 미친다. 내분비샘이 제대로 작동하지 않으면 부족한 호르몬을 그냥 약물이나 주사로 보충하면 해결되리라 생각할 수 있다. 의사들 역시 그렇게 생각하지만, 그렇다고 질병이 눈 녹듯 사라지진 않는다. 약물로는 신체 자체의 호르몬 생산과 조절을 흉내조차 낼 수 없기 때문이다. 우리의 안녕을 보장하는 것은 다름 아닌 신체와 호르몬계의 미묘한 상호작용이다. 힐러리 맨틀이 말했듯이, 호르몬 균형이 바뀌면 기분도 바뀐다.[2]

이제부터 가장 일반적인 호르몬 치료(피임약부터 시작하자)와 성인의 호르몬 장애에 관해 자세히 살펴보자.

"우울하고 무기력해요… 그런데…"

피임약의 탄생과 부작용

나는 2007년부터 2008년까지 샌디에이고 캘리포니아대학에 있었고, 그동안 주간 오찬 강연에 즐겨 참석했다. 거기에는 사업가 크레이그 벤터Craig Venter나 노벨상 수상자 파울 크뤼천Paul Crutzen 같은 유명 동문이 반바지와 슬리퍼 차림으로 와서, 강의실을 가득 메운 호기심에 찬 다채로운 청중에게 자신의 인생 이야기를 들려주었다. 강연이 끝나면 누구든지 원하는 사람은 강연자와 커피를 마시며 대화를 나눌 수 있었다.

어느 오찬 강연에서 나는 1950년대 피임약 개발에 참여했던 미국의 유명 과학자이자 작가인 칼 제라시Carl Djerassi의 이야기를 들었다. 훌륭한 자서전《이 남자의 피임약This Man's Pill》에서[3] 그는 실험실에서 직접 인공 여성호르몬을 생산해낸 과정을 상세하게 설명했다. 그런 한편으로, 그는 아주 타당한 의문이 들었다고 한다. 어째서 남성용 피임약은 개발되지 않았을까? 피임약의 가장 흔한 부작용은 피로감이다. 이 때문에 수많은 가임기 여성이 무척 힘들어한다. 일본 같은 일부 국가에서는 1990년 후반이 돼서야 비로소 의사들이 임신을 원치 않는 여성에게 피임약을 처방했다. 왜 그랬을까?

피임약이 없으면 성 혁명도 없었을 것이다. 이것이 제라시의 주요 결론이었다. 그러나 1960년대 연구들을 보면 호르몬제를 자주 사용한 여성은 나중에 난임을 겪는 것으로 나타났다. 이 발견은 매우 적절한 순간에 이루어졌는데, 당시 부유한 서유럽의 인구과잉을 경고하는 목소리가 있었고, 다른 한편으로 페미니스트들이 여성의 임신 시기 결정권을 요구하면서 피임약 사용이 증가했다.

현대의 피임약에는 프로게스테론이 들어 있고 때로는 에스트로겐과 함께 사용된다. 이 두 호르몬은 배란을 억제하여(1장 참조) 정자세포가 있어도 수정될 수 없게 한다. 이것이 피임약의 가장 잘 알려진 효과다. 그러나 생리혈이 너무 많거나 기분장애 혹은 일상생활을 심각하게 제한하는 통증성 월경전증후군 같은 월경 문제, 그리고 발견이 쉽지 않은 질환으로 자궁내막조직이 난소와 복강까지 퍼지는 자궁내막증에도 이 알약을 쓸 수 있다. 자궁내막증은 심한 통증을 유발하고, 비록 피임약으로 통증을 완화할 수 있더라도 질병을 치료하지 않는 한 통증은 계속 남아 있다.

혈액 응고 연구자이자 내과 의사이고 지금은 네이메헌대학 교수인 사스키아 미델도르프Saskia Middeldorp가 1995년에 경종을 울렸다. 특정 피임약을 복용하면 혈관에서 혈액이 응고하는 혈전증 위험이 커지고, 최악의 경우 치명적인 결과로 이어질 수 있었기 때문이다. 경종을 울린 결과, 피임약을 향한 과도한 환호가 가라앉고 에스트로겐 함량이 높은 피임약 처방이 급격히 감소했다.[4] 동시에 호르몬제의 다른 부작용에도 관심이 높아졌다. 피임약 복용자의 흔한 불만은 추가된 에스트로겐으로 인한 체중 증가와 성욕 상실이다. 피임약이 성욕을 감소시킬 것이라는 추측은 오래전부터 있었다. 그것은 아마도 장기간에 걸쳐 호르몬이 '추가'로 투여되면, 신체는 자체 성호르몬 생산을 점점 더 억제하고, 프로게스테론과 에스트로겐 수치가 부자연스럽게 계속 높은 수준을 유지하여 안드로겐 수치가 상대적으로 낮아지기 때문일 것이다. 이것은 긍정적이든 부정적이든 신체에 강한 영향을 미칠 수 있다. 피임약이 전 세계적으로 널리 사용되면서 이런 효과가 점점 더 명확해지고 있다.[5]

이론적으로 보면, 프로게스테론이 함유된 피임약은 피로와 감정 기복도 유발할 수 있다. 피임약을 복용하는 대다수 여성에게 이런 부작용이 나타나는 건 아니지만, 그럼에도 일부는 그런 부작용으로 힘들어하고 결국 피임약 복용을 중단하기도 한다. 어떤 사람은 프로게스테론의 부작용에 더 민감하다.[6] 최근 덴마크의 대규모 연구에서 여성호르몬에 따른 우울감 증가를 면밀하게 조사했다. 호르몬 피임약을 복용한 여성 약 50만 명을 8년 동안 추적 조사했다. 특별히 자살(시도) 위험을 조사하여 피험자들과 호르몬제를 복용한 적이 없는 여성들을 비교했다.[7] 피임약을 복용한 여성들의 자살(시도) 위험이 비교집단보다 유의미하게 높게 나타났고, 프로게스테론이 함유된 피임약을 복용한 여성에게서는 그 효과가 더욱 두드러졌다. 일부 여성은 이 호르몬에 특히 민감했다. 그러므로 의사들은 특정 피임약을 처방할 때 위험 요인을 반드시 고려해야 한다.

만성피로는 피임약의 가장 흔한 부작용이다. 이것은 테스토스테론 부족과 관련이 있고, 이로 인해 여성들은 무기력을 호소한다.[8] 피임약의 호르몬이 난소의 자극을 억제하기 때문에, 난소에서 생산되는 소량의 테스토스테론마저 감소한다. 테스토스테론 수치의 저하가 필요할 때도 있는데, 예를 들어 여드름 때문에 피임약을 복용할 경우 그렇다. 그리고 피임약 복용을 중단하더라도 테스토스테론의 자체 생산이 곧바로 다시 시작되는 게 아니므로 몇 달 동안 계속 피곤함을 느낄 수 있다.[9] 다행스럽게도 3개월용 피임 주사나 잘 알려진 루프피임법 같은 다른 형태의 피임법도 있다. 이런 피임법은 안전하게 임신을 예방하면서도 부작용이 훨씬 적다.

그리고 마지막으로, 소소하지만 유익한 부작용이 하나 더 있다. 여성들은 기억력이 꽤 정확한 것으로 잘 알려져 있다. 여성은 남성보다 좀 더 섬세한 것들을 훨씬 더 잘 기억하는 편이다.[10] 그런데 연구 결과에 따르면, 피임약 복용이 이런 특성에 영향을 미친다고 한다. 한 실험에서 피임약을 복용한 여성과 복용하지 않은 여성에게 영화를 보여주고 일주일 뒤에 무엇이 기억나는지 물었다. 월경주기가 정상적인 여성은 감성적 요소들을 매우 상세하게 기억했지만, 피임약을 복용한 여성은 남성들이 보통 하듯이 전반적인 행위를 요약하는 데 더 능숙했다.[11] 그러므로 여성은 호르몬이 자연스러운 균형을 이룰 때 감성적 세부 사항을 더 잘 기억하고, 피임약을 복용할 때 사건의 핵심에 더 주의를 기울인다고 추론할 수 있다. 세부 사항을 기억하는 것이 꼭 좋은 것만은 아니다! 모든 것은 호르몬에 달렸다. 이 세부 사항만은 꼭 기억하면 좋겠다.

갑상샘과 부신에 주목하라

성인기 호르몬 장애

1990년대 중반, 위트레흐트 의대 1학년 때였다. 해부실 실습 시간이었고 포르말린 냄새가 코를 찔렀다(이 냄새는 저녁에도 계속 나는 것 같았다). 그때 나는 갑상샘과 부신 두 개를 손에 받아들었다. 작고 부드럽고 예민한 기관. 너무나도 중요한 기관이다. 일찍이 아리스토텔레스는 갑상샘 덕분에 우리의 영혼이 더 잘 활동한다고 썼다.[12] 성인기에, 그러니까 20세부터 50세까지 가장 많은 질병의 원인이 되는 기관이 갑상샘과 부신이다. 이 두 기관이 생산하는 호르몬은 뇌, 에너지 수준, 물질대사, 면역체계(박테리아와 바이러스 같은 침입자로부터 신체를 보호하는 세포와 조직 집합체)에 직접적인 영향을 미친다. 면역체계가 제대로 작동하지 못하면 병원체를 차단하는 본연의 임무를 수행하지 못한다.

그리고 그 결과는 명확하다. 매년 겨울에 발생하는 독감 바이러스 또는 고혈압 같은 만성 질환을 생각해보라. 우리는 독감을 어느 정도 파악하고 있고, 최근에는 코로나19도 알게 되었다. 그러나 이런 바이러스를 방어할 때 호르몬이 하는 역할은 잘 알려지지 않았다. 예를 들어, 만성적으로 높은 코르티솔 수치는 우리를 바이러스 감염에 더 취약하게 하고, 다른 사람으로부터 더 쉽게 전염되게 한다.[13] 그리고 날마다 다양한 호르몬 물질이 함께 작용하여 혈압을 조절하고 실신을 방지한다. 그러므로 호르몬은 무대 뒤에서 우리의 생존에 꼭 필요한 일을 한다.

이런 호르몬체계가 균형을 잃었을 때 비로소 뭔가 잘못되었음을 알아차리는 경우가 많다. 질병으로 이어지는 증상이 서서히 나타나기 때문이다. 신체적 증상(체중 증가)에서 정신적 증상(우울증)까지, 경증(근육통)에서 위독한 증상까지, 병증은 매우 다양할 수 있다. 성인기의 호르몬 장애는 때때로 호르몬을 생산하는 분비샘의 마모로 생기지만 자가면역질환으로 발생하는 경우가 더 많다. 자가면역질환에서는 면역체계가 호르몬 분비샘의 체세포를 공격하고 파괴한다. 예를 들어, 갑상샘기능저하증이면 신체는 갑상샘을 공격하고 흉터를 남기는 항체를 생산한다. 그 결과 갑상샘의 기능은 더 느려지고, 그러면 인공 갑상샘호르몬을 알약 형태로 보충해야 하는 경우가 많다.[14] 기본적으로 의사들은 호르몬 분비샘의 기능장애를 조기에 발견하는 방법을 아직 잘 모른다. 질병이 나타날 때쯤에는 이미 너무 늦은 경우가 많다. 그러므로 어떤 환자들은 평생 약물치료를 받아야 한다. 갑상샘의 기능 방식을 이해하기 위해 먼저 갑상샘 자체부터 알아보자.

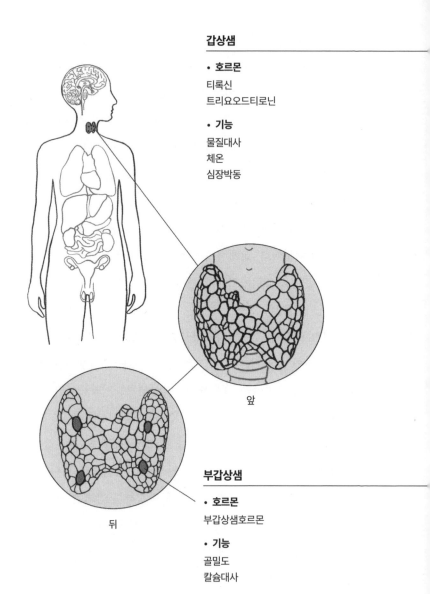

갑상샘

- **호르몬**
티록신
트리요오드티로닌

- **기능**
물질대사
체온
심장박동

앞

부갑상샘

- **호르몬**
부갑상샘호르몬

- **기능**
골밀도
칼슘대사

뒤

신체의 보일러 조절하기

갑상샘기능저하증과 갑상샘기능항진증

갑상샘은 후두 바로 앞에 붙어 있고 신체의 여러 물질대사 과정에 관여하는 티록신, 줄여서 T4라고 불리는 호르몬을 생산한다. 체온과 물질대사를 조절하고 장이 영양분을 흡수하고 연소하게 한다. 그뿐만 아니라 혈액 순환도 지원한다. 갑상샘을 신체의 보일러, 뇌의 시상하부를 온도조절장치라고 볼 수 있다.

T4는 물질대사를 조절한다. 다시 말해, 신체가 음식물에서 에너지를 끌어오는 방식을 조절한다. 갑상샘이 제대로 작동하지 않으면 신체는 에너지를 필요 이상으로 느리게 또는 빠르게 소비한다.

태아의 갑상샘은 임신 3개월에 이미 형성되고 동맥 네 개를 통해 영양분과 산소를 공급받는다. 그러니까 갑상샘은 여러 다른 기관보다 혈류와 잘 연결되어 있다. 이것만 보더라도 이 분비샘이 얼마나 중요한지 짐작할 수 있다. 갑상샘이 제대로 작동하지 않으면 실제로 신체에 문제가 생긴다.

이 기관은 어떻게 작동할까? 갑상샘은 뇌하수체로부터 신호를 받아 갑상샘호르몬을 생산한다. 효력 최적화를 위해 갑상샘은 먼저 T4를 혈류에 보낸다. 그러면 체세포들이 이것을 훨씬 더 효과적인 T3(트리요오드티로닌)로 만든다. 거의 모든 체세포에는 T3 수용체, 즉 일종의 T3 전용 수신소가 있다. 그러므로 갑상샘호르몬 대사장애가 신체적으로 정신적으로 다양하게 신체 전반에 나타나고 심지어 성격까지 바꾸는 것은 놀라운 일이 아니다.

갑상샘이 너무 느리게 일하면 갑상샘호르몬이 너무 적게 생산된다. 그러면 체온이 내려가고 손발이 차가워진다. 또한 장이 제대로 작동하지 못해 변비로 고통받고 기분이 우울해질 수 있다.[15]

서양에서는 현재 갑상샘 조직을 파괴하는 자가면역 염증인 하시모토병이 호르몬 결핍의 가장 흔한 원인이다.[16] 특정 약물 역시 요오드 수치를 높이거나 낮춰 갑상샘 기능을 크게 떨어트릴 수 있다. 그러나 원인이 무엇이든 갑상샘 기능 저하의 결과는 언제나 같다. 체중 증가, 느린 심장박동, 건조한 피부, 탈모, 집중력 저하. 이상하게도 어떤 사람들은 갑상샘 기능 저하를 매우 힘들게 겪고, 어떤 사람들은 큰 문제를 느끼지 못한다. 예를 들어, 내게 진료를 받으러 온 어떤 여성 환자는 갑상샘이 호르몬을 거의 생산하지 않는데도 약간의 근육통만 있을 뿐 하프 마라톤을 거뜬히 완주했다. 그런데 또 다른 환자는 갑상샘 이상이 아주 미미

했는데도 병가를 내야 할 만큼 힘들어했다. 그러므로 의사들은 한 가지 치료법이 전혀 다른 효과를 내는 사례를 자주 목격한다.

그러나 갑상샘은 또한 너무 '빨리'(갑상샘기능항진증) 일할 수 있고, 그러면 체중 감소, 긴박감 그리고 때로는 조증 같은 심리적 증상도 이따금씩 나타난다. 갑상샘기능항진증이면 종종 몸이 붓고, 때로는 안구 근육이 부풀어 눈이 튀어나오기도 한다. 갑상샘 기능장애의 일부 책임은 대개 면역체계에 있다. 예를 들어, 그레이브스병으로도 알려진 바제도병이 그렇다. 미술에 조예가 깊은 사람들은, 안드레아 만테냐Andrea Mantegna의 〈잠든 아기를 안고 있는 마리아〉 또는 카라바조Caravaggio의 〈로사리오의 성모〉에서 갑상샘이 너무 빠르거나 너무 느리게 일하여 목이 유난히 부어오른 것을(갑상샘종) 알아볼 수 있을 것이다.[17] 그리스 철학자 소크라테스 역시 이 병을 앓았다고 한다.[18]

미국 대통령 조지 부시George Bush와 그의 부인 바버라Barbara도 갑상샘기능항진증을 보였다. 그들의 반려견마저 비슷한 증상을 보이자 CIA는 대통령 주변 사람들의 요오드 수치를 측정하기 시작했다. 미국 정보부는 그 결과를 비밀로 했지만, 이 질병이 부시의 심리 상태에 영향을 미쳤고 더 나아가 대통령으로서 내리는 정치적 결정에도 영향을 미쳤다는 증거가 있다.[19] 참모들의 강력한 반대에도 불구하고 그는 1991년 이라크 전쟁을 강행했다. 그의 측근들 역시 그의 행동을 이상하게 여겼다. 적극적인 치료 후 그의 갑상샘 기능뿐 아니라 전쟁 의지도 누그러졌다. 미군은 조기에 철수했고, 어쩌면 그래서 지칠 대로 지친 대통령은 재선에 실패했을 수도 있다.

갑상샘에 관한 짧은 역사

1500년경 레오나르도 다빈치가 최초로 갑상샘의 모습을 그림으로 그렸다.[20] 나중에 1543년에 플랑드르 의사인 안드레아스 베살리우스Andreas Vesalius가 《사람 몸의 구조》에서 갑상샘을 다루었다. 100년 후 1656년에 런던 왕립의사협회 회원이자 영국 해부학자인 토머스 워튼Thomas Wharton도 《아데노그라피아Adenographia》라는 해부학 저서에서 체온과 심리 상태에 미치는 분비샘의 영향을 설명했다.[21] 갑상샘은 약 1400년 전에 이미 중요한 기관으로 통했다. 다만 당시에는 갑상샘의 기능이 무엇인지 정확히 알지 못했다. 인체 이론으로 수백 년 동안 의학을 지배했던 2세기의 그리스-로마 의사 갈렌Galen이 최초로 '방패'를 뜻하는 그리스어 단어를 따서 이 분비샘에 '티로이데스thyroides'(한국에서 사용하는 갑상샘은 거북이 등딱지 형상의 분비샘이라는 뜻이다 – 옮긴이)라는 이름을 붙였다. 갈렌은 이 기관이 목이라는 전략적 위치에 있는 것을 근거로, 방패 모양의 이 사각형 연골을 심장과 영혼의 연결로 보았고, 일종의 국경 경비대처럼 육체로부터 정신을 또는 정신으로부터 육체를 방어한다고 믿었다.

갑상샘의 실제 기능이 상대적으로 최근에야 의학 연구를 통해 밝혀졌지만, 아주아주 옛날 그림들에 이미 갑상샘 문제로 고통받는 사람들이 등장한다. 기원전 14세기에 살았던 이집트 파라오 투탕카멘의 목이 부어올랐고, 이집트 여왕 클레오파트라(기원전 69-31)도 마찬가지였다. 갑상샘 이상으로 나타나는 증상들은 고대 그리스, 인도, 중국, 이집트에 이르기까지 전 세계의 의사, 철학자, 예술가들을 매료시켰다. 중국인은 기원전 2세기에 스펀지를 닮은 해면동물과 해초를 이용해 갑상샘 질환에 효과적으로 대처했다. 오늘날 알려졌듯이, 해초와 해면동물에는 요오드가 많이 들어 있다. 6장에서 보았듯이, 디오스코리데스도 갑상샘 기능을 개선하기 위해 대변 이식을 실험했다.

한 기관의 기능을 알아내기 위해 의사들은 그 기관이 어떤 조직에서 생성되었는지 재구성하려 노력한다. 갑상샘에 쓰일 세포들은 태아 발달 초기에 이른바 아가미-장에서 형성된다. 양서류와 어류의 경우 이곳에 음식물이 모인다. 19세기와 20세기에 비로소 갑상샘에 대해 많은 것이 밝혀졌다. 독일 과학자 오이겐 바우만Eugen Baumann은 1895년에 처음으로 양 1000마리의 갑상샘 조직을 끓이는 실험을 했고, 이 혼합물로 갑상샘 이상 환자를 성공적으로 치료할 수 있었다. 갑상샘을 더 잘 이해하기 위해 그는 개와 원숭이의 갑상샘을 수술로 제거한 후 그들의 행동을 관찰했다.[22] 프랑스 의사 아돌프 샤탱Adolphe Chatin은 1852년에 최초로 갑상샘종과 요오드 결핍의 연관성을 생각했다. 그는 갑상샘 환자가 거의 없는 지역에서 소금을 가져와 갑상샘 환자가 특히 많은 지역에 공급했다.[23] 그 직전에 한 동료가 바닷소금에 보라색 물질이 들어 있음을 발견했었다. 이 물질은 보라색을 뜻하는 그리스어 단어를 따서 '요오드Jod'라고 불렸다. 그리고 무엇이 밝혀졌을까? 바닷소금 덕분에 갑상샘 환자의 고통이 크게 줄었다. 그럼에도 요오드 결핍에 의한 갑상샘종은 19세기까지도 외딴 지역에서 흔한 질병으로 남아 있었다. 네덜란드에서는, 잘 알려진 '요오드 소금(JOZO)'이 식탁에 오르고 빵 반죽에 요오드가 기본으로 첨가되기까지 족히 100년이 걸렸다.[24]

최초의 갑상샘호르몬제는 1949년에 출시되었다. 네덜란드 제약회사 오가논이 주로 도축 폐기물에서 갑상샘호르몬을 추출하여 갑상샘호르몬제를 처음 생산했다. 이런 약물 중 하나인 '티로이듐Thyroïdeum'은[25] 지금도 판매되고 있고, 자연에서 추출한 호르몬이라는 이유로 대체의학 지지자들 사이에서 인기가 높다. 이런 약물은 성분 변화가 심하여 신체에 문제를 일으킬 수 있는 반면, 인공 갑상샘호르몬제는 다행히 그렇지 않다. 처방전이 필요 없는 일반 다이어트 보조제와 도축 폐기물로 만든 제품은 갑상샘에 해로운 것으로 알려져 있다. 이런 약물은 물질대사와 시방

피에트로 벨로티Pietro Bellotti(1627-1700)의 그림,
수맥을 탐지하는 노인의 목에서 갑상샘이 부어오른(갑상샘종) 모습을 볼 수 있다.

연소를 지나치게 촉진하기 때문이다.[26] 도축 폐기물로 만든 제품 역시 혈중 갑상샘호르몬 과다로 일종의 '중독 상태'인 갑상샘 중독증을 일으킬 수 있다. 그래서 동물성 갑상샘 조직이 혼합된 소고기 다짐육이 갑상샘 질환을 일으켰고, 이 질환은 '햄버거 갑상샘 중독증'이라고도 불렸다.[27]

스트레스가 우리 몸의 균형을 깨뜨리면

바제도병, 그레이브스병, 산후 갑상샘염

대통령 직무와 그에 따른 만성 스트레스로 조지 부시는 아마도 바제도병에 걸렸고 갑상샘이 미친 듯이 과하게 일하는 바람에 정신 건강마저 나빠졌을 터이다. 호르몬 균형이 깨지면 기분에 영향을 미치는데, 반대로 만성이 된 강한 스트레스가 호르몬 균형을 깨뜨리고 더 나아가 질병을 유발하기도 한다.[28]

예를 들어, 전쟁 지역에서는 스트레스와 갑상샘 문제의 명확한 관계를 확인할 수 있다. 세계대전과 내전은 수많은 사람이 장기간에 걸쳐 극심한 스트레스에 노출되는 기간이다. 실제로 1차 세계대전 이후 갑상샘 문제를 호소하는 사람이 증가했다. 당시 의사와 과학자들은 (전)군인과 전쟁 지역 주민들의 갑상샘 질환이 갑자기 증가한 것을 확인했다.[29] 그다음 2차 세계대전 역시 마찬가지였다. 전쟁 후 갑상샘 질환이 대폭 늘어 새로운 수치를 기록했다. 이전에는, 예를 들어 독일 남부 슈바르츠발트 지역에 갑상샘 환자가 거의 없었지만 전쟁 후 갑자기 갑상샘기능항진증

환자가 많아졌다.[30] 1990년대 유고슬라비아 전쟁 당시 발칸반도에서도 같은 현상이 일어났다.[31]

이 전쟁이 일어나기 약 200년 전에, 스트레스가 갑상샘에 영향을 미친다는 것이 처음으로 확립되었다. 1825년에 영국 의사 케일럽 힐리어 패리Caleb Hillier Parry는 21세 여성 환자에 관해 기록했는데, 이 환자는 휠체어에서 떨어져 심하게 놀랐고 몇 주 후에 갑상샘기능항진증을 앓았다.[32] 1840년에 독일 의사 카를 폰 바제도Carl von Basedow도 사업상 갈등으로 인해 스트레스를 받은 후 갑상샘기능항진증을 앓은 남성의 사례를 추가했다.[33] 이보다 조금 더 일찍 아일랜드 의사 로버트 제임스 그레이브스Robert James Graves가 같은 자가면역질환을 발견했다. 두 사람 모두 이후 바제도병 또는 그레이브스병이라 불리는 질병의 공식 발견자로 인정받았다.

유사한 사례들이 과학 학술지에도 종종 보고되는데, 14년 전에 가장 흥미로운 사례 하나가 〈네이처〉에 게재되었다. 이탈리아 과학자들이 18세 여성의 사례를 소개했다. 이 환자는 인생의 큰 사건을 겪고 스트레스로 인해 갑상샘기능항진증을 앓았는데 진정제(벤조디아제핀)의 도움으로 고통을 완화할 수 있었다.[34] 이것은 특히 흥미로운데, 우리는 일반적으로 약물로 직접 갑상샘을 진정시키기 때문이다. 이 사례를 토대로 이제 우리는 진정제로 신체 스트레스를 치료하면 간접적으로 갑상샘 기능에 유익한 영향을 미칠 수 있다는 것을 알게 되었다.

갑상샘에 미치는 스트레스의 영향을 보여주는 또 다른 사례는, 출산(신체에 큰 스트레스를 주는 사건) 후 눈에 띄게 자주 발생하는 '산후 갑상샘염'이다. 이 경우 먼저 갑상샘은 T4를 지나치게 많이 생산하여 환자가 긴박감을 느끼고, 그다음 너무 적게 생산하여 환자는 피로와 무기력을 느낀다. 여성 대부분이 출산 후 피곤함을 느끼고 밤에 잠을 이루지 못하기 때문에 이 질환은 간과되기 쉽다. 그러나 다행히 갑상샘 기능은 1년 이내에 저절로 다시 조절되는 경우가 많고, 그래서 이 질환은 임신에 따른 신체 스트레스처럼 보인다.[35]

이미 언급했듯이, 면역체계가 자기 체세포를 공격하는 것을 자가면역질환이라 하고, 성인의 호르몬 질환 대부분이 이런 자가면역 과정에서 비롯된다. 그레이브스병 또는 바제도병도 예외가 아니다.[36] 췌장(제1형 당뇨병), 부신(애디슨병), 난소(난소부전, 즉 조기폐경) 등 여러 분비샘이나 기관이 동시에 이런 방식으로 영향을 받을 수 있다. 이런 내분비 질환이 공식적으로 발견되기 전에 이미 독일의 노벨상 수상자 파울 에를리히Paul Ehrlich는 1901년에 이 질환을 '자가 독성 공포증horror autotoxicus'이라고 불렀다. 이름이 벌써 이 질환의 심각한 증상에 대해 많은 것을 말해주고 있다.[37] 이런 증상을 완화하기 위한 치료 방법은 많으나, 안타깝게도 자가면역질환은 아직 완치될 수 없다. 그러나 연구자들은 이런 질병의 원인을 밝히고 획기적으로 치료할 수 있는 방법을 열심히 찾고 있다.

자가면역질환은 남성보다 여성이 많다. 거의 아홉 배나 더 자주 발생한다. 여성의 성호르몬인 에스트로겐은 신체의 특정 면역세포를 자극하여 호르몬 분비샘을 마모시키는 반면, 남성의 성호르몬인 테스토스테론에는 그 반대 효과가 있다.[38] 폐경이 지난 여성은 자가면역질환 위험이 낮다. 폐경기에 에스트로겐이 더는 생산되지 않아 그 수치가 낮기 때문이다. 그러므로 폐경기 여성의 면역체계는 남성과 비슷하게 작동한다. 여기서 우리는 면역체계에 미치는 호르몬의 영향력을 다시 한번 확인할 수 있다.

남성 또는 여성호르몬 수치에 큰 변화가 없었음에도 지난 수십 년 동안 전 세계적으로 자가면역질환 환자가 거의 두 배로 늘어났다. 그러므로 외부의 영향이 이 질병을 유발하거나 적어도 악화시킨다고 봐야 할 것이다.[39] 예를 들어, 약물 복용뿐 아니라 방부제 같은 식품첨가제 범벅인 고칼로리 서구 식단도 의심할 만하다.[40] 과잉 위생도 문제가 될 수 있는데, 지나친 살균이 면역체계가 '경험'을 쌓을 기회를 잃게 만들기 때문이다.

면역체계에 영향을 미치는 또 다른 요인은 6장에서 언급했던 활동가들, 즉 장내미생물이다. 장내미생물은 면역체계에 미치는 외부 영향을 둔화하려 노력한다. 이들은 면역체계와 긴밀히 협력한다. 이들 대부분은 장에 거주한다. 침입자에 잘 대처하되 자기 세포는 건드리지 않는 경험 많은 우수한 면역체계가 되려면 훈련을 잘 받아야 한다.[41]

호르몬 생산과 장내미생물의 상호관계는 내분비 질환의 발병과 영향을 이해하는 데 점점 더 중요해지고 있다. 이런 연관성을 더 잘 이해하여 가까운 미래에 새로운 치료법을 발견하기를 바란다.

스트레스에 대처하기 위한 호르몬

부신의 역할

부신은 이름에서 예상할 수 있듯이 신장 근처, 더 정확히 말해 신장 위에 붙어 있다. 크기는 3~5센티미터 정도로 작고 무게는 8그램에 불과하지만, 놀랍게도 여러 종류의 호르몬을 생산한다. 알도스테론, 아드레날린, 코르티솔, 테스토스테론, 노르아드레날린. 이 호르몬들의 주요 기능은 우리가 스트레스에 잘 대처하게 하는 것이다. 스트레스 상황이 되면 이 호르몬들은 혈압을 높이고 주의력을 올리고 추가 에너지를 공급한다. 예를 들어, 운동 후나 힘든 하루를 보내고 쉴 때 부신은 코르티솔 같은 호르몬을 생산하는데, 이 호르몬은 무엇보다 신체 회복을 돕는다. 한마디로, 잘 기능하는 부신은 성인의 건강에 필수다.

부신의 중요성은 수백 년 동안 간과되었다. 앞서 언급한 2세기 그리스-로마 의사 갈렌 같은 해부학 및 수술 분야 선구자들은 부신의 존재를 알고 있었지만, '늘어난 살점' 정도로 취급하며 중요하게 여기지 않았다.[42] 족히 1600년이 지나서야 (다시 한

부신

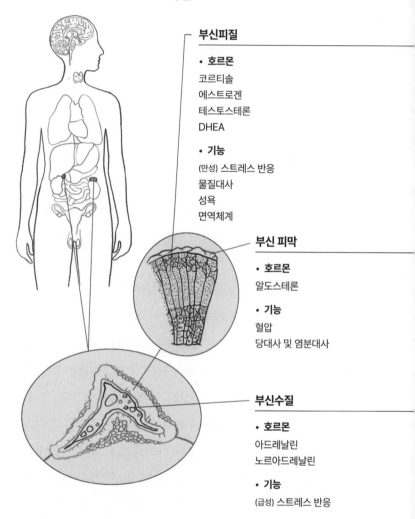

부신피질

- **호르몬**
코르티솔
에스트로겐
테스토스테론
DHEA

- **기능**
(만성) 스트레스 반응
물질대사
성욕
면역체계

부신 피막

- **호르몬**
알도스테론

- **기능**
혈압
당대사 및 염분대사

부신수질

- **호르몬**
아드레날린
노르아드레날린

- **기능**
(급성) 스트레스 반응

번) 영국 의사 토머스 워튼이 신경계와 상호작용하는 부신의 중요한 역할을 추측했다. 19세기에 영국 의사 토머스 애디슨Thomas Addison과 모리셔스계 프랑스인 신경학자 샤를 에두아르 브라운세카르(맞다, 활력을 높이기 위해 동물의 테스토스테론을 자신에게 주사한 바로 그 사람이다)가 이것을 입증했다. 귀한 연구를 통해 부신호르몬과 신체적 안녕이 밀접한 관련이 있음을 발견한 의학계의 두 위인이다.

작지만 강력한 부신은 정신적으로 육체적으로 스트레스를 받을 때 중요한 역할을 한다. 부신은 어떻게 작동할까? 부신의 내부는 신경계와 직접 접촉하는 조직인 부신수질로 구성되어 위험한 상황이 닥치면 재빠르게 아드레날린과 노르아드레날린을 생산한다. 이 두 호르몬은 혈압을 올려 뇌와 근육에 더 많은 혈액이 공급되게 한다. 그러면 머리는 정신을 더 바짝 차리게 되고 능력치도 올라간다. 가장 바깥층인 부신피질은 코르티솔, 알도스테론, 테스토스테론 같은 스테로이드호르몬을 생산한다. 이 호르몬 중에서 가장 잘 알려진 것은 분명 '스트레스 호르몬'이라고도 불리는 코르티솔일 것이다. 코르티솔은 저장된 단백질과 지방을 분해하여 당을 만들어 추가 에너지를 생성한다. 또한 수면-각성 리듬에 영향을 주고 만성 염증반응을 억제한다. 알도스테론은 혈압을 안정적으로 유지하는 일을 담당한다. 남성호르몬 테스토스테론 역시 이곳에서 생산된다. 이 모든 호르몬은 음식물과 간에서 얻은 콜레스테롤을 기반으로 생산되고 그것을 통해 몸 전체로 쉽게 운송된다. 콜레스테롤은 물을 싫어하지만 세포막의 기초라 모든 세포 내부로 쉽게 들어가 제 임무를 수행할 수 있다. 그러나 콜레스테롤은 동맥벽을 딱딱하게 굳게 만들어(동맥경화) 심혈관 질환을 일으키기도 한다.

노르아드레날린과 아드레날린은 각각 다르게 작용한다. 이들은 앞서 말했듯이 중추신경계에 직접 연결된 부신의 핵심에서 나온다. 그래서 이 호르몬 덕분에, 예를 들어 뜨거운 냄비에 손가락이 닿는 순간, 사태를 파악하기도 전에 먼저 신체가 반사적으로 행동한다. 스트레스 징후가 나타나자마자 몇 초 이내에 혈액 내 (노르)아드레날린 양이 증가한다. 그러면 반응 속도가 빨라지고 추가 에너지가 생긴다. 그러니 기분을 한껏 올려주는 호르몬으로 여기는 것도 당연하다.

1950대 영국 정치인 앤서니 이든Anthony Eden은 이것에 열광했다. 그는 총리가 되기 전에 수술 때문에 암페타민 각성제인 '벤제드린'을 복용했다. 그는 총리직을 새로 맡으면서 부담을 느꼈는지 도핑 약물인 암페타민을 비밀리에 계속해서 복용했다.[43] 아무튼 당시에 '벤제드린'은 매우 인기가 높았다. 암페타민을 복용하면 평소 신중했던 이든은 대담해지고 자신감도 넘쳤다. 이것은 수에즈운하에 대한 소유권과 접근권을 놓고 한쪽에는 이집트가, 다른 한쪽에는 이스라엘, 프랑스, 영국이 대결했던 수에즈

위기 때 그 대가를 톡톡히 치렀다. 1956년에 영국이 최대 동맹국인 미국의 지원 없이 수에즈운하를 침공하기로 했을 때, 이집트 대통령 나세르Nasser를 대하는 이든의 행동은 아군과 적군 모두를 놀라게 했다. 그의 전기를 보면, 이것은 약물이 그의 호르몬에 영향을 미쳤기 때문일 것이라고 한다. 한 가지는 확실하다. 수에즈 위기로 인해 영국은 강대국 지위를 잃었고, 이든은 강요와 환멸로 총리직에서 물러났다.

건강한 부신이 얼마나 중요한지는 여전히 과소평가되고 있다. 인공적으로 생산된 부신 스트레스 호르몬 덱사메타손을 투여해 코로나19 감염 환자의 생존 가능성을 높였던 것만 보더라도 부신 기능의 중요성을 짐작할 수 있다.[44]

부신이 제대로 작동하지 않으면, 갑상샘과 마찬가지로 부신이 너무 빨리 또는 너무 느리게 일하여 호르몬이 너무 많이 또는 너무 적게 생산된다. 부신이 제대로 작동하지 않는 원인으로는 만성 스트레스를 꼽을 수 있다. 부신이 장기간 격렬한 노동을 강요받으면 결국 녹초가 되어 다른 신체기관과 조화를 이루지 못한다. 너무 팽팽하게 당겨서 더는 원래 상태로 돌아가지 못할 정도로 늘어난 고무줄과 같다. 그러면 부신은 호르몬을 너무 적게 생산하고 그 결과는 명확히 드러난다. 자고 일어나도 여전히 피곤하고, 기억력이 떨어지고, 혈낭수치가 올라가고, 기운이 없으며,

자극에 지나치게 예민해진다.[45] 이 모든 것은 번아웃의 일반적 증상이다. 이런 증상이 있을 때 부신의 기능이 얼마나 나빠졌는지 확인할 수 있는 좋은 검사법이 아직 없다. 그러나 번아웃에서 코르티솔이 중요한 역할을 하는 것은 분명한 것 같다. 향후 추가 연구로 이 관계를 더 잘 이해할 수 있기를 기대해본다.

희귀 자가면역질환인 애디슨병의 경우, 부신은 염증으로 인해 호르몬을 너무 적게 생산한다. 그 결과 면역체계는 갑상샘기능 저하증에서처럼 부신에 대항한다. 부신이 손상되어 코르티솔과 알도스테론 생산이 줄어든다. 그러면 기운이 빠지고, 침울해지고, 짠 음식이 먹고 싶고, 피부와 점막 역시 마치 햇볕에 그을린 것처럼 검어진다. 그리고 눈에 띄게 살이 빠진다. 이런 일이 생기면 앞서 언급한 덱사메타손이나 히드로코르티손 같은 외부(신체가 자체적으로 생산하지 않은) 코르티솔을 사용하여 결핍을 보완할 수 있다. 알약이나 주사제로 투여 가능하다. 오늘날 이런 호르몬 치료는 신체의 요구와 매우 정확히 맞춰져 있다.

그러나 예전에는 상황이 달랐다. 미국 대통령 존 에프 케네디 John F. Kennedy는 그의 여동생 유니스Eunice와 마찬가지로 애디슨병을 앓았다. 그는 대통령이 되기 훨씬 전인 서른 살에 이 희귀병 진단을 받았다. 당시에는 호르몬 치료가 아직 미흡한 단계였고, 케네디가 받은 치료는 코르티솔 수치의 급격한 변동을 유발했다. 그래서 케네디의 주치의, '필굿feelgood 박사'라는 의미심장한 별명을 가진 맥스 제이콥슨Max Jacobson은 중요한 일정 직전에 테스토스테론과 적절히 조합한 코르티코스테로이드 주사로 그 수치를 조절했다. 그러나 1961년 쿠바 미사일 위기 전초전에서 인공 호르몬 실험은 실패로 끝났다. 소련 지도자 니키타 흐루쇼프Nikita Khrushchyov가 미국 대통령과의 정치회담에 늦게 도착했을 때, 케네디는 완전히 녹초가 되어 젖은 자루처럼 앉아 말도 제대로 하지 못했다. 불운하게도 타이밍이 어긋나 코르티솔 주사를 너무 일찍 맞은 셈이 되고 말았다.[46] 냉전 시대의 가장 위험한 시기에 의식을 바꾸는 (테스토스테론과 코르티솔이 함유된) 약물 주사를 비밀리에 맞은 대통령. 역사가들은 이 외교 협상이 실패한 탓에 분위기가 악화되어 핵미사일이 쿠바를 겨냥했고, 비록 마지막 순간에 철회되긴 했으나 하마터면 핵전쟁이 일어날 뻔했다는 것을 반드시 언급하고 넘어간다.

케네디는 피부 색소침착이 뚜렷했고 그래서 종종 멋지게 태닝한 것처럼 보였다. 그런 카리스마는 대통령 선거에 언제나 도움이 된다. 그리고 1960년 대통령 선거 텔레비전 토론에서 후보자 리처드 닉슨Richard Nixon이 케네디 옆에 섰을 때 닉슨의 얼굴은 글자 그대로 창백해 보였고, 이것은 분명 케네디의 승리에 도움이 되었을 터이다.[47]

피로 증상과 '백악관 태닝'으로 불렸던 갈색 피부 외에도 케네디는 갑상샘호르몬과 성호르몬 사이의 불균형으로 여러 신체적 질병을 앓았다. 그의 건강은 대통령 재임 기간에 계속 나빠졌지만 이것은 일반 대중에게는 비밀에 부쳐졌고, 심지어 그의 사망 이후에도 계속 비밀로 유지되었다. 필굿 박사가 매일 놓은 주사가 그의 유명한 바람기(케네디는 결혼 기간에 수많은 불륜을 저질렀다)에 영향을 미쳤는지 명확하진 않지만, 가능성이 아예 없는 건 아니다.[48]

그렇다고 너무 열심히 일하는 부신이 무조건 문제가 되는 것은 아니다. 일시적 스트레스로 인해 그런 거라면 특별한 문제는 없다. 그러나 부신이 호르몬을 너무 많이 생산하여 자주 그 수치가 최고치에 도달하면 신체에 문제가 생긴다. 상대적으로 덜 알려진 사례로는, 크롬친화성세포종(아드레날린 과다로 가슴이 두근거리고 진땀이 흐르고 두통이 생기는 종양)과 알도스테론 과다로 혈압이 오르는 콘증후군이 있다. 가장 잘 알려진 사례는 아마도 코르티솔 과다를 유발하는 부신 종양일 것이다. 이 병은 미국 신경외과 의사 하비 쿠싱의 이름을 따 쿠싱증후군이라 불린다. 코르티솔은 신체의 다른 호르몬 과정에도 영향을 미치기 때문에, 혈액에 이 호르몬이 너무 많으면 온갖 문제가 생길 수 있다. 체지방 증가, 월경 중지(여성), 성욕 감퇴(남성), 고혈압, 만성피로, 근력 저하 같은 신체적 증상이 나타난다.

이 질병은 1910년 쿠싱에게 진료를 받은 23세 환자 민니Minnie에게서 발견되었고, 그는 앞서 나열한 코르티솔 과다 노출의 모든 특징을 보였다.[49] 민니의 증상에 영감을 받아 쿠싱은 혈중 코르티솔 수치가 고질적으로 높아지는 원인을 찾기 위해 수년에 걸쳐 조사했지만, 오늘날까지도 여전히 미스터리로 남아 있다. 그러나 쿠싱증후군을 치료하지 않으면 목숨을 잃을 수도 있다는 것을 우리는 알고 있다. 아무튼, 민니는 진단을 받은 후 40년 넘게 살았다. 그러므로 의사와 환자들은 신경외과 의사 쿠싱이 얻은 결과에 고마워해야 한다.

매일 요가를 하는 사람의 혈당이 더 낮다

대체 요법의 효능

스트레스로 돌아가보자. 우리 몸은 스트레스를 받으면 '즉각적으로 더 힘을 내도록' 만들어졌다. 정기적으로 닥치는 큰 위험에서 살아남아야 했던 옛날에는 빠른 대응이 글자 그대로 생명을 구할 수 있었다. 하지만 그 후로 많은 것이 크게 달라졌다. 오늘날 우리는 전혀 다른 스트레스 요인에 노출되고, 이것에 대응하는 비결은 스트레스의 좋은 측면을 보존하고 나쁜 측면을 없애는 것이다. 스트레스에도 분명 장점이 있을 수 있다고, 소니아 루피언Sonia Lupien이 《좋은 스트레스Well Stressed》에 썼다.[50] 시간에 압박을 받거나 큰 책임을 진 부담으로 생기는 스트레스라도, 더 나은 성과를 내는 데 도움이 될 수 있다. 단, 만성 스트레스면 안 된다. 만성적으로 쌓인 스트레스는 다른 탈출구를 찾을 것이고 그러면 우리는 호르몬과 싸워야만 하기 때문이다.

기적의 치료제 발견

20세기에는 수많은 발견이 이루어졌고, 노벨상을 받은 발견도 많다. 그러나 기적의 치료제라 불리는 것은 단 한 가지뿐이다. 매우 예외적으로, 이 물질이 처음 사용된 지 고작 2년 만에 벌써 노벨상이 수여되었다. 수많은 큰 발견에서처럼, 여기에서도 우연이 결정적 역할을 했다.[51]

1929년 봄에 미국의 류머티즘 전문의 필립 헨치Philip Hench는 심각한 류머티즘 환자가 간 질환인 황달을 치료한 후 류머티즘 증상이 사라진 것을 발견했다. 당시에는 아직 류머티즘 치료법이 없었기 때문에 그는 이것에 관심을 쏟았다. 그 후 몇 년 동안 헨치는 다른 류머티즘 환자에게서도 같은 현상을 확인했다. 그러나 간과 유사한 조직으로 류머티즘을 치료하려는 시도는 실패로 이어졌다. 한편, 임신이나 수술 후에 류머티즘 증상이 감소하는 사례도 더러 있었다. 두 경우 모두 혈중 스트레스 호르몬 수치가 상승했고, 이것을 발견한 헨치는 신비한 '물질 X'를 수색하기 시작했다. 류머티즘 환자가 겪는 탈진 상태는 갑상샘 질환인 애디슨병 환자들이 겪는 무기력증을 연상시켰다. 그래서 헨치는, 갑상샘호르몬 분리에 성공했을 뿐 아니라 당시 부신 기능을 연구하던 생화학자 에드워드 켄들Edward Kendall과 손을 잡았다. 두 사람은 예기치 않은 지원을 받았다.

1941년에 미국이 2차 세계대전에 참전하게 되었다. 나치가 군인들의 스트레스 저항력과 용기를 높이기 위해 동물의 부신 조직을 수집했다는 소문이 돌았다. 나치가 벤제드린을 사용했다는 사실이 나중에 밝혀졌다.[52] 20년 후 앤서니 이든이 총리직을 잃게 된 바로 그 약물이다. 부신이 없는 동물에게 스트레스가 치명적이라는 것이 여러 연구를 통해 밝혀졌다. 따라서 연구자들은 이 분비샘에서 생산되는 호르몬이 스트레스를 방어해준다고 추측했다. 그 후 미국은 효과적인 스트레스 물질의 생산과 연구에 수백만 달러를 투자했다. 그렇게 헨치와 켄들은 수년 후에 부신피질에서 생산되고 강력한 항염증 효과가 있는 코르티코스테로이드를 분리하는 데 성공했다. 오늘날 이것은 프레드니손으로 알려져 있다.

가장 효과적인 류머티즘 치료제인 프레드니손의 성공은 무엇보다 자의식이 높았던 여성 환자 덕분이다. 가드너Gardner는 수년 동안 심한 류머티즘을 앓고 있었고 휠체어를 탔다. 1948년에 헨치의 병동에 잠시 입원한 후로, 그녀는 병을 치료하기 전에는 절대 병원에서 나가지 않겠다고 선언했고, 인공적으로 생산된 스트레스 호르몬 코르티손(당시에는 여전히 화합물 E라고 불렸다) 치료를 위한 실험쥐가 기꺼이 되겠노라 고집했다. 치료 3일째에 벌써 기분이 좋아졌고, 일주일 후에는 모든 문제에서 벗어났다.[53] 다른 환자들도 이 약으로 치료를 받았고 모두에게 효과가 있었다. 이것은 전 세계의 헤드라인을 장식했고, 오늘날까지도 우리는 많은 부작용에도 불구하고 다양한 질병에 코르티코스테로이드를 계속 사용하고 있다.

가드너는 '기적의 치료'를 받은 지 6년 만에 사망했다. 코르티손 과다 투여로 쿠싱증후군과 매우 유사한 심각한 육체적·정신적 고통을 겪었다.

현재 세계 인구의 최대 4분의 1이 정기적으로 불안감과 우울감에 시달린다.[54] 우리의 몸은 위험한 상황에 잘 대처하도록 철저히 준비되었고, 그래서 스트레스는 당연히 막대한 영향을 미친다. 뇌를 포함한 신체 모든 곳에 스트레스 호르몬 수용체가 있으므로 만성 스트레스는 기억력, 집중력, 감정에도 영향을 미친다. 침술이나 요가 같은 수백 년 된 방법이 여전히 스트레스 해소법으로 인기를 누리는 데는 다 이유가 있는 것이다.[55]

그런데 이런 '대체 요법'은 얼마나 효과적일까? 이것을 제대로 확인하기 위해 과학적 방법으로 호르몬 수치, 특히 코르티솔 수치를 측정했다. 그 결과는 어땠을까? 정기적으로 호흡 명상을 하거나[56] 요가를 하는[57] 사람들의 코르티솔 균형이 개선되었다. 한마디로 두 요법 모두 긍정적 효과를 냈다. 위험에서 벗어나려면 신체는 에너지가 더 많이 필요하므로, 코르티솔은 혈당을 높인다. 그러므로 당뇨병 환자도 이런 고대 인도 운동법의 도움을 받을 수 있다. 한 대규모 연구가 입증했는데, 매일 요가를 하면 당대사를 개선하는 데 도움이 된다. 실제로 매일 요가를 하는 사람들은 아침에 혈당수치가 더 낮았고 식후 혈당수치가 안정되었다.[58] 그러나 요가의 영향은 코르티솔에만 국한되지 않는다. 코르티솔과 당수치는 1장에서 언급한 난소 질환인 다낭성난소증후군 발병에 관여한다. 배란이 안 되는, 주로 과체중인 젊은 여성의 일반적인 불임 원인이 바로 이 질환이다. 이 여성들의 경우, 요가가 성호르몬 생산을 자극하여 월경이 잦아졌다. 그리고 분명 임신 가능성도 올라갔을 것이다.

'건강한 노화' 측면에서 인기가 높은 노년기의 성장호르몬 그리고 갑상샘호르몬을 너무 적게 생산하는 여성의 갑상샘도 요가의 영향을 받는 것으로 보인다.[59] 이처럼 신체와 정신을 개선한다는 이유로 어떤 이들은 요가를 조심스럽게 '호르몬 요법'으로 부르기도 한다.[60] 그러나 요가를 정말로 만성 호르몬 질환에 처방해도 되는지, 언제 어떻게 사용해야 하는지 밝히려면 추가 연구가 필요하다.

운동선수들이 테스토스테론을 찾는 이유

아나볼릭 스테로이드

20세기 들어서 호르몬 물질이 우리의 신체 기능에 큰 영향을 미친다는 인식이 점점 커졌다. 제약회사와 과학자들 사이에서 강력한 호르몬을 최초로 분리하여 산업적으로 생산하려는 경쟁이 전 세계에서 벌어졌다. 네덜란드 내분비학을 창시한 약리학자 에른스트 라크뵈르와 화학자 마리위스 타우스크, 여성 화학자 리저 딩에만서Lize Dingemanse가 이끄는 오가논의 암스테르담 연구진은 여성호르몬 에스트로겐을 발견하는 데 성공했지만 간발의 차로 최초 타이틀을 놓쳤다. 훗날 노벨상을 받은 미국 생화학자 에드워드 도이지Edward Doisy가 더 빨랐기 때문이다. 그러나 테스토스테론 발견에서만큼은 라크뵈르 연구진이 1935년에 세계 최초 타이틀을 차지했다.[61] 바람둥이로 알려졌고 어쩌면 자신이 생산한 남성호르몬을 가끔 간식처럼 먹었을 라크뵈르 교수의 운명에 기묘한 반전이 찾아왔다.[62]

이 성과만큼이나 중요했던 것은, 네이메헌에서 약 30킬로미터 떨어진 오스에 살았던 (5장에서 이미 언급한) 도축업자 살로몬 판즈바넨베르흐의 기업가 정신이었다. 그는 동물의 찌꺼기 조직으로 돈을 벌 방법을 모색한 덕에, 1923년에 설립된 대표 제약회사 오가논에 호르몬 연구에 필요한 동물 조직을 꾸준히 공급할 수 있었고, 이는 네덜란드의 의학 연구를 크게 진전시켰다. 나중에 라크뵈르 연구진은 이 물질에서 여성호르몬 프로게스테론을 분리하는 데 성공했고, 오가논은 피임약 초기 버전을 개발해 유명세를 떨쳤다. 그들은 또한 티렉스라고 불리는 합성 갑상샘호르몬을 생산하는 데 성공했다. 그러나 헤드라인을 장식한 것은 테스토스테론의 대규모 생산이었다. 이 발견 덕분에 1935년경에 벌써 실험실에서 티렉스가 생산될 수 있었다. 그러나 놀랍게도 1939년에 노벨상을 받은 사람은 유대인 라크뵈르가 아니라, 성호르몬을 연구한 독일 화학자 아돌프 부테난트Adolf Butenandt였다.[63]

이 발견이 어떻게 가능했는지 이해하려면 1896년으로 돌아가야 한다. 오스트리아 생리학자 오스카 조스Oskar Zoth와 프리츠 프레글Fritz Pregl은 브라운세카르가 한 실험을 직접 자기 몸에 했는데, 이번에는 품질이 훨씬 개선된 용액을 사용했다. 그들은 동물의 고환추출물 중 어떤 물질이 신체 기능을 개선하는지 아직 알지 못했지만, 강력한 운동과 고환추출물 주사를 조합하면 장기적으로 유익한 효과가 있다는 것을 확인했다.[64] 주사 전후의 피로 차이를 측정하기 위해, 그들은 이탈리아 생리학자 안젤로 모소Angelo Mosso가 고안한 기계식 측정기인 에르고그래프를 사용했다. 이 측정기는 손가락 하나로 작은 무게추를 몇 번 연속으로 들어 올릴 수 있는지 기록한다. 조스와 프레글은 체력이 개선되는 것을 확인했고, 이런 '유기 요법'이 운동선수들에게 도움이 될 것이라고 제안했다. 최초의 도핑이 탄생한 순간이었다! 아돌프 히틀러(외부에는 '환자 A'로 표기함) 역시 테스토스테론 수치를 높이고 더 많은 에너지와 용기를 얻기 위해 주치의 테오 모렐Theo Morell에게 황소의 심장과 간 추출물에 암페타민을 섞어 주사하라고 시켰다.[65]

50년 후, 아르메니아 화학자 찰스 코차키안Charles Kochakian이 개들에게 호르몬 주사를 놓았다. 그가 연구에서 입증했다시피, 테스토스테론은 '단백질 동화 남성화 과정'의 시작점이다. 테스토스테론이 근육 발달을 자극하므로 단백질 동화가 시작되고, 이는 곧 남성성과 불가분의 관계이므로 남성화인 것이다.[66] 의사와 과학자들은 이것에서 화상이나 근육 질환에 의한 단백질 손실 환자를 치료하는 가능성을 생각했던 반면, 스포츠계는 반대로 결핍 증상이 없는 사람에게 테스토스테론을 투여하면 빠르게 근육을 늘릴 수 있다는 데 관심을 두었다. 1954년 오스트리아 세계역도선수권대회에서 눈에 띄게 털이 많은 거대한 소련 선수들이 모든 상을 휩쓸었다. 미국 선수단의 팀닥터 존 지글러John

Ziegler는 소련 동료와 보드카를 몇 잔 마신 후 테스토스테론의 비밀을 캐낼 수 있었다. 남성호르몬 주사는 단기간에 운동선수의 근육량을 전례 없이 증가시켰다.[67] 지글러는 이런 주사가 역도선수에게 크게 도움이 된다는 것을 확인하고, 보디빌딩 약 개발에 힘쓰고 있는 미국 제약회사에 이 아이디어를 전했다. 장기간 힘들게 신체 활동을 하면, 신체는 근육이 만들어지도록 돕는 코르티솔과 테스토스테론 같은 호르몬을 자연스럽게 생산한다. 새로 개발된 주사제는 이런 효과를 더욱 높인다.

지글러는 자신과 역도선수에게 첫 번째 버전의 테스토스테론 주사를 놓았고 실제로 좋은 결과를 얻었지만, 곧 약물의 부작용도 알게 되었다.[68] 그의 선수들이 간 질환을 앓았고, 얼마 지나지 않아 소련 선수들이 젊은 나이에 벌써 전립선이 너무 커져서 소변줄을 달게 되었음이 밝혀졌다. 게다가 선수들이 이 약물에 의존하는 것처럼 보였다. 지글러의 의학적 조언에도 불구하고 선수들은 계속해서 투여량을 늘렸다. 지글러는 곧 공개적으로 이 약물의 투여를 반대했고 초기의 도핑 시도로 생긴 심장 질환으로 사망할 때까지, 이 물질을 스포츠계에 도입한 것이 인생에서 가장 어두운 장면이었고, 할 수만 있다면 이 장면을 가장 먼저 지우고 싶다고 고백했다.

테스토스테론이 주로 근육을 크게 만들 뿐 근력을 높이지는 않는다는 것이 이제 밝혀졌기 때문에,[69] 이 약물은 근육 크기가 근력만큼 중요한 아마추어 보디빌더들 사이에서 인기를 얻었다. 이들에게 테스토스테론 주사가 어떤 영향을 미쳤는지 이해하고 싶다면 남아용 장난감의 변화를 보면 된다. 1960년대 액션 피규어들 사이에서 '지아이 조'는 여전히 라이트급이었지만, 50년이 지난 지금은 거의 터질 듯한 이두박근을 가졌다.[70] 이런 문화적 이상이 각인된 미스터 유니버스의 모습 때문에, 피트니스센터에서 열심히 운동하는 보통사람 열 명 중 한 명이 더 많은 근육량을 향한 채워지지 않는 갈망에 힘들어한다. 호르몬 제제를 주입하는 것이 매우 효과적이긴 하지만 위험이 없는 것은 아니다. 2014년 조사에서 드러났듯이, 이런 물질을 남용하는 운동선수는 30~40세에 조기 사망할 위험이 서너 배나 높다.[71] 무엇보다 심장이 호르몬 과잉을 감당하지 못하는 것 같다. 같은 연령대의 일반인보다 이런 운동선수들이 15배 더 자주 심근경색과 심부전으로 사망한다.[72]

장기간 운동할 때 신체가 자체적으로 생산하는 천연 스테로이드 역시 부정적 결과를 초래할 수 있다. 인공 스테로이드를 복용하지 않더라도 광적으로 열심인 운동선수는 일부 네덜란드 프로 축구선수에게서 볼 수 있듯이 탈모를 겪기도 한다. 처방전 없이 구매할 수 있는 남성호르몬제를 지나치게 남용하면 시간이 지남에 따라 전체 호르몬체계가 무너지고 때로는 남성의 불임, 유방 발달 등 여러 가지 문제를 겪게 된다. 그러므로 남성호르몬이 과잉되면 오히려 남성성이 줄어든다. 우리의 몸은, 말하자면 과잉 테스토스테론을 여성호르몬 에스트로겐으로 전환하려 노력할 것이다. 또한 호르몬 주사는 신체 자체의 테스토스테론 생산을 억제하여 고환을 작아지게 만드는데, 이것은 주로 일시적 현상에 그치지만 때로는 영구적일 수 있다!

테스토스테론이 생식에만 중요하다고 생각했다면 잘못 알았다. 아나볼릭 스테로이드 사용은 이제 운동선수에게만 국한되지 않는다. 미국에서는 이미 수많은 고등학생이 리탈린 외에도 '챔피언의 아침식사'(지글러가 운동선수들에게 주었던 아나볼릭 스테로이드의 인기 있는 별칭) 가 집중력 향상에 도움이 된다는 것을 발견했다. 과학의 수많은 경고에도 불구하고 이런 단백질 동화 물질의 세계적 소비가 여전히 계속해서 증가하고 있다.[73]

아나볼릭 스테로이드를 금지하려는 시도로 인해, 이런 약물을 사용하는 축산업도 주목을 받았다. 그곳에서는 무엇보다 송아지와 돼지의 체중을 빠르게 늘리기 위해 이 물질이 사용되는데, 때로는 사람이 소비하는 제품보다 더 저렴하고 가볍다. 이것 역시 문제가 있었다. 1988년 이후 미국산 소고기는 활성 스테로이드 호르몬 함량이 높고 건강에 위험하다는 이유로 유럽연합 수입이 금지되었다.[74] 혈액검사 결과, 8세 어린이가 햄버거를 단 두 개 먹었는데 호르몬 수치가 10퍼센트나 증가한 것으로 나타났다.

당연히 인공 테스토스테론뿐 아니라 동물성 테스토스테론 역시 인간의 정신에 영향을 미친다. 사람들은 프레드니손 같은 외부 스테로이드를 섭취하면 종종 자신이 '세계 최고'가 된 기분을 느낀다. 그러나 아나볼릭 스테로이드를 장기간 복용하면 이런 환희가 거꾸로 뒤집힐 수 있다. 잘 알려진 부작용으로는 부정적 감정, 심한 감정 기복, 분노발작, 공격적 행동 등이 있다. 실제로 1980년대에 아나볼릭 스테로이드가 보디빌더들 사이에 큰 인기를 얻었을 때 보디빌더들의 범죄 건수가 증가했다. 그러므로 여러 형사소송에서 변호사들은 '로이드 분노'(로이드는 '스테로이드'를 뜻하는 속어)를 주장했다. 의뢰인이 스테로이드 복용으로 인해 심신미약 상태였음을 호소하는 것이다. 실제로 이런 전략으로 피고인의 형량이 줄어드는 사례가 많았다.

스테로이드 사용 및 공격성과 관련된 가장 악명 높은 사례는 '블레이드 러너'라 불렸던 육상선수 오스카 피스토리우스Oscar Pistorius가 2013년에 여자친구를 살해한 사건이다. 가택수색 중에 경찰은 아나볼릭 스테로이드를 발견했고, 피스토리우스는 사건 당시 긴박감을 느꼈다고 진술했다. 스테로이드 사용과 그런 공격성 사이의 직접적 인과관계는 입증되지 않았다. 그러므로 남아프리카 육상선수의 혈중 테스토스테론 수치가 높은 것으로 이 이론을 입증할 수는 없었다. 피스토리우스는 유죄 판결을 받았고, 도핑 물질 소지 이유에 대한 모순된 진술 때문에 형량이 줄기는커녕 오히려 두 배로 늘어났다.

호르몬 투여가 신체 자체의 기능을 대체하거나 모방할 수 없다는 것은 명백하다. 호르몬제를 의사의 처방 없이 자체적으로 직접 사용하는 것은 매우 위험할 수 있다. 그러므로 더 나은 치료법을 찾아내고, 성인기에 호르몬 장애가 나타나기 훨씬 전에 조기에 발견하는 것이 의사의 임무다.

8

성호르몬 감소가
노화를 가속화한다

갱년기

뮤지컬 〈메노포즈〉는 2006년부터 라스베이거스에서 큰 성공을 거두고 있다. 이 뮤지컬은 갱년기 여성 네 명이 등장해 폐경과 관련된 거의 모든 클리셰를 보여준다. 배우들은 초콜릿, 건망증, 수면 중 식은땀, 열성홍조 그리고 당연히 성적 변화에 대해 노래 한다. 네덜란드에서도 이 호르몬 뮤지컬은 매진을 기록했다.

현재 40~60세 사이의 네덜란드 여성 약 180만 명(한국은 약 800만 명 – 옮긴이)이 폐경기를 지나고 있다. 그리고 남성들도 50대 가 되면 몸에 나타나는 온갖 변화를 겪게 된다. 이 과정에서도 호르몬이 핵심 역할을 한다. 이 장에서는 갱년기에 대해 자세히 설명하고자 한다. 이 기간에 성호르몬에는 정확히 무슨 일이 일 어나고, 어떤 증상이 나타날까? 어떻게 대처해야 할까? 과거에 는 어땠을까? 다른 문화권에서는 어떨까? 이 기간을 최대한 편 안하게 통과하려면 스스로 무엇을 할 수 있고 무엇을 하지 말아 야 할까? 증상이 심할 때 어떤 호르몬 치료를 받을 수 있을까?

일반적으로 갱년기는 남성보다 폐경을 맞는 여성에게 더 중대 하므로, 여성의 폐경부터 살펴보자.

악명 높은 열성홍조와 다한증

폐경과 호르몬 변동의 온갖 징후

남성과 달리 여성은 성세포, 즉 난자세포를 새롭게 생산하지 않는다. 다시 말해, 물려받은 총 500만 개 난자로 평생을 살아야 한다. 그러나 이미 태아 때부터 그 수가 줄기 시작한다. 태어날 때 대략 120만 개가 남아 있지만 사춘기가 시작할 때쯤이면 '겨우' 30만 개가 남는다.[1] 나이가 들수록 난자세포의 수와 품질이 점점 더 빨리 하락한다. 40세 이후부터 난자 재고량이 서서히 '바닥나기' 시작하여 약 10년이 지나면 완전히 종지부를 찍는다. 이 단계는 대략 50세 전후에 시작되어 1~2년이 걸린다. 이 기간에는 월경주기가 점점 더 불규칙해지고 월경 사이의 간격도 점점 길어지다가 결국 완전히 멎어 폐경에 이른다. 폐경은 글자 그대로 월경이 끝난다는 뜻이고, 그 후로는 난자와 난포가 모두 소진되고 없다. 그러나 신체가 정확히 언제 월경을 끝냈는지는 1년이 지나야 확정할 수 있다. 그 이전의 기간을 '갱년기'라고 부른다.

호르몬 변동의 온갖 징후가 종종 마지막 월경 이진에 이미 혈액에 나타날 수 있다. 난소가 노화하고 그에 대한 반응으로 뇌하수체는 난포자극호르몬과 황체형성호르몬을 더 많이 생산하며, 난소가 방출하는 에스트로겐 수치는 최고 수준과 최저 수준을 오르내리며 큰 변동 폭을 보이지만, 점점 더 자주 최저 수준에 머문다. 이렇게 오르내리는 길 끝에서 결국 에스트로겐이 사라지고, 호르몬 팔레트가 급격히 바뀐다. 난포와 난자세포가 더는 없으므로 에스트로겐 수치가 크게 떨어지지만, 혈중 난포자극호르몬과 황체형성호르몬 수치는 최고 수준에 도달한다.[2]

이 기간에 나타나는 악명 높은 증상은 열성홍조와 다한증인데, 이것은 다른 모든 불편한 증상들과 함께 갱년기 여성에게 상당한 당혹감을 유발한다. 수면 중에 일어나는 증상들은 신체적으로 보면 큰 문제가 아닐 수 있겠으나, 매일 밤 땀에 흠뻑 젖은 채로 잠에서 깨어나 침대 시트를 갈아야 하는 것은 매우 힘들고 귀찮고 짜증스러운 일이다. 갱년기의 또 다른 증상으로는 감정 기복, 체중 증가, 푸석하게 가늘어지는 모발, 늘어나는 피부 주름, 심각한 건망증, 질 건조 등이 있다.

갱년기 증상을 얘기할 때 나는 항상 아이리스를 기꺼이 사례로 든다. 아이리스는 나의 환자로 활기찬 50대 여성이고 조형 예술가로 전 세계를 여행하며 작품을 소개한다. 아이리스는 잦은 열성홍조 때문에 내게 왔는데, 때때로 증상이 아주 심해서 작품 소개 후 새빨개진 얼굴과 땀에 흠뻑 젖은 몸으로 강단에서 내려

월경주기

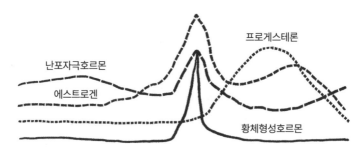

한 달 동안의 호르몬 방출.
난포자극호르몬이 최고점일 때 배란되고,
뒤이어 (수정된) 난자가 자궁에 착상할 수 있도록 프로게스테론 수치가 올라간다.

와야 했다. 폐경으로 생긴 증상들이 일상생활에 심각한 지장을
주고 있었기에, 우리는 상담 후 에스트로겐 치료를 하기로 했다.

한 달 뒤 그녀는 마치 새로 태어난 사람처럼 생기 있는 얼굴로
진료실에 들어왔다. 열성홍조와 땀에 젖은 침구는 사라졌고, 다
시 밤새 푹 잘 수 있었다. 게다가 성욕도 폐경 이전 수준으로 돌
아왔다.

장기적인 부작용 때문에, 호르몬 치료는 현재 표준치료로 더
는 권장되지 않는다. 이것에 관해서는 이 장 뒷부분에서 더 자세
히 설명할 예정이다. 그리고 비록 아이리스의 증상이 성공적으
로 치료되었지만, 그녀가 겪은 극심한 폐경기 증상은 호르몬이
우리의 육체와 정신의 안녕에 얼마나 강력한 영향을 미칠 수 있

는지를 다시 한번 보여준다.

어떤 사람은 더 극심한 증상을 겪고, 어떤 사람은 가볍게 넘어
간다. 어떤 폐경기 여성은 에스트로겐 수치가 심지어 성인 남성
보다도 더 낮다.[3] 더러는 여성의 부신과 난소에서 남성호르몬 생
산이 종종 덜 감소하여 머리카락이 빠지고 남성처럼 턱과 가슴
에 털이 나기도 한다.[4] 그리고 남은 생애 동안 폐경 상태가 유지
되더라도(에스트로겐 생산이 영원히 중단되더라도) 호르몬 균형이 다
시 회복되면 괴로운 증상은 사라진다. 이 과정은 대략 5년이면
끝나지만 불행하게도 더 오래 걸릴 수도 있다.

언제부터 갱년기를 '질병'으로 보았을까

갱년기의 발견

성경은 창세기 18장 11절에서 아브라함과 사라에 대해 이렇게 말한다. "(…) 그들은 나이가 많았고, 사라는 아이를 낳을 수 있는 시기가 지난 상태였다." 네덜란드에서는 대개 50세쯤에 시작되는 이 새로운 인생 단계를 기념하여 종종 아브라함과 사라의 인형을 앞마당에 둔다. 그러나 근대 이전에는 구약성경에서처럼 폐경을 언급하는 일이 아주 드물었다. 사라는 생식능력을 이미 잃은 것처럼 보일 만큼 늙었음에도 아들을 낳았다. 부모는 아이의 이름을 '이삭'(웃음)이라고 지었는데, 아마도 아들을 낳을 것이라는 소식을 전해 들었을 때 사라가 보인 반응 때문일 것이다.

이상하게도 치료법에 관한 중세 시대 문서에는 폐경기 관련 내용이 거의 없다. 그 이유는 당시 기대수명이 25~30세로 매우 낮았기 때문일 수 있는데, 그래서 대다수 여성이 폐경기에 도달할 수가 없었다. 기원전 350년에 아리스토텔레스가 쓴 《동물부분론》에서 여성의 생식능력에 나이 제한이 있다는 사실이 처음으로 설명되었다.[5] 그리스 철학자이자 과학자인 아리스토텔레스는 분명 앞서 언급했던 《에버스 파피루스》에서 영감을 받았을 터이다. 이 책에는 여성이 45세쯤에 생식능력 한계에 도달한다고 적혀 있다. 비잔틴 시대 에기나섬의 의사 파울로스Paulos는 이것에 동의했고 또한 체중의 중요성도 강조했다. 체중이 많이 나가는 여성은 월경이 더 일찍 끝나고, 35세쯤에 벌써 폐경에 이를 수도 있다. 12세기 이탈리아 남부 해안마을 살레르노의 의사이자 작가인 트로타Trota가 쓴 유명한 3부작 《트로툴라Trtula》는 여성의 질병과 그 치료법, 미학적 문제를 다룬다. 트로타는 생식능력에서 중요한 순간을 설명하면서 파울로스와 같은 결론을 내린다.[6]

당시에는 남녀 모두의 갱년기 징후와 그에 따른 생식능력 감소를 '클리막테리움'이라고 불렀다. 이 용어는 인간의 일생을 7년 단위로 나누는 고대 그리스의 이론에서 유래했다. 그리스 철학과 점성술에서, 인생의 사다리 한 칸을 형성하는 일종의 '결정적 시기'가 클리막테리아climacteria다.[7] 고대 그리스의 이론대로라면, 성공적으로 마감한 모든 클리막테리움 뒤에는 더 큰 성숙과 새로운 책임 단계가 따른다. 그러나 한 단계에서 다음 단계로 넘어가는 전환기 역시 중요하다. 고대 그리스인들은 7의 배수 나이에 사망할 확률이 높다고 보았다. 모든 전환기 중에서 가장 위험한 것으로 알려진 나이가 갱년기인 49세이고, 후기 성인기에서 초기 노년기로 전환되는 63세가 그다음으로 위험하다. 그 중간에 있는 56세는 '최대 단계 나이annus climactericus maximus' 또는 '남성파괴androklas'라 불렸다.[8]

19세기 초에 영국왕실 주치의 헨리 핼퍼드Henry Halford가 처음으로 갱년기 '질병'에 주목했다.[9] 그는 중년 환자들이 종종 한동안 몸이 좋지 않다는 것을 알아차렸다. 그들의 '생명력'이 일시적으로 사그라들지만 얼마 후 다시 회복되었다. 그는 나이가 들면서 생기지만, 노년기의 악화 패턴을 따르지 않는 질병이 있다고 추측했다. 여성의 경우 이런 갱년기 질병은 마지막 월경 전후 또는 마지막 월경이 끝나는 그 순간에 발생한다. 이 발견이 있은 지 얼마 지나지 않아, 의학적 관심이 높으면 늘 그렇듯이, 이 현상에 이름이 붙여졌다. 1821년에 프랑스 의사 샤를폴루이 드 가르안Charles-Paul-Louis de Gardanne이 'ménespausie(폐경)'라는 용어를 제안했는데, 이것은 '끝'이라는 뜻의 그리스어 단어 'pausis'와 '월'을 뜻하는 'men'(당연히 월경 기간을 의미한다)에서 가져온 라틴어다. 그는 또한 남성과 여성의 노화를 표현하는 조금 더 노골적인 용어로 'l'âge critique(임계 연령)'을 만들었다.

새로운 삶의 단계

오늘날 폐경의 이미지는 상당히 부정적이다. 폐경기는 무엇보다 '문제'들을 연상시킨다. 이를테면, 생식능력이 사라지고, 성격이 괴팍해지고, 뚱뚱해지고, 털이 많아지고, 건망증이 심해진다. 다섯 명 중 한 명만이 아무 증상 없이 지나가지만, 대략 3분의 1은 직장 및 사회생활이 어려울 정도로 아주 다양한 증상을 겪는다.[10] 폐경에 대한 최초의 부정적 언급은 히포크라테스의 사상을 더욱 발전시킨 갈렌에게서 나왔다. 갈렌의 '4체액 이론'은 수백 년 동안 서양 의술의 표준이었다. 모든 것의 중심에 '균형'을 두는 이 이론에서 질병은 흰 점액, 황담즙, 흑담즙, 혈액 이 네 가지 체액의 불균형에서 생긴다. 각각 다른 기질을 상징하는 이 네 가지 생명액은 감정을 결정한다. 갈렌은 월경을 신체가 독소를 제거하는 자연스러운 방법이라 여겼다. 폐경이면 내부에 노폐물이 쌓여 결국 여성은 히스테리를 겪는다고 보았다. 의사들이 사혈 같은 치료법을 제안한 것도 이 때문이다. 그러나 '우울한 늙은 여성'은 자주 마녀로 폄하되었고 마녀로 취급되었다.

19세기에 여성들이 화형을 당하는 대신 정신병 치료소에 갇히면서 이런 상황은 다소 개선되었다. 그러나 근엄한 빅토리아 시대(1837-1901)에 폐경을 정신병에 가까운 질환으로 만든 것은 자궁과 성에 대한 강박적 집착이었다. 프랑스 의사 가르안은 처음에는 이것을 그냥 중립적으로 '폐경'이라고 기술했지만, 이 주제에 관한 책 제목에는 '여성의 임계 연령'이라는 용어를 추가했다. 폐경기 증상('자궁'을 뜻하는 그리스어 단어에서 유래한 히스테리라 불리는 증상)에서 생식기는 새로운 원흉으로 통했고, 그래서 폐경기에 흔히 자궁 제거 수술을 했다. 현대에 들어와 과학 발명 및 기술 발전이 시작된 후에도 폐경은 여전히 부정적인 것으로 여겨졌다. 고대 그리스는 '체액'의 불균형을 말했지만, 20세기 초의 과학자들은 호르몬의 변화가 생식능력 저하의 실질적 원인임을 발견했다.

역사적으로 평범한 폐경은 자연스러운 전환으로 여겨졌다. 더 큰 임무를 수행할 수 있는 능력과 더 큰 지혜를 갖게 되는 새로운 삶의 단계로 진입하는 것이었다. 그러므로 그것은 종종 매우 기대되는 전환이었다. 오늘날 특히 비서구 문화권은 폐경의 긍정적 측면에 중점을 둔다. 일본에서는 폐경을 '고넨키更年期'라고 부르는데, 이것은 '새로워진 에너지의 해'라는 뜻이다. 그리고 앞에서 언급한 호르몬 뮤지컬 〈메노포즈〉에 관한 네덜란드 기사에서(기사 제목이 '폐경은 죽음으로 가는 길이다De overgang is de weg naar de dood' 였다), 태국어 용어 '토이 포 밍'을 썼는데, 이것은 '황금기'라는 뜻이다.[11] 월경을 불결한 것으로 여기는 문화권에서는 폐경으로 '영원히 청결한' 상태에 도달하면 여성들은 안도감을 느낀다.[12] 연구진이 호주의 원주민에게 폐경 증상에 관해 물었을 때, 한 번도 다뤄본 적 없는 이 질문에 그들은 대단히 재밌어했다.[13] 전 세계 다른 원주민 집단 역시 폐경을 긍정적으로 보았고, 그곳에서는 폐경한 여성이 현명한 사람으로 통했고 '위대한 여성'으로 더 높은 직책을 맡았으며 사회적 자유를 더 많이 누렸다.[14]

연구진은 폐경에 대한 개인의 견해에 따라 폐경기를 다르게 경험할 가능성도 열어두었다.[15] 아시아 국가의 여성들은 열성홍조 문제를 거의 또는 전혀 겪지 않지만, 서구 여성들은 폐경기에 가장 흔히 겪는 불편한 증상이 이 열성홍조다. 어떤 곳에서는 관절통이 폐경기의 가장 흔한 증상이다. 그러나 폐경에 대한 견해가 비슷한 문화권이라도 모두가 비슷한 증상을 보이는 것은 아니다. 그러므로 뭔가 다른 요인이 관련되어 있는 것 같다. 폐경이 시작되기 전의 호르몬 수치 역시 영향을 미칠 수 있다. 어떤 문화권과 집단에서는 여성들이 더 오랜 기간 아이에게 젖을 먹이기 때문에 폐경기에 에스트로겐 수치가 더 낮게 유지된다.[16] 생활방식과 체중 역시 증상의 패턴을 결정한다. 동양의 식단에는 심장과 혈관 상태에 영향을 미칠 수 있는 식물성 에스트로겐이(2장 참조) 더 많이 함유되어 있다. 비서구 문화권이라도 도시에 거주하는 여성은 폐경기에 불면증과 행동 변화를 경험할 확률이 농촌 여성보다 더 높다.[17] 아마도 적게 움직이고 독성물질에 더 많이 노출되기 때문일 것이다.

진화와 할머니 가설

호모 에렉투스는 직립보행종으로 이전 종인 호모 하빌리스보다 팔이 짧고 뇌가 더 컸다.[18] 특히 뇌가 더 커진 진화는 미래 진로에 결정적 역할을 했다. 더 커진 두개골 때문에 태아는 어쩔 수 없이 더 일찍 세상으로 나와야 한다. 그러지 않으면 머리가 너무 커서 산도를 통과할 수 없다. 그러므로 일찍 세상으로 나온 갓난아기는 인생 첫 단계를 양육자에게 의존할 수밖에 없다.

폐경을 진화적으로 이로운 과정으로 보는 이론은 이 사실을 바탕으로 한다. 폐경 후 여성은 개인 면에서 덜 중요해졌지만, 협력을 통해 더 많은 것을 이룰 수 있었기 때문에 공동체의 일원으로는 더욱 중요해졌다.[19] 돌봐야 할 자기 자식이 없으면 다른 사람의 자식을 양육하는 데 더 많은 에너지를 쏟을 수 있다. '노인' 여성은 그러므로 예나 지금이나 집단의 존속을 위해 중요한 기능을 수행한다. 정기적으로 손자들을 돌보고, '밖에서도' 아이들에게 초콜릿과 여러 과자를 건네는 노인들을 생각해보라.

이런 '할머니 가설'대로라면 할머니의 존재는 진화에 이롭다. 어린 나이에 죽는 아이가 줄고 엄마들은 자식을 키우는 데 에너지를 덜 쓰기 때문에 생식능력이 더 높아진다. 육아 시간이 줄면서 엄마들은 자신의 식량을 마련하는 데 더 많은 시간을 쓸 수 있다. 같은 현상이 동물에게서도 나타난다. 범고래와 참거두고래는 인간처럼 폐경을 겪는 유일한 동물인데, 이들에게 할머니는 종족 보존에 꼭 필요한 존재다.[20]

호르몬 치료와 부작용

브라운세카르를 기억할 것이다. 앞에서 다룬 것처럼 그의 성호
르몬 주사 실험을 따라 하는 사람들이 곧 생겼다. 그러나 그 반
대의 일도 일어났다. 특정 질병을 치료하기 위해 성호르몬 분비
샘을 제거한 것이다. 고대부터 성욕을 누그러뜨리기 위해 내시
의 고환을 제거해온 것은 이미 잘 알려져 있다. 그러나 특정 질
병을 치료하기 위해 신체의 호르몬 생산을 중단시키는 수술은
유례가 없었다. 그런데 19세기 말 스코틀랜드 군의관 조지 비트
슨George Beatson이 이 수술을 실행했다. 그는 여성호르몬과 특정
암 사이에 연관성이 있다고 추측했다.[21] 평생 우유를 생산할 수
있도록 젖소의 두 난소를 제거한 글래스고 지역 농부들을 통해
그는 이런 가설이 어느 정도 신빙성이 있다고 생각했다. 빅토리
아 여왕 주치의의 아들이었던 그는 과감하게 실험을 단행했다.
1899년에 유방암이 이미 전이된 세 여성에게 이 치료법을 쓴 것
이다. 결과는 어땠을까? 난소를 제기한 여성들의 몸에서 종양

전이가 장기간에 걸쳐 서서히 사라졌다.

비트슨은 이 발견으로 노벨상을 받지 못했지만, 그의 캐나다 동료 찰스 허긴스Charles Huggins가 나중에 더 많은 행운을 누려 노벨상을 받았다.[22] 허긴스는 같은 원리에 따라, 전이성 전립선암에 걸린 남성의 내분비샘을 제거하여 신체의 성호르몬 생산을 중단시켰다. 제거 수술 후 남성의 종양 역시 더 이상 전이되지 않고 퇴행하는 것을 확인했다. 그러므로, 처음에는 동물에서 얻고 나중에는 인공적으로 성호르몬을 대량 생산할 수 있게 된 1960년대 이후, 질병 치료를 목적으로 여성호르몬 실험이 시작된 것은 놀라운 일이 아니다. 그리고 폐경은 상업적 관점에서도 매우 흥미로운 질병이었다.

에스트로겐은 1929년에 여성의 소변에서 발견된 최초의 호르몬이었다. 여성은 폐경기 이후에 에스트로겐 수치가 눈에 띄게 낮아지기 때문에, 폐경은 '결핍 상태'로 인식되었다. 그래서 머지않아 치료법이 등장했다. 1940년대에 첫 번째 약이 시장에 출시되었다. 그것은 새끼를 밴 암말의 소변에서 얻은 호르몬 추출물로 만들어졌고, 프레마린 또는 프레소멘이라고 불렸다.

미국 산부인과 의사 로버트 윌슨Robert Wilson은 1963년 자신의 책 《페미닌 포에버Feminine Forever》에서 '폐경의 비극'에 대해 언급했다.[23] 그렇게 폐경은 점점 더 젊음, 활력, 여성성, 호르몬 그리고 당연히 생식능력을 잃는 상실의 단계로 여겨지게 되었다. 윌슨은 폐경기의 급격한 변화에 적응하지 못하는 호르몬체계와 기대수명 증가 사이의 불균형에 그 원인이 있다고 보았고, 폐경 후 여성의 고통은 호르몬보충제 복용으로 완화될 수 있다고 조언했다. 월슨의 책은 크게 환호받았다. 여성들은 호르몬 알약을 다량으로 삼키기 시작했다. 이 알약은 말과 소의 난소 분말로 생산되다가('숙 오바리안Suc Ovarian'으로 인기리에 판매됨) 나중에는 합성 에스트로겐으로 생산되었다. 맞다, 이것이 네덜란드 제약회사 오가논의 주력상품이다.

1960년대부터 1980년대까지 폐경은 추측하건대 상업적인 이유로 치료 대상이 되었다. 불가피한 자연스러운 현상이었던 폐경이(아무 증상 없이 그냥 지나가는 여성들도 많다) 대중의 인식 속에서 진료가 필요한 불가피한 질병으로 바뀌었다. 만 11세 이전에 월경을 시작하는 여성은 나중에 폐경기에 열성홍조와 편두통을 심하게 겪고 폐경기 증상이 더 오래 가는 것으로 현재 알려져 있다.[24] 과체중인 여성도 마찬가지다. 체중이 많이 나갈수록 열성홍조, 관절통, 질 건조를 더 많이 겪는다.[25] 산부인과 의사 월슨의 안내를 받아, 의사들이 에스트로겐 알약으로 이 모든 증상을 치료했다. 부작용이 점점 더 많이 알려졌지만, 합성 에스트로겐 유사제는 서구 사회에서 가장 일반적으로 처방되는 약물이 되었다. 폐경 후 여성의 약 4분의 1이 이 약물을 장기간에 걸쳐 복용했다.[26]

두 가지 대규모 연구로 인해 세기 전환기에 이런 현상이 갑자기 끝났다. 두 연구는 에스트로겐과 프로게스테론을 계속 투여할 경우, 뼈 강화와 대장암 위험 감소 같은 이점보다 유방암, 난소암, 심혈관 질환 위험이 더 크다는 것을 보여주었다.[27, 28] 그러나 주의해야 할 몇 가지 중요한 사항이 남아 있다. 치료 효과가 아주 좋았던 나의 환자 아이리스의 사례처럼, 이제 우리는 심각한 폐경 증상을 호르몬 치료로 무엇보다 단기간에 완화할 수 있다는 사실을 안다. 예를 들어, 직장생활에 지장을 줄 수 있는 공포의 열성홍조는 폐경 직후에 치료를 시작해 최대한 빨리 완화한다면 호르몬 치료는 완전히 안전한 치료법이다. 그것만으로도 벌써 폐경기 여성의 잠 못 드는 밤을 줄여줄 수 있다. 게다가 신체 전체가 아닌 일부 조직에만 영향을 주어 심각한 부작용 위험을 줄이는 새로운 호르몬 유사제도 개발되고 있다.

동시에 대체의학에서는 종종 호르몬이 처방된다. 이때 식물성 호르몬이 풍부한 콩이나 붉은토끼풀만 생각해선 안 된다.[29] 알코올을 비롯해 고춧가루, 생강차, 카페인도 열성홍조를 유발하는 것으로 알려져 있다. 효능이 충분히 입증되지 않은 데다 장기간의 호르몬 치료가 오히려 호르몬 생산을 억제할 수 있음에도 불구하고, DHEA(디하이드로에피안드로스테론) 같은 성호르몬의 특정 유사제 복용이 권장된다. 대체의학에서는 특히 동물성 호르몬이 더 자주 사용된다. 예를 들어, 앞서 언급했던 티로이드을 생각해보라. 일반적으로 효과는 만족스럽지만, 캡슐에 든 호르몬 함량이 정확히 얼마인지 알 수 없으므로 복용량을 제대로 가늠할 수가 없다. 한마디로, '천연' 호르몬과 합성 호르몬을 조합해도 되는지, 된다면 어떻게 조합해야 하는지에 대한 논의는 아직 끝나지 않았다.

피임약이 기억력을 향상시킨다?

에스트로겐과 여성의 인지능력

호르몬 수치가 변동하는 즉시 신체에 나타날 수 있는 수많은 증상에서, 성호르몬의 영향력이 얼마나 큰지 명확히 알 수 있다. 그러나 그 영향은 신체뿐 아니라 정신까지 확장된다. 성호르몬이 뇌 발달에 중요한 역할을 한다는 것은 이미 앞에서 얘기했다 (3장과 4장 참조). 남성은 선천적으로 공간 감각이 뛰어나지만, 여성은 대개 언어능력과 기억력이 더 좋다. 그리고 7장에서 보았듯이, 피임약으로 호르몬 수치가 안정되자 기억력이 더 좋아졌다.[30] 반대로 폐경기에는 호르몬 수치가 변동하여 건망증이 심해졌다.[31] 말하자면 이런 현상은 임신 기간(임산부 건망증)뿐 아니라 또 다른 큰 호르몬 변동이 나타나는 폐경기에도 관찰된다. 폐경기의 건망증은 조기 치매를 의심할 만큼 아주 심각한 경우도 더러 있다. '임산부 건망증'은 진화에 이롭다고 해석할 수 있지만 (신체가 중요한 일, 즉 태아를 돌보는 데 집중하게 한다), 폐경기의 건망증에 무슨 이점이 있을지 설명하기 어렵다. 혹시 폐경기에 겪을 수 있는 어려움을 가능한 한 빨리 잊는 데 도움이 될까?

1940년대 말에 처음으로 성인의 뇌 기능과 여성호르몬의 연관성이 밝혀졌다. 자궁내막 연구 중에 에스트로겐 치료가 주의력을 높이고 기억력을 향상한다는 사실을 알게 되었다.[32] 미국의 한 과학자가 이 비공식 결과를 자세히 살폈고, 호르몬 치료가 폐경 후 여성의 인지기능을 개선할 수 있음을 최초로 증명했다. 흥미롭지만 아직 걸음마 단계인 이 발견은 시기를 아주 잘 타고났다. 앞에서 언급했던 로버트 윌슨이 《페미닌 포에버》에서 이 발견을 열성적으로 다뤄 자신의 책뿐 아니라 호르몬 치료에도 크게 힘을 실어주었다.

이제는 에스트로겐 부족이 실제로 기억력 문제를 일으킬 수 있다는 것이 여러 번 확인된 상태다. 31세 미국 여성이 그에 관한 주목할 만한 사례를 제공한다. 그녀는 해군 조종사 훈련생 시절에 갑자기 예기치 않게 실력이 저하되었다.[33] 의사들은 오랫동안 풀리지 않는 수수께끼에 당황한 끝에, 그녀의 혈중 호르몬 수치가 조기 폐경 수준임을 발견했다. 그녀는 피임약을 먹기 시작했고 완전히 회복되었다.

피임약에 들어 있는 에스트로겐은 뇌세포를 포함하여 수많은 조직 세포를 보호하는 것으로 알려져 있다. 에스트로겐은 심지어 신경세포핵의 회색질 부피를 늘리고, 알츠하이머병의 증상인 단백질 축적을 막을 수도 있다.[34] 주로 기억을 담당하는 뇌 영역인 해마와 전두엽 피질은 성호르몬을 생산하고 신경세포 부양을 돕는다.[35] 그러므로 조기 폐경 때 제대로 호르몬을 보충해주지 않으면, 알츠하이머병처럼 기억장애가 생길 위험이 커질 수 있다.

그러면 아마도 사람들은 에스트로겐을 복용하면 되지 않냐고 말할 테지만, 이미 말했듯이 '기적의 호르몬'처럼 보이지만 안타깝게도 모든 여성에게 효과가 있는 것은 아니다. 특히 타이밍이 매우 중요하다. 폐경 증상의 첫 징후가 나타난 후에 호르몬 치료를 시작하면, 이유는 알 수 없지만 오히려 해롭기 때문이다. 마지막 월경 후부터 기억력이 저하되므로 이런 치료는 더 일찍 시작해야 한다.

인간의 폐경기는 '최적기'를 찾았다

폐경을 결정하는 요인들

50세에 도달하는 것은 수백 년 동안 '큰 기쁨', '완전한 구원, 자유, 풍요' 등의 표현으로 설명되었고, 아브라함과 사라의 경우처럼 언제나 인생의 특별한 순간으로 여겨졌다. 성경을 인용하면 그것은 '희년'이다. 경작하지 말고 밭을 쉬게 해주어야 하는 해인 것이다. 그리고 밭 주인이 돈을 빌리기 위해 이 밭을 저당 잡혔다면, 7년이 일곱 번 지난 후에는(일곱 번의 갱년) 밭을 원래 주인에게 돌려줘야 한다.[36]

인간의 기대수명은 20세기 초부터 계속 높아지고 있고 사춘기도 점점 일찍 시작되지만(3장 참조), 폐경은 이상하게도 이 마법의 숫자 주위에 머물러 있다.[37] 고대에 이미 아리스토텔레스와 그의 후계자들이 여성은 대개 40세까지 아이를 낳고 일부는 50세에도 어머니가 될 수 있지만 이 이후의 사례는 알려진 것이 없다고 기록했다. 생식의 다른 생리학적 기능과 비교하면 폐경은 이상적인 절대 시점을 찾은 것 같다. 특히 진화·생물학자들이 이 현상을 설명하기 위해 애쓰고 있다. '자손이 많을수록 종족 보존의 기회가 높아진다'는 명제를 감안하면, 중간에 생식을 끝내는 것은 비논리적으로 보인다. 그럼에도 불구하고 자손을 더 많이 낳는 다른 여러 동물종보다 인구가 더 빠르게 증가한다. 수학모델은 인간의 폐경기가 여러 면에서 '최적기'임을 보여준다. 여성의 몸은 대략 50세까지 임신하고 출산할 수 있다. 그러나 그 후로 자손을 키우려면 에너지를 건강한 노화에 투자하는 것이 더 유익하다. 그러니까 호모 사피엔스는 양보다 질을 더 우선시한 것으로 보이고, 아이러니하게도 그것이 양, 즉 인구수를 늘리는 데 유익했다.

타이밍의 중요성을 자주 강조한 현대의 현자가 있으니, 그가 바로 네덜란드의 국가적 축구 영웅 요한 크라위프Johan Cruyff다. "적시에 도착할 수 있는 순간은 단 한 번뿐이다. 그 순간이 아니면 너무 이르거나 너무 늦은 것이다." 당연히 그는 축구에 관해 말한 것이지만 이 지혜는 폐경기에도 적용된다. 폐경의 타이밍은 수백 년 동안 변하지 않았기 때문에, 이 타이밍에서 벗어나는 것은 종종 건강에 해로운 것으로 인식되었다. 네덜란드에서는 오랫동안 40세 이전의 폐경을 조기 난소 실패라고 불렀다. 이제는 조금 더 중립적으로 바뀌어 조기 난소 부전 또는 의학 용어로 조기 폐경이라고 한다. 뭐라고 부르든 또는 아무리 아름답게 포장하든, 변하지 않는 사실은 폐경이 표준보다 훨씬 일찍 시작된다는 것이다. 유럽에서는 30대 여성의 약 1퍼센트, 20대 여성의 약 0.1퍼센트가 폐경을 맞는다. 많은 경우 원인이 밝혀지지 않았다.[38]

극단적인 경우지만 어린이도 폐경을 겪을 수 있다. 영국의 11세 초등학생 소녀 어맨다는 몇 달 만에 체중이 두 배로 늘었고 감정 기복과 열성홍조를 겪었다. 처음에 의사들은 사춘기의 호르몬 변동이라고 생각했고, 증상이 시작된 지 2년이 지나서야 심각한 조기 폐경이라는 진단이 내려졌다. 어맨다는 지금까지 보고된 사례 가운데 최연소 폐경 여성이다![39] 50세까지 복용해야 하는 호르몬제를 먹기 시작한 이후로 무탈하게 잘 지내고 있지만, 아이를 낳으려면 난자를 기증받아야 하는 형편이다.

이처럼 폐경은 조기에도, 평균 연령에도, 너무 늦게도 발생할 수 있지만, 자연적으로 또는 비자연적으로 발생할 수도 있다. 앞서 언급한 것처럼 자연 폐경은 저장된 난자가 서서히 소진되면서 시작된다. 마지막 월경 때 마지막 남은 난자가 폐기된다. 그러나 화학요법이나 자가면역질환으로 난소가 기능을 잃거나 수술로 제거한 경우, 갑자기 비자연적으로 폐경이 발생하기도 한다. 배우 앤젤리나 졸리가 유명한 사례다. 그녀는 난소암으로 어머니를 잃었고, 자신이 BRCA1 유전자 돌연변이를 가졌음을 알게 되었다.[40] 유전자 돌연변이로 난소암과 유방암 위험이 증가하여 그녀는 예방 차원에서 난소와 유방을 수술로 제거하기로 했다. 그녀는 〈뉴욕 타임스〉의 독자편지 형식으로 이 소식을 알렸고, 이것은 큰 반향을 일으켜 실제로 앤젤리나 졸리 효과가 널리 확산했다. 즉, 많은 여성이 BRCA1 유전자 돌연변이 검사를 받거나 예방적 제거 수술을 받았다.[41] 앤젤리나 졸리는 갑작스러운 폐경을 공개적으로 얘기했고, 가벼운 증상이었지만 호르몬 치료를 시작했다. 분명 삶의 질을 유지하기 위해서였으리라.

몇 년 전만 해도 어머니의 폐경 시점을 통해 딸의 폐경 시점을 예측할 수 있다고 생각했다.[42] 1970년대 이후 여성들의 첫 출산 시기가 점점 늦어지면서, 생식능력 감소를 걱정했다. 끝없이 기다리다 결국 너무 늦어버릴 수 있다고 생각한 것이다. 다행스럽게도 오늘날에는 의학적, 기술적으로 여성의 생식능력을 연장할 수 있다(예를 들어, 난자나 수정란 심지어 난소도 냉동할 수 있다. 자세한 내용은 뒤에서 살펴보기로 하자). 그러나 이런 방법은 여전히 비용이 많이 들고 모든 사람이 사용할 수는 없다.

2012년에 덴마크 연구진은 난자 보유량의 감소 속도를 결정하는 요인의 약 절반이 유전적일 거라는 오랜 추측을 사실로 입증했다.[43] 일란성 쌍둥이의 경우 모든 난자가 소진되는 시기가 다른 DNA를 가진 이란성 쌍둥이보다 더 비슷하다.[44] 가정과 직장의 조화를 추구하는 맞벌이 부부라면, 이런 유전적 요인에 아무 영향도 미칠 수 없음을 인식할 필요가 있다. 그러나 다른 한편으로 약 50퍼센트는 유전자와 별개이므로 환경과 생활방식으로 이런 진화적 뿌리를 가진 타이머에 영향을 미칠 수 있다.

개인 차원에서 흡연(심지어 간접흡연도)이 가장 중요한 요인으로 계속 언급된다.[45] 담배의 독소는 난자세포의 양과 질 모두를 돌이킬 수 없이 떨어트린다. 흡연으로 폐경이 최대 4년 일찍 시작될 수 있다. 흡연은 또한 에스트로겐 수치를 더 빨리 떨어트릴 수 있다. 담배 연기의 독소가 간 기능을 해치고, 그 결과 에스트로겐이 더 빨리 분해되기 때문이다. 그러므로 흡연이 수많은 불임, 난임 문제를 일으키는 것은 놀라운 일이 아니다.

그런데 폐경 시기에 미치는 다른 호르몬 교란물질에 관한 연구는 왜 그토록 느리게 진행되는 걸까? 그것은 교란물질에 노출되는 시기와 처음 증상이 나타나는 시기가 멀리 떨어져 있기 때문이다. 세베소 사건이 그것을 명확히 보여준다.[46] 1976년 이탈리아 롬바르디아의 한 화학 공장에서 폭발사고가 발생했다. 이때 그 지역 젊은 여성들 일부가 갑자기 TCDD(테트라클로로디벤조다이옥신) 독소에 노출되었다. (이 다이옥신이 인간의 생식에 해롭다는 것은 이미 베트남 전쟁을 통해 알려졌다. 베트남 전쟁 때 TCDD 성분이 함유된 고엽제인 에이전트 오렌지가 무기로 사용되었다). 세베소 참사 이후 약 30년이 지났을 때 한 연구진이 화학 공장 주변에 살았던 여성들과 다른 지역 여성들의 폐경 나이를 비교했다. 그 결과, 독소에

더 많이 노출되었을수록 더 이른 나이에 마지막 월경을 했다.[47]

최근 연구에서 밝혀졌듯이, 프라이팬 코팅 재료나 포장 재료로 잘 알려졌고 얼룩 및 물기에 강한 특성 때문에 애용되는 PFAS(과불화알킬화합물)도 조기 폐경을 유발할 수 있다.[48] 그러므로 갑상샘기능저하증이 PFAS와 TCDD 두 물질에 많이 노출되어 발생한다는 사실은 누구 봐도 전혀 놀랍지 않다.[49, 50]

독성학자와 불임 전문가들은 오랫동안 호르몬 교란물질의 효과에 관심을 가져왔다. 앞으로의 연구는 화장품의 빈번한 사용 역시(화장품에도 호르몬 교란물질이 들어 있다) 조기 폐경을 초래할 수 있다는 사실을 확인해주거나 반박할 것이다.[51]

불임 치료 기술

1970년대에 피임약이 도입된 이후, 10대 임신은 물론이고 성인 여성의 계획되지 않은 임신 건수도 급격히 감소했다.[52] 이런 새로운 형태의 가족계획 덕분에 네덜란드 여성들은 이제 점점 더 늦은 나이에 첫아이를 낳는다. 2차 세계대전 이후 수십 년 동안 첫 출산 시점이 평균 24세였지만, 지금은 30세가 표준이다. 그러나 이런 지연은 여성에게도 해로울 수 있다.

피임약으로 피임 문제(어떻게 해야 임신을 피할까?)를 해결할 수 있게 된 이후, 우리는 이제 임신 권장 시대에 살고 있다. 어떻게 해야 임신하게 될까? 앞에서 언급했듯이, 나이가 들수록 난자세포의 양과 질이 급격히 떨어진다. 피임약은 이 사실을 바꾸지 못한다. 폐경이 시작되기 몇 년 전부터 이미 생식능력이 매우 떨어져 자연 임신 확률이 거의 없다. 생물학적 시계와 사회적 시계의 엇박자 때문에, 임신을 위한 의료 지원 수요가 엄청나게 증가했다. 난자의 수정이 체외에서 이루어지는 체외인공수정(IVF) 같은 놀라운 기술 성과 덕분에, 피임약 도입 후 약 10년 동안 임신 가능성이 낮은 (종종 나이가 많은) 부부의 선택권이 확대되었다. 그러나 1980년대 초반의 이런 치료는 성공률이 겨우 20퍼센트에 불과했다.[53] 사실 이것은 놀라운 일이 아닌데, 나이가 많이 들었을 때 비로소 체외인공수정을 시작하는 여성들이 많았기 때문이다. 1980년대 말에 소위 냉동보존이 해결책을 제시했다. 이 기술 덕분에 난자나 정자 그리고 심지어 수정란도 냉동하여 나중에 사용할 수 있게 보존할 수 있다. 식료품을 냉동실에 보관하면 더 오래 저장할 수 있는 것처럼, 온도를 37도에서 영하 196도로 낮추면 세포는 동면에 들어가 젊게 유지된다. 생식능력 문제가 예상되는 부부에게 이것은 매우 도움이 될 수 있다.

한편, 조기 폐경 여성의 충족되지 못한 임신 욕구를 해결하기 위한 연구도 계속되었다. 2013년에는 체외인공수정을 위한 일종의 추가 기능인 체외활성화(IVA)라는 새로운 방법이 소개되었다.[54] 젊은 여성의 덜 활동적인 난소를 수술로 꺼내 실험실에서 자극하면, 기적적으로 영원한 잠에서 깨어난다. 호르몬자극요법으로 활성화된 조직을 여성의 몸에 재이식하는 방식으로 이미 전 세계적으로 수백 명의 건강한 아이가 태어났다.[55] 현재 네덜란드에서는 조기 폐경 여성을 위한 한 가지 선택 사항일 뿐이지만, 미국에서는 부유한 부부들이 점점 더 많이 이 기술을 이용하여 언제 아이를 낳을지 스스로 결정한다.[56]

더 젊은 난자와 정자가 그렇게나 많이 유익하고 불임 치료가 증가하고 있다면, 젊었을 때 기본적으로 난자와 정자를 냉동하지 않을 이유가 과연 있을까? 시험관 아기 또는 '해동된' 아기가 자연 수정된 '신선한' 배아보다 덜 건강하게 발달한다는 증거는 현재 없다.[57] 그러나 의료 비용이 엄청나게 증가한다는 사실과 별개로, 아무리 진보한 기술이라도 대자연에는 못 미치는 것 같다. 현재까지 자연 임신은 수적인 측면뿐 아니라 아이와 산모의 건강 면에서도 가장 안전하고 이롭다. 총칭하여 '생식 보조 기술'이라고도 불리는 불임 치료를 이용해 호르몬의 복잡한 단계별 계획을 모방하려는 용감한 시도는 결국 호르몬의 놀라운 탁월성만 입증하고 있다. 과학자들은 오늘날에도 여전히 처음 맞닥뜨리는 결과들에 놀라고 감탄한다.

냉동 아기

1984년에 호주에서 세계 최초로 '냉동 아기'가 탄생했다. 조이Zoe는 배아 상태로 두 달 동안 냉동실에 있었다.[58] 냉동보존 기술은 체외인공수정 때 다태임신 및 그것과 관련된 모든 위험을 최소화하기 위해 개발되었다. 배아를 보관할 수 있으면, 수정된 배아를 모두 동시에 엄마의 몸에 이식하지 않아도 되고, 엄마의 호르몬 수치가 가장 좋은 최적의 시기를 선택할 수 있기 때문이다. 또한 호르몬 약물을 이용하여 엄마의 몸에서 난자를 '채취'하는 고통스럽고 위험할 수 있는 과정을 자주 거칠 필요도 없다. 냉동보존 기술은 전체적으로 임신 기회를 최대 65퍼센트까지 높였다.[59]

장점이 매우 많았다! 그래서 겉보기에 아무 문제 없어 보이는 조이의 탄생 과정 이후에, 또 다른 '얼음 왕자'와 '얼음 공주'(또는 '에스키모'라고도 불렸다)가 재빨리 뒤를 따랐다. 이런 실험적 기술은 오랫동안 의학적으로 선별된 부부에게만 사용되었다. 60만 번의 성공적인 출산 이후, 이 기술은 2012년부터 상용화되었다. 그리고 냉동보존 치료가 본격적으로 시작되었다. 여성들이 난자를 냉동시키는 가장 중요한 이유는 올바른 파트너를 찾는 데 시간이 더 필요하거나 힘든 직장생활과 출산을 동시에 이행하기가 매우 어렵기 때문이다. 페이스북, 애플, 구글 같은 여러 미국 기업에서는, 직원들이 값비싼 냉동보존 시술을 원하는 경우 재정적 지원을 제공하기도 한다.[60]

1953년에 다른 세 과학자와 함께 우리의 DNA를 발견한 제임스 왓슨James Watson은 불임 치료 기술에 비판적 견해를 밝힌 최초의 인물이다. 그가 보기에 배아 이식은, 좋게 말해서, 좋은 생각이 아닌 것 같았다. 최초로 체외인공수정이 성공하기 4년 전에 그는 전 세계적으로 정치적으로나 도덕적으로나 모든 지옥이 열릴 것이라고 예언했다.[61] 새로운 기술은 어느 정도 긍정적으로 수용되었지만, 신체가 높은 호르몬 농도에 노출되면 장기적으로 안 좋은 결과가 있을지 모른다는 상상은 충분히 타당했다. 나는 이 책 도입부에서 이미 부정적 결과의 예시를 언급했다. 1970년대까지 네덜란드에서 주로 유산 예방을 위해 처방되었던 호르몬제인 DES의 부작용은 예상보다 훨씬 심각하여 엄마뿐 아니라 아이도 그리고 심지어 손자까지 영향을 미쳤다.

불임 치료에서는 먼저 합성 항에스트로겐을 사용하여 난포를 성숙시킨 다음, 난포자극호르몬이 이른바 과배란을 유발하게 만든다. 네덜란드 산부인과협회는, 프로게스테론이나 임신 호르몬 hCG(인간 융모성 생식샘자극호르몬), 코르티코스테로이드, 배란을 촉진하는 약물 등, 호르몬을 사용한 다른 치료법도 지침서에 제시한다.[62] 전반적으로 이 모든 것은 매우 혼란스럽고(신체만 교란하는 것이 아니다), 이런 치료법은 상용된 지 얼마 되지 않았으므로 장기적으로 또는 다음 세대에 부정적 결과를 유발할 가능성을 완전히 배제할 수 없다.

이것은 추측의 여지를 남긴다. 예를 들어, 시험관 아기들은 자폐증과 유사한 장애를 앓을 위험이 큰 것 같다. 그러나 2013년 스웨덴의 대규모 연구는 이런 가정을 일축했다.[63] 불임 치료를 받는 부모의 특성(예를 들어, 노령, 건강 문제, 빈번한 다태임신 등)이 치

료 자체보다 더 크게 자녀의 건강에 영향을 미칠 확률이 높다.[64]

전체 불임 사례의 성공률 통계를 고려할 때, 이런 치료는 복권에 가깝다. 그러나 불임 치료는 적어도 복권과 달리 추첨 결과에 우리가 작은 영향이라도 미칠 수 있다는 것이 다르다. 우리 자신의 호르몬이 불임 치료의 성공에 결정적 역할을 한다는 것이 입증되었기 때문이다. 요컨대, 생식능력이 감소하면 봄에 배아를 이식할 계획을 세우고 잠시 커피를 중단해야 한다.[65] 연구에 따르면 봄 햇살이 난포자극호르몬과 황체형성호르몬 방출을 돕는 세포를 활성화하는 것으로 나타났다. 두 호르몬 모두 난자의 성숙과 배란에 중요하다. 불임 치료를 받고 나서 임신에 성공하고자 한다면, 봄이 승리의 여신이다. 반대로 카페인은 부정적 영향을 미친다. 하루에 다섯 잔 넘게 커피를 마시면 체외인공수정 성공 확률에 흡연 못지않게 재앙의 재를 뿌리게 된다.[66]

할머니의 손자 임신

기술 진보와 새로 습득한 지식은, 제임스 왓슨이 이미 예언했듯이, 불임 문제의 해결책 외에도 때때로 윤리적 논쟁과 사회적 딜레마를 불러일으킨다. 합성 호르몬, 냉동보존, IVF 또는 IVA 기술 덕분에 오늘날 심지어 폐경 후에도 임신이 가능해졌다. 폐경 전 난자를 수정하여 얼릴 수 있고, 나중에 필요할 때 대리모에 이식하는 방식도 있다. 1999년에 66세 영국 여성이 불임인 며느리를 위해 의학 역사상 최고령으로 손자를 출산했다. 그러나 최고령 어머니의 영예는 인도인 옴칼리 차란 싱Omkali Charan Singh에게 돌아갔다(그러니까 신기한 손자 출산을 능가했다). 그녀는 딸들만 낳았고, 인도에서 딸은 재산 상속이 허용되지 않았다. 그녀는 74세에(추정) 체외인공수정으로 아들을 낳기 위해 필사적으로 노력했다. 그리고 성공했다![67]

네덜란드에서는 법이 이것을 허용하지 않는다. 이런 시술을 받을 수 있는 최대 나이는 오랫동안 45세였다. 엄마와 아이 모두의 건강을 보호하기 위함이다. 엄격한 규제를 피해 해외에서 방법을 찾는 여성이 많아졌고 기대수명이 높아졌기 때문에, 최근에는 나이 제한이 49세로 상향되었다. 독일에서는 건강보험 적용 한도가 40세(남성은 50세)이고 결혼한 상태여야 한다.(한국은 여성 44세까지 나이 제한을 두었지만 2019년에 폐지되어 누구나 건강보험이 적용된다-옮긴이) 전문가들은 몇 년 후면 폐경 후 임신이 더는 특이한 일이 아닐 것이라 예측한다.

불임 문제의 의료 지원이 아직 초기 단계였던 시절, 아무도 생각하지 못했던 또 다른 시나리오가 있었다. 바로 태아의 시간 여행이다. 예를 들어, 부모가 교통사고로 사망한 지 4년 후인 2018년에 라오스에서 중국 소년 티안티안이 대리모를 통해 태어났다(주석 65 참조). 대리모가 중국에서 출산하지 않았기 때문에, 티안티안의 조부모는 손자의 중국 시민권 취득을 위해 온갖 노력을 해야 했고 마침내 성공했다.[68] 또 다른 사례인 엠마는, 대리모보다 겨우 한 살이 어리다. 그러니까 대리모가 한 살이었을 때, 엠마의 배아가 체외인공수정으로 생성되었다. 엠마의 친부모는 24년 전 체외인공수정 시술 중에 배아 몇 개를 냉동시켰는데, 그 모든 배아가 이식되진 않았다.[69] 남은 배아는 젊은 불임 부부에게 기증되었고, 성공적인 임신으로 신기한 타임슬립이 발생했다. 서서히 그러나 확실하게, 관심은 호르몬 치료의 기술적 성취에서 윤리적 딜레마로 옮겨가고 있다. 우리는 어디까지 갈 수 있을까? 예를 들어, 미래에는 형제자매의 냉동된 난자 또는 정자를 기증받아 인공수정하는 것이 허용될까?

남성과 여성의 갱년기는 어떻게 다를까

성호르몬의 결핍

남성 갱년기는 오늘날에도 여전히 거의 주목을 받지 못하고 있는데, 아마도 너무 느리게 진행되기 때문일 것이다. 그러나 이런 전환 단계에 남성에게도 큰 변화가 일어난다는 것은 오래전부터 잘 알려진 사실이다. 독일 신경학자 쿠르트 멘델Kurt Mendel (1874-1946)은 중년 남성의 의욕 저하, 무기력감, 발작적 열성홍조, 정서 불안 같은 증상을 설명하기 위해 고대 그리스어에서 'climacterium(사다리, 계단)'이라는 단어와 라틴어 'virile(남성)'을 빌려와 남성 갱년기Klimakterium virile라는 용어를 만들었다(8장의 주석 9 참조). 멘델의 연구는 갱년기의 원인을 명확히 밝히지는 못했지만 그럼에도 매우 중요했다. 그는 이런 증상들의 원인을 찾는 과정에서 성분비샘이 생산하는 물질을 발견했는데, 아직 성호르몬이 발견되지 않은 때였다. 그는 이 물질이 성별의 특성을 만드므로 신체에서 이 물질이 감소하면 여성은 남성스러워지고 남성은 여성스러워질 것이라고 가정했다.

얼마 지나지 않아서 영국의 산부인과 의사 로버트 반스Robert Barnes가 남성 갱년기에 관한 멘델의 견해에 맞서 결정적 진술을 내놓았다. 남성 갱년기는 난소의 호르몬 해체 과정이 시작될 때 여성의 몸에서 일어나는 대혁명과는 전혀 다르다는 것이다. '폐경'이라는 용어가 대두되면서 세계 인구의 절반인 남성은 과거 100년 동안 중년의 호르몬 위기에서 소외되었고, 주로 여성 신체의 급격한 변화에 관심이 집중되어 '갱년기' 동안 남성들이 겪는 증상은 그냥 잊히고 말았다.

여성이 남성보다 호르몬 문제를 더 심하게 겪는 것은 사실이다. 남성 갱년기는 여성의 폐경 같은 갑작스러운 시점이 없으므로, 우리는 반스의 진술에 동의할 수밖에 없다. 남성은 호르몬 노화 과정의 영향을 거의 느끼지 않는 경우가 많고, 게다가 증상들이 점진적으로 나타난다. 남성의 가장 중요한 호르몬인 테스토스테론은 여성처럼 매달 변동하는 일도 없고 갑자기 생산이 중단되는 것이 아니라, 30세 이후부터 매년 1퍼센트씩 서서히 감소한다. 2016년에 미국 의료인류학자 리처드 브리비스카스Richard Bribiescas가 쓴《남자는 어떻게 늙는가How Men Age》가 출판되었다.[70] 이 책은 테스토스테론 수치가 계속 낮게 유지되어 나타나는 '남성 갱년기'의 생물학적, 사회적 이점을 설명한다. 예를 들어, 더 많은 지방을 저장하여 기근 시 생존 가능성이 커지고, 무모함이 감소하며, 사회 인지능력이 높아진다.

멘델의 연구에 더하여 얼마 후 여러 호르몬이 발견되면서 나이에 따른 호르몬 변화에 계속 관심이 유지되었다.[71] 오늘날의 지식을 바탕으로 우리는 갱년기 증상에 훨씬 더 효율적으로 대처할 수 있다. 현재 우리는 남성의 테스토스테론 수치가 40세부터 매일 변동한다는 것을 알고 있다. 그 후 테스토스테론 생산량은 서서히 줄어들어 80세가 되면 정상 수치의 약 70퍼센트에 도달한다.[72] 그러므로 남성 갱년기라는 용어는 'Androgen Deficiency in Aging Males(늙어가는 남성의 성호르몬 결핍)', 줄여서 ADAM으로 대체되었다.[73] 멘델이 이미 확인했듯이, 성호르몬 결핍은 성욕 감소, 근육량 감소, 적혈구 감소, 뼈 약화 그리고 우울한 기분으로 이어질 수 있다. 여성들의 성호르몬 상실 때와 유사하다.

네덜란드 의사이자 작가인 이반 볼퍼스Ivan Wolffers의 회고록이 이런 변화의 양상을 잘 보여준다. 볼퍼스는 2002년에 전립선암 진단을 받았다. 테스토스테론은 전립선 세포에 성장 신호를 보내 암세포의 성장(확산)을 유발할 수 있으므로, 호르몬 차단제를 이용해 '화학적 거세'를 단행했다. 허긴스에게 노벨상을 안겨준 이 방법은 완전한 거세보다 더 남성 친화적이다. 회고록의 제목이 《성욕을 향한 갈망Heimwee naar de lust》인데, 이것은 저자가 호르몬 치료로 겪은 가장 불쾌한 부작용이었다. 볼퍼스는 이 책에서, 냉정하게 나열되는 증상 목록은 환자와 주변 사람이 겪는 실세 경험을 결코 제대로 보여주지 못한다고 역설한다.[74] 또한 늘 활기차고 자신감이 넘쳤던 일꾼이 갑자기 "수염이 없는 부드러운 내시 또는 생식능력을 잃은 울보"로 변한 사연을 얘기하며, "어디까지가 호르몬이고 어디부터 그 자신인지"를 처절하게 묻는다.

그의 회고록은 근육량 감소와 탈모 같은 신체적 변화를 상세히 묘사하고 성격에 미치는 영향도 설명한다. 볼퍼스는 아무튼 치료 때문에 열성홍조라는 괴로운 증상도 겪었다. 이것은 폐경 후 여성에게 주로 나타나는 증상이지만 ADAM을 앓는 남성에게도 드물지 않다. 정확한 원인은 아직 모르지만, 연구자들은 체온을 조절하는 뇌의 중심부에도 성호르몬이 영향을 미칠 수 있음을 배제하지 않는다. 예를 들어, 아프가니스탄에서 심각한 사고로 두 고환을 잃어 '외상성 남성 갱년기'에 빠진 32세 영국 군인의 사례는 주목할 만하다.[75] 처음 몇 주 동안 그의 체온은 이렇다 할 원인 없이 변동을 보였고, 의사들은 항생제로 증상을 치료하려 했다. 그러나 근육에 테스토스테론을 주사한 후에야 체온이 다시 안정되었는데, 이는 (남성)호르몬이 신체의 일상적 기능에 얼마나 중요한지 보여준다.

테스토스테론은 만능 호르몬이 아니다

ADAM을 앓고 있다고 믿는 남성 50명 중에서 단 한 명만이 실제로 남성호르몬 결핍증을 앓고 있는 것으로 추정된다.[76] 그러므로 테스토스테론 치료는 대체로 즉각적인 해결책이 아니다. 그럼에도 이 물질은 그 어느 때보다도 인기가 높다. 지난 10년 동안 테스토스테론 보충제 판매가 다섯 배나 증가했다. 브라운세카르와 그의 후계자들은 19세기 초에 동물의 고환추출물 주사로 "다시 젊어졌다"고 발표했다. 오늘날 우리는 그것이 플라시보 효과였음을 알고 있지만, 당시에는 이 신경학자의 열정으로 전 세계의 관심이 소위 영원한 젊음의 열쇠로 쏠렸다. 그래서 몇몇 대담한 의사들은 고환추출물 주사 또는 심지어 장기 이식을 실험했다. 테스토스테론이 발견된 이후 호르몬 치료는 여성의 에스트로겐 대체 요법과 함께 오랫동안 큰 인기를 누렸다.

감소하는 호르몬 수치를 보충하는 것이 좋은 생각이라는 것은 당시에 아직 입증되지 않았지만, 대중은 그렇게 믿었고 미국 생물학자 폴 드 크루이프Paul de Kruif의《남성 호르몬*The Male Hormone*》 같은 책들이 믿음을 더욱 부추겼다.[77] 1945년에 출판된 이 책은 당시 새로 발견된 테스토스테론에 관한 과학 실험에서 영감을 받았고, 크루이프는 이 책에서 자신이 명명한 노년의 황금기("인생에서 가장 풍요롭고 가장 힘든 시기")에 없어서는 안 되는 '마법의' 물질이라며 테스토스테론을 칭송했다. 여러 성공 사례가 뒤를 이었다. 테스토스테론이 모든 약속을 지킨다는 과학적 증거가 부족함에도, 소위 회춘을 처방하는 저테스토스테론클리닉(또는 "Low-T" 센터)의 수는 점점 더 증가하고 있다.[78]

테스토스테론을 보충하면 활력이 되돌아오는 까닭은 적혈구 수가 늘기 때문일 수 있다.[79] 테스토스테론은 신장을 자극하여 EPO(에리트로포이에틴) 생산을 늘리는데, 이것은 여러 도핑 스캔들에서도 알 수 있듯이 신체 조직에 산소를 더 빨리 운반하는 데 도움이 된다. 당연히 이것은 지구력과 체력 전반에 도움이 되지만, 실제로 젊어진다는 의미는 아니다. 게다가 테스토스테론 주사는 부작용도 있다. ADH(항이뇨호르몬 또는 바소프레신) 때문에 신체가 염분과 물을 더 많이 결합하여 혈압이 오를 수 있다. 일반적으로 남성은 여성보다 기대수명이 더 낮은데 테스토스테론 대체 요법은 그것을 더욱 낮춘다.[80] 거세 연구들이 여러 차례 밝혔듯이, 거세된 사람은 그렇지 않은 보통 남성보다 최대 20년을 더 산다.[81] 그러므로 현재 테스토스테론은 생명의 묘약을 찾는 오랜 탐구의 종착점이 아니다.

젊은 보디빌더들 사이에 소위 노년기 질환이 유난히 많은 것역시 테스토스테론을 조금만 보충하면 활력을 얻을 수 있다는믿음과 모순된다.[82] 그러나 문제의 핵심은 바로 '조금만'이라는단어에 있다. 스포츠계에서 도핑 목적으로 신체에 투여되는 이'조금만'은 신체 자체 생산을 보충하는 데 필요한 양보다 몇 배나 더 많기 때문이다.[83] 그리고 설령 소량으로 제한하더라도, 그것은 중년 남성의 갱년기 증상에 실질적 해결책이 못 된다. 낮은테스토스테론 수치는 때때로 건강 악화의 원인이 아니라 결과이기 때문이다. 그것은 갱년기 증상 치료를 더욱 복잡하게 만든다.

예를 들어, 체중이 늘면 이 효과를 관찰할 수 있다. 뚱뚱한 남성의 체지방은 테스토스테론을 여성호르몬 에스트로겐으로 바꾼다.[84] 낮은 테스토스테론 수치의 첫 번째 증상은, 볼퍼스가 정확히 설명했듯이, 성욕 감소다. 1940년대 미국과 영국에서는 이지식으로 무엇을 할 수 있는지 알고 있었다. 당시 젊은 동성애자들이 테스토스테론제를 사용하여 논란의 여지가 있는 실험적'치료'를 받았다. 장기간 남성호르몬을 투여하면 그들의 '여성체질'이 '치료'될 수 있다고 믿었던 것이다.[85] 그들의 성욕이 증가했는지는 알려지지 않았지만 기대했던 성적 지향의 변화는 일어나지 않았다.

중년 남성의 테스토스테론 수치 감소는 수천 년 동안 진행되어온 자연 과정이고, 리처드 브리비스카스가 쓴 것처럼 무엇보다도 생물학적, 사회적 이점이 있는 것 같다. 모든 성공 사례에도 불구하고 테스토스테론 치료는 젊고 탄탄한 남성 신체의 해체를 영원히 막을 수는 없다. 그러므로 현재 아마도 가장 타당한 결론은, 중년 남성이 매일 작은 테스토스테론 지푸라기를 잡는 것보다 건강한 생활방식을 유지하는 것이 훨씬 낫다는 것이다. 대자연은 폐경기든 갱년기든 여성과 남성 모두에게 삶의 다음 단계로 넘어갈 기회를 공평하게 준다.

9

건강한 노후를 위한
새로운 호르몬 균형

노년기

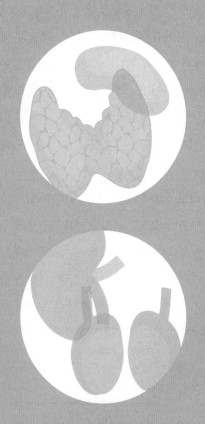

1990년대 초에 미국의 부부 치료사이자 작가인 존 그레이John Gray
가 《화성에서 온 남자 금성에서 온 여자》라는 책으로 세계적인
성공을 거두었다.[1] 그는 남성과 여성의 전형적인 특징을 제시하
고 그것의 일상적 사례와 설명을 붙여 우리의 궁금증, 즉 남성과
여성의 본질적 차이점을 상세히 밝혔다. 남성과 여성의 본질적
차이는 자연에서 일반적인 현상이다. 어린이 동물농장에 현장수
업을 가면 깃털이 화려한 공작이 수컷이고, 별 특색 없는 공작이
암컷이라는 설명을 자세하게 듣는다. 동물과 비교하면, 인간의
성별 차이는 그다지 크지 않은 것 같다. 하지만 이것은 착각이
다. 외형은 물론이고 신체구조, 장기의 기능뿐 아니라 심지어 질
병과 건강 그리고 노화 방식에서도 다르기 때문이다. 이때 당연
히 우리의 호르몬이 중요한 역할을 한다.

　남성이냐 여성이냐는 생물학적 차이 단 하나로 갈린다. 총
46개 벽돌로 지어진 유전자 빌딩 안에 Y염색체가 있느냐 없느냐
에 따라 결정된다. 이 남성 염색체에 담긴 유전자 정보가 있어야
고환이 만들어지고 테스토스테론이 생산되어(2장 참조) 남은 생

애 동안 남성의 신체 형태에 영향을 미친다. 성호르몬은 출생 전부터 이미 남성과 여성의 신체구조를 다르게 발달시킨다. 남성은 일반적으로 여성보다 키가 크고 두개골 모양이 다르다(그래서 얼굴형도 다르다). 여성은 아기를 낳아야 하므로 일반적으로 골반이 더 넓다. 모래시계를 닮은 여성의 전형적 체형에서 배꼽은 가장 잘록한 허리 아랫부분에 있지만, 남성의 V자 체형에서(골반보다 어깨가 더 넓다) 배꼽은 가장 잘록한 부위 윗부분에 있다. 지방 분포도 다르다. 남성의 경우 남는 에너지를 배에 저장하지만, 여성은 엉덩이와 허벅지 주변에 저장한다.[2] 눈썰미가 좋은 사람은 노인 여성보다 노인 남성에게서 평발이 더 자주 발생한다는 사실도 확인할 수 있다.[3] 여성은 남성보다 눈을 더 자주 깜빡이고, 눈을 깜빡이는 빈도는 나이가 들수록 증가한다.[4]

하지만 외형뿐 아니라 내부도 다르다. 여성은 갑상샘, 간, 신장이 남성보다 더 작고, 남성은 뇌, 심장, 폐, 식도가 여성보다 월등히 크다. 나이가 들수록 이것을 아는 것이 중요하다. 왜 그럴까? 남성과 여성의 신체적 차이를 아는 것은 적절한 의료 서비스 제공에 매우 중요하기 때문이다. 최근에 밝혀졌듯이, 노년기 질환 대다수가 남성과 여성에서 다르게 진행되고, 이런 차이를 만드는 것이 바로 성호르몬의 변동이다. 요약하면, 노화는 매우 광범위한 용어다. 네덜란드 표준사전에서 'senoir'는 "나이가 많은 사람"이면서 동시에 "경험이 많은 사람"을 뜻한다. 당연히 노화의 경험도 사람마다 다르다. 어떤 사람은 성적인 영역을 포함한 모든 면에서 활력이 넘치지만, 어떤 사람은 질병을 걱정하고, 또 어떤 사람은 이미 병에 걸려 쇠약해진다.

이번 장에서는 60세부터 75세까지 어떤 신체적 변화가 일어나는지 알아보자. 신체는 이 단계에서 노화를 준비하며 호르몬 변동을 일으킨다. 흥미롭게도 이때부터 남성과 여성은 호르몬 측면에서 서로 닮아가기 시작한다.

부부의 얼굴이 서로 닮아간다고 말하는 이유

성호르몬의 근무 교대

우리는 종종 무의식적으로 무엇보다 먼저 생물학적 성별을 판단 기준으로 삼곤 한다. 인간은 남자 아니면 여자다. 그렇지 않은 것처럼 보일 때가 점점 잦아지긴 하지만 말이다. 여자아이가 남자아이보다 더 빨리 운다. 사춘기 아들은 말을 하지 않는다. 심리학은 여자들 학과이고, 남자는 집에서 싱크대를 고친다. 이런 종류의 낡은 고정관념이 성별 구분과 연관되어 있다. 여성이 남성보다 교통사고를 덜 내는 것이 사실로 밝혀졌음에도, 언제나 여성의 미숙한 주차 기술을 지적한다.[5]

대부분은 '호르몬'이라는 단어에서 남성과 여성의 모든 차이점을 떠올리는 경향이 있다. 그리고 대다수 차이점이 실제로 성호르몬에서 기인한다. 그러나 노년에는 뭔가 특이한 일이 일어난다. 나이가 들수록 남성과 여성의 호르몬 차이가 서서히 사라진다. 폐경 후 여성의 에스트로겐은 급격히 감소하는 반면 노인 남성의 테스토스테론은 천천히 감소하는 것이 사실이지만, 생화학적으로 볼 때 남성과 여성은 점차 닮아간다. 여성은 사춘기 이후부터 에스트로겐이 지휘하지만 60세가 되면 호르몬의 근무 교대가 일어난다. 난소와 부신에서 나오는 테스토스테론이 그 지휘봉을 넘겨받는다. 노인 남성 대부분은 성호르몬을 거의 그대로 유지하지만 갑자기 에스트로겐이 젊은 남성보다 최대 세 배 더 많아진다.[6] 뚱뚱한 남자가 나이 들면 살이 더 찌는데 지방조직이 테스토스테론을 에스트로겐으로 바꾼다.

남성과 여성은 평생 호르몬 및 기타 신체적 차이를 겪은 후, 60세부터는 점점 더 서로를 닮아간다. 어떤 노부부는 헤어스타일까지도 똑같이 하여 부부가 닮아간다는 것을 더 명확히 보여준다. 우리는 나이 든 신체가 생리학적으로 적응하는 방식에서 호르몬 변화를 확인할 수 있다. 여성의 경우 머리카락, 피부, 목소리, 행동 등의 변화가 남성보다 더 확연히 드러난다. 이런 눈에 띄는 변화를 조금 더 자세히 살펴보자. 몸에 나는 털에서 시작하자.

노화 과정에서 많은 사람이 탈모를 겪는다. 남성의 경우 팔다리와 가슴 그리고 머리의 털이 감소하지만, 여성 노인의 경우 호르몬 균형의 변화로 털이 많아지기도 한다. 테스토스테론의 자극으로 몸에 털이 나는 현상은 남성의 경우 일반적으로 털이 많은 신체 부위, 즉 턱과 코밑에서 볼 수 있다. 이런 현상은 '다모증'이라고도 불린다. 나이 든 여성의 테스토스테론 수치가 같은 나이의 남성보다 더 낮더라도, 젊은 여성과 비교해 얼굴에 털이 나거나 머리카락이 빠지는 탈모를 확실히 더 많이 겪는다.[7] 그럼에도 수염 난 여자들을 자주 보기 어려운 것은 호르몬의 힘보다는 미의 기준이 더 강하고 원치 않는 털을 없애는 제모 및 레이저 시술이 발전했기 때문이다.

털 = 힘

털은 테스토스테론의 역할이 발견되기 오래전부터 육체적·정신적 힘의 원천으로 알려져 있었다. 긴 곱슬머리에 괴력이 숨겨져 있던 성경의 삼손을 생각해보라. 그리고 성녀 이야기를 잘 아는 사람이라면, 온트코머Ontkommer 또는 퀴머니스Kümmernis라고도 불리는 빌게포르티스Wilgefortis 성녀를 떠올릴 것이다.[8] 그녀는 자신의 삶을 신께 바치기로 마음먹었지만, 포르투갈 국왕인 그녀의 아버지는 생각이 달랐고 그래서 딸의 신랑감을 찾고 있었다. 그녀는 신께 외모를 추하게 만들어달라고 빌었고 그 기도가 이루어졌다. 빌게포르티스의 얼굴에 보기 흉한 수염이 난 것이다. 하지만 이것이 그녀에게 더 큰 카리스마를 선사했다. 불행히도 수염은 사탄의 표시로 판결되어 그녀는 십자가에 처형되었다. 이 이야기는 부신생식기증후군을 앓았을지도 모를 최초의 여성

교황 요한나를 떠올리게 한다.[9] 나중에 마녀사냥이 휩쓸던 때에, 마녀로 고발된 여성들은 심문 전에 머리카락을 모두 밀어야 했는데, 혹시 모를 마법의 힘을 미리 없애기 위함이었다.

남자들은 털이 매우 중요하다. 케냐 마사이족은 부족장의 얼굴에 털이 줄어들면 지도력도 같이 줄어든다고 믿는다. 늙어 특정 나이가 되면, 여자들이 남자들의 머리를 완전히 밀어버린다.[10] 이 지식이 백악관까지 번졌다고 확신해도 될 것 같다. 트럼프 전 대통령이 자신의 활력과 힘을 강조하기 위해 특유의 헤어스타일을 유지하려고 온갖 노력을 기울였으니 말이다. 들리기로, 그는 여전히 매일 피나스테리드[11]라는 약을 복용하는데, 이 약은 테스토스테론 감소를 막아 탈모를 억제한다. 종종 거론되는 부작용인 성욕 감퇴, 발기부전, 젖샘 성장을 전직 대통령도 느낄까? 그의 주치의는 이것에 대해 언급하지 않지만, 어쨌든 중요한 것은 헤어스타일 유지다.

주름은 나이를 속이지 못한다?

피부와 얼굴형의 변화

나이가 들면 머리카락이 빠지거나 몸에 털이 많아지는 것 외에 피부도 바뀐다. 미용 시술과 앞서 언급한 피나스테리드 같은 테스토스테론 기반 호르몬 약물로 인해 오늘날 헤어스타일만으로 나이를 추정하는 것이 어려워졌지만, 특히 여성의 경우 다른 것보다는 피부가 나이를 추정할 더 확실한 단서다.[12] 과학자들이 컴퓨터를 학습시켜 빠르게 지나치는 사람의 나이를 맞히게 할 수 있을 만큼, 주름은 나이에 관한 정확한 정보를 제공하는 것으로 밝혀졌다.[13] 물론 담배를 피우지 않고 술도 조금만 마시고, 잘 자고, 젊었을 때부터 합성첨가물이 없는 좋은 나이트크림을 꼼꼼히 바르고, 외출할 때 자외선 차단제로 피부를 보호하면 도움이 된다. 그러나 호르몬은 피부 노화에도 관여한다. 여성에게 오랫동안 남성보다 더 매끈한 젊은 피부를 선사했던 에스트로겐이[14] 폐경 후 아주 갑자기 피부를 저버린다. 그러면 여성의 피부는 주름이 잡히고 탄력과 윤기를 잃고 삭은 상처도 더니게 아문다.[15]

남성이 여성보다 더 멋지게 늙는다는 가정(비공식적으로 '노년의 섹시함'이라고도 불리는데 조지 클루니와 피어스 브로스넌, 리처드 기어 같은 남자들이 대표적인 예다)은, 나이가 들수록 남성의 에스트로겐 수치가 올라가는 데 근거를 둔 것 같다. 다른 한편, 나이 든 남성은 에스트로겐 증가 때문에 소위 댓밧Dad Bod(Dad Body의 줄임말로, 나이 든 남성의 이른바 '맥주 배' 체형을 가리키는 속어다 – 옮긴이)이라고 불리는 약간의 과체중도 겪는다.[16]

나이 든 여성의 경우, 에스트로겐 수준의 하락이 무엇보다 피부를 공격하지만, 이제 지배권을 쥔 테스토스테론의 영향으로 얼굴형이 바뀐다.[17] 그러니까 얼굴의 폭과 길이 비율이 바뀐다. 테스토스테론 수치가 높으면 얼굴의 폭이 넓어진다. 사춘기 소년의 경우 테스토스테론 수치 증가로 앳된 얼굴에서 어른의 얼굴로 바뀌지만, 다낭성난소증후군을 앓는 여성 역시 이런 식의 얼굴 변형이 나타난다.[18, 19] 스테로이드를 복용하여 남성호르몬 수치를 높이는 여성 보디빌더에게서도 가끔 더 넓어진 턱선과 뚜렷한 눈썹을 볼 수 있다.[20, 21]

그러나 테스토스테론이 유일한 요인은 아니다. 60세가 넘은 여성에게서 우리는 피부, 얼굴형, 체모 변화뿐 아니라 성격의 변화도 볼 수 있다.

할머니는 힘이 세다

사회적 역할의 반전

생식 임무가 종결되면서 여성의 신체는 역할을 바꿔 다른 방식으로 자신의 힘을 표현하는 것 같다. 노년의 관계문제 전문가인 미국 과학자 마거릿 주베Margaret Zube와 에스터 페렐먼Esther Perelman의 연구 결과를 보면, 나이가 들수록 남성은 내향적이 되고 여성은 새로운 일을 추진하고 가정생활에서 벗어나려는 욕구가 두드러진다.[22]

노인 남성은 전체적으로 더 부드러워질 뿐 아니라 조금 더 침울해진다. 젊었을 때와 달리 쉽사리 낙담하는 경향이 있다. 이런 심리적, 사회적 차원에서도 남성과 여성이 서로를 점점 더 닮아간다. 여성은 평생 우울증 같은 기분장애를 앓을 위험이 크다. 이것은 무엇보다도 감정에 중요한 역할을 하는 모노아민의 양과 관련이 있다. 모노아민은 뇌에 있는 호르몬 신호물질로 도파민과 세로토닌 같은 신경전달물질과 비슷하다.[23] 건강한 성인 여성의 경우, 모노아민의 수준은 자주 바뀐다. 무엇보나 성호르몬의 주기적 변화로 인해 여성은 우울증에 더 취약해진다. 그러나 나이가 들수록 성호르몬의 변화로 스테로이드가 무대에 오르고, 이것이 여성의 모노아민에 유익한 영향을 미치는 것 같다. 그리고 기분장애의 위험수위가 훨씬 더 극단적으로 바뀐다. 연구에 따르면, 모든 자살 사례의 86퍼센트가 남성이다.[24] 호르몬이 정확히 얼마나 자살에 영향을 미쳤는지 확정하기는 어렵다. 자살에 영향을 미치는 여러 요인과 우울증이 복잡하게 얽혀 있기 때문이다.

호르몬 변동의 결과인 넓은 턱과 사무적인 태도는 직장 여성이 업무를 수행하는 데 유용할 수 있다. 남성적 외모는 종종 지배력 및 성공과 연결된다. 다국적 기업의 CEO와 대규모 조직의 수장은 상대적으로 턱이 더 넓은 경향이 있다는 연구 결과도 있다.[25] 확실히 우리는 턱선이 넓은 사람을 더 유능하다고 여긴다. 선거전에서도 후보자의 외모가 결정적인 역할을 한다. 유권자들은 아주 짧은 순간에 후보자의 외모에서 역량에 대한 첫인상을 갖게 되는데, 그러면 정보가 넘쳐나는 선거전에서 이 첫인상이 투표에 결정적 영향을 미치게 된다.[26] 한 실험에서 5세에서 13세 어린이들에게 선거에 출마한 후보자들의 사진을 보여주고 질문했다. 누구를 배의 선장으로 뽑을래? 여기서도 턱선이 넓은 사람이 호감을 얻었고, 아이들은 선거 결과를 상당히 정확히 예측할 수 있었다.[27]

은퇴가 임박한 사람들의 태도 변화로 돌아가보자. 일부 경영 현자들은 이제 나이 든 직원의 성별에 따른 태도 변화를 통찰할 수 있다.[28] 남자 직원들은 나이가 들수록 점점 더 서열 구조에 가치를 덜 두고 더 인간적이고 더 개인적으로 바뀐다. 반대로 여성 직원은 정서적인 동기를 버리고 더 자주 합리적 동기를 찾는다. 물론 이것은 지나친 일반화지만, 집단 역학을 더 잘 파악하고 나이가 많은 직원들을 더 잘 이끄는 데 이 지식을 활용할 수 있으리라.

상대방의 얼굴을 보지 않고도 나이를 가늠할 수 있을 때가 더러 있다. 나이가 들면서 목소리도 바뀌기 때문이다. 남자들은 목소리가 점점 더 얇고 높아지고, 여자들은 점점 더 굵고 깊어진다.[29] 가수들에게 이런 '폐경후음성증후군'은 직업적 문제로 이어진다.[30] 많은 경우 여성들은 월경주기에 따라 목소리의 높낮이가 달라진다는 것을 경험으로 알고 있다.[31] 그래서 여자 가수들은 주로 월경주기에 맞춰 일정을 계획하는 법을 터득하거나 가창력을 유지하기 위해 피임약을 복용한다. 반대로 남성의 목소리는 생식능력이 점점 떨어지고 있음을 폭로하는 징표가 된다. 진화론의 관점에서 남성의 깊은 목소리는 여성의 관심을 끌기에 더 효과적이다. 여러 연구가 밝혔듯이, 특히 가임기간인 여성은 실제로 굵고 깊은 음성을 가진 남성에게 더 매력을 느꼈다.[32] 또한 남성은 대화 상대자의 예측되는 사회적 지위에 따라 자신의 목소리를 조정하는 것 같다. 예를 들어, 파트너가 될지 모를 이성의 관심을 끌기 위해 동성 남자와 경쟁해야 할 때 남자들은 목소리를 더 깊게 낸다.[33] 그러므로 관심사가 바뀌고 테스토스테론 수치가 낮아진 나이 든 남성은 목소리를 깊게 내는 일이 거의 없는데, 생식의 필요성이 더는 없기 때문이다.[34]

나이 든 남성과 여성이 호르몬 측면에서 점점 더 닮아간다는 증거는 차고 넘친다. 그럼에도 성별 고유의 특성은 유지된다. 뜨개질하는 할아버지는 손가락으로 꼽을 만큼 소수이지 않은가. 우리 몸은 평생 여성 또는 남성 신호물질에 조종받았고 그 흔적은 남을 수밖에 없다.

남성의 몸이 표준일 때 생기는 문제

남녀의 생물학적 차이

한 성별이 다른 성별보다 특정 질병에 걸릴 위험이 더 큰 이유는 뭘까? 우선 남녀 신체의 해부학적 차이 때문일 수 있다. 노년에는 이런 차이가 훨씬 더 명확히 드러나는데, 예를 들어 방광염이 그렇다. 폐경 후 여성은 혈중 에스트로겐 수치가 감소하면서 요도 내막의 두께도 줄어들어 방광염에 더 취약해진다.[35] 반면 남성의 경우 요로감염 사례가 나이와 상관없이 일정하게 유지된다. 해부학적으로 설명하자면, 여성의 경우 요도가 짧고(평균 4센티미터) 똑바르지만, 남성의 경우 요도가 길고(평균 22센티미터) 휘어져 있다.[36] 그래서 매우 끈질긴 특정 병원체만이 남성의 방광에 도달한다. 그러나 나이가 들면서 전립선도 커지므로 나이 든 남성에게도 방광염이 자주 발생한다. 노년의 방광염은 신우신염이나 패혈증으로 이어질 수 있어서 이전보다 더 공격적으로 치료해야 하는 경우가 많다.

뼈에도 차이가 있다. 남성의 뼈가 일반적으로 더 강하다. 나이든 여성의 뼈는 압박 골절과 무릎 마모 같은 문제가 더 쉽게 생긴다.[37] 이것은 여성의 골반 모양과도 관련이 있다. 여성들은 골반의 배치 때문에 상대적으로 더 X형 다리를 갖기 쉽다. 그래서 무릎 관절이 평생 큰 압력을 받고, 남성보다 더 빨리 마모된다.[38] 불공평하지만 사실이다. 그로 인해 여성의 활동성이 더 빨리 줄어들어, 운동 부족과 과체중에 의한 질병과 제2형 당뇨병의 위험이 증가한다.

또한 남성은 알코올에 더 강하여 더 늦게 취한다. 여성의 간은 더 작을 뿐 아니라, 알코올 분해를 촉진하는 효소 그룹인 알코올 탈수소효소도 적게 생산한다. 그래서 똑같이 와인 한 잔을 마시더라도 남성의 혈액보다 여성의 혈액에 알코올이 더 많이 남아 있다.[39] 또한 여성의 몸에는 지방이 상대적으로 많아 알코올이 더 느리게 배출되고 그래서 더 빨리 취한다. 이런 이유로 파티 후 집에 갈 때는 남자가 여자를 집에 데려다주는 것이 더 합리적일 수 있다.

이런 물질대사의 차이 때문에 여성은 항상 불리한 걸까? 항상 그런 건 아니다. 어떤 경우에는 그것 때문에 유리하기도 하다. 예를 들어, 여성은 지방을 더 효과적으로 연소하므로 당 에너지를 더 많이 저장할 수 있고, 이것은 자연스럽게 더 많은 지구력을 제공한다.[40] 남성이 상대적으로 근육량이 더 많고 심장과 폐가 너 크고 산소 운반 능력이 더 높더라도, 자전거 대회에서 에

너지 효율이 더 높은 여성에게 종종 뒤처지는 까닭이 여기에 있다.[41]

이것은 아무튼 남성과 여성의 신체 차이를 보여주는 수많은 예시 중 몇 가지에 불과하다. 그럼에도 최근까지 남녀의 신체 차이가 질병 치료에서 거의 고려되지 않았고, 그로 인해 의도치 않게 환자 개인에게 위험을 초래했다. 신체의 차이와 신체의 반응 방식은 증상의 진찰뿐 아니라 최선의 치료 방법을 결정하는 데도 중요한 역할을 한다. 최근에야 비로소 알려졌는데, 예를 들어 심혈관 질환은 남성과 여성에게서 다르게 나타난다. 남성의 경우, '가슴 통증'(심근경색의 전조로 잘 알려진 신호)은 일반적으로 왼팔이나 턱 쪽으로 퍼지지만, 여성의 경우 통증이 주로 등이나 목에서 느껴지고, 어떨 땐 통증이 전혀 없기도 하다![42] 현기증이나 피로감 같은 소위 비전형적 증상에 그칠 때도 있어서 환자와 의사가 심근경색 가능성을 거의 예상하지 못하기도 한다.[43] "여성의 심장은 사랑을 받지만, 오해도 받는다." 심장 전문의 야네케 비테쿡Janneke Wittekoek이 자신의 책《여성의 심장Het vrouwenhart》에 이렇게 썼다.[44] 심장 전문의 앙엘라 마스Angela Maas는 남성과 (폐경 후) 여성의 심혈관 질환 위험 및 치료의 차이점을 연구하여 여성의 심장을 국제적 토론 주제로 만들었다.[45]

질병이 성별에 따라 다른 증상을 보이기 때문에 발견해내기가 더욱 복잡하다. 예를 들어, 심장 관상동맥 경화의 경우, 여성의 동맥은 남성보다 가늘고 전체에 걸쳐 좁아지지만, 남성의 동맥은 여성보다 굵고 군데군데 국소적으로 더 심하게 협착한다.[46] 과거에 흡연자였던 여성은 금연한 지 족히 14년이 지나도 담배를 전혀 피우지 않은 여성보다 심근경색 위험이 더 크지만, 남성의 경우 금연한 지 8년이 지나면 흡연 흔적이 완전히 사라진다.[47]

그러나 검증된 최신 기술로도 여성의 심근경색을 발견해내기가 남성보다 더 어렵다. 예를 들어, 여성의 흉곽은 남성과 모양이 달라서 심전도 결과를 신뢰하기 어려울 때가 많다.[48] 더 좋은 검진방법이 있지만 종종 비용이 많이 들고 불편하다. 그래서 여전히 심전도가 심근경색 진단의 표준으로 통한다. 심전도에 반대하는 또 다른 중요한 이유는, 이 기술이 다른 많은 의약품과 마찬가지로, 남성 피험자를 기반으로 개발되었기 때문이다. 심장 전문의 앙엘라 마스의 말을 빌리면, "남성이 표준이고, 여성의 심장 문제는 남성에 비해 덜 구체적으로 밝혀지기 때문에 남성 의사들은 이 질병을 폐경 증상이나 엄살로 일축해왔다."

유방암 다음으로 여성에게 가장 흔히 나타나는 대장암을 검진할 때도 같은 일이 벌어진다. 대장암 검진 때 기본적으로 대변에서 소량의 혈액이 검출되면 대장암을 의심한다. 그러나 여성의 경우 대변 검사는 좋은 지표가 될 수 없다. 여성의 대장 종양은 남성과 다른 위치에, 즉 오른쪽 복부에 자주 생기기 때문이다. 남성의 대장 종양은 주로 왼쪽 복부에 생긴다. 또한 여성의 경우

장 내용물의 통과도 남성보다 더 느리다.⁴⁹ 그러므로 혈액이 장에서 재흡수되어, 검사를 위해 제출된 대변에 섞여 있지 않을 수 있다.

비키니 의학

여성의 신체가 남성의 신체와 그토록 다른데, 어째서 생리학은 그토록 오랫동안 여성 신체를 남성 신체의 '라이트 버전'으로 간주했을까? 그 대답은 투박하면서도 단순하다. 현대의학이 출현한 이래로 여성보다 남성에 관한 연구가 훨씬 더 많았기 때문이다.

이스라엘 산부인과 은퇴 교수이자 2018년 독일어로 출판된《여자들은 다르게 아프다. 남자들도 그렇다*Frauen sind anders krank. Männer auch*》의⁵⁰ 저자인 마렉 글레제르만Marek Glezerman이 주장하기를, 1950년대와 1960년대에 수행된 임산부에 관한 의학 연구의 극적인 결과들이 중요한 역할을 했다고 한다. 실험 참여자의 자녀에게서 이상한 점이 발견되자, 미국식품의약국(FDA)은 가임기 여성에 대한 특정 유형의 의학 연구를 금지했다. 그리고 월경주기가 없어 호르몬 수치가 여성보다 훨씬 더 안정적인 남성에게 주로 신약을 테스트했다. 성호르몬이 약물의 분해에 영향을 미칠 수도 있었기 때문이다. 이 모든 것이 합쳐져, 여성의 몸에서 질병이 어떻게 발생하고 작용하는지 충분히 알아내지 못했고, 더 나아가 약물치료 지식도 부족하게 되었다.

이런 지식 차이가 너무 커서 여성들은 병원 진료를 받더라도 훨씬 나중에 진단명을 듣게 되고, 그마저도 오진일 때가 종종 있다.[51] 게다가 옥스퍼드대학의 한 연구는, 여성이 남성보다 더 늦게 약 처방을 받는다는 사실뿐 아니라, 예를 들어 심부전 치료제의 경우 여성에게 효능이 있으려면 복용량을 남성과 다르게 처방해야 한다고 지적한다.[52] 남성과 여성의 생물학적 차이를 강조하는 전문가들은 이런 실태를 '비키니 의학'이라고 부른다. 비키니로 가리는 부분에서만 여성이 남성과 다르다는 오랜 가정에 빗대어 명명한 것으로, 이 의학에는 위험한 맹점이 있다.[53] 비키니 의학의 결과로, 여성들은 필요 이상으로 오랫동안 병을 앓는다.

격차를 줄이기 위해 그냥 여성에 관한 연구를 더 많이 늘리기만 하면 될까? 글레제르만과 그의 동료들은 현재 두 성별의 차이를 더 집중해서 분석해야 한다고 주장한다. 그리고 이것은 타당한 주장이다. 그들은 이런 차이가 수백 년에 걸쳐 다양한 신체적 필요에 따라 발달했을 것이라고 가정한다. 우리의 먼 조상들은 생존 가능성을 높이기 위해 일을 분담했다. 간단히 말해, 여성은 임신과 출산을 담당해야 했고, 그러기 위해서는 복부가 안정적이고 에너지 저장고가 있어야 했다. 남성은 식량 조달을 위해 사냥하러 나갔고, 공간 인식 능력을 발달시켰다.[54]

현대 사회에서 우리가 이런 역할을 대부분 포기했다고 해서 생리학적 차이가 갑자기 사라진 건 아니다. 글레제르만은 동료들과 함께 성별 맞춤 연구와 교육으로 의학 지식을 풍부하게 하는 데 최선을 다하고 있다. 그들은 그 결과 의료서비스가 개선되어 생명을 구할 수 있기를 고대한다. 또한 21세기 여성해방이 의료서비스에도 강한 영향을 미치길 희망한다. 그러면 여성들도 자신의 신체에 맞는 치료를 받게 되리라.

심혈관 질환의 경우 성별의 차이를 인식하는 것이 생명을 좌우한다. 글자 그대로 목숨이 달렸다. 그러나 심혈관 질환의 진행에서 이런 차이가 이미 1990년대부터 '엔틀증후군'[55]으로 알려졌음에도 불구하고(1983년 바브라 스트라이샌드Barbra Streisand가 출연한 영화 〈엔틀〉에서 유대인 여성이 종교학교에서 공부하기 위해 남자로 변장했다), 30년이 더 지나서야 비로소 우리는 이런 차이에 실제로 관심을 보이기 시작했다. 그래서 네덜란드 국립심장재단은 여성의 심혈관 질환에 대한 인식을 높이기 위한 캠페인을 시작했다.

나이 들수록 살 빼기 힘든 이유

렙틴과 성호르몬의 감소

노년이 되면 성호르몬의 역할이 바뀌면서 다른 호르몬체계에도 변화가 생긴다. 변화에 동참하는 '동지 호르몬' 중 하나가 갑상샘호르몬이다. 성호르몬이 줄어들면 갑상샘호르몬 수용체의 기능이 떨어지고, 결국 갑상샘호르몬의 기능도 떨어진다. 그 결과 에너지대사가 느리게 진행되는 동시에 지방조직이 증가하고, 성호르몬 감소로 렙틴 생산이 줄어든다.[56] 렙틴은 포만감 호르몬으로서(5장 참조) 성인기 내내 에너지 저장량을 적절히 조절한다. 렙틴은 식습관에 영향을 미쳐 영양분이 넉넉히 채워지면 식사를 끝내게 한다. 쉽게 말해, 렙틴은 과식을 방지하고 남는 에너지를 지방 형태로 과하게 저장하지 못하게 막는다. 이 시스템의 작동 방식은 매우 탁월하다. 비축량이 줄면서 지방 비율이 떨어지면 렙틴 수치도 떨어져 뭔가를 먹고 싶은 욕구가 커진다.

그러나 당뇨병일 때 인슐린에 저항성이 생기듯이, 노화된 신체는 렙틴에 저항성이 생길 수 있다.[57] 그러면 포만감을 느끼시 못하고 많이 먹게 된다. 노년기에 렙틴의 역할은 성호르몬과 비교하면 비록 작지만 그 영향력을 과소평가해서는 안 된다. 과학자들이 쥐에게 렙틴을 약간 더 투여하자, 쥐의 체중이 최대 40퍼센트나 감소했다.[58] 그리고 렙틴의 주요 생산자가 지방임에도 불구하고 렙틴 분비는 주로, 그렇다, 성호르몬에 의해 조절된다.[59]

가을과 겨울에는 물질대사가 느려져서 체중이 증가한다. 그렇게 우리는 일시적으로 '눈사람' 몸매가 된다. 노년에는 성호르몬의 생산량 변화가 더 많은 신체적 변화로 이어진다. 일반적으로 나이가 들수록 살이 찌는데, 이때 지방량은 증가하고 근육량은 감소한다.[60] 그래서 노년에 날씬한 몸매를 유지하기가 매우 어렵다. 여름에도 계속 눈사람으로 남는 것은 시간문제다. 나이가 들수록 건강을 유지하는 것이 점점 더 중요한데도 불구하고 그렇다. 근육량은 또한 앞으로 살날이 얼마나 남았는지 예측할 수 있는 좋은 지표다. 근육 비율이 높을수록 기대수명도 올라간다.[61] 근육 손실을 막고 싶다면 여성과 남성 모두 나이가 들수록 신체활동을 많이 해야 한다. 젊을 때는 남성의 경우 테스토스테론이라는 내적 동력 덕분에 거의 자동으로 신체 활동을 하게 되지만, 여성은 의지력을 발휘해야 한다. 그러나 나이 든 여성의 경우 테스토스테론 수치가 올라가면서 활동성이 늘고, 활동을 방해하는 허들이 낮아져 노년에는 신체 활동을 더 많이 하게 된다.[62]

새로운 젊음을 향해

우리 몸의 항상성

매 인생 단계가 그렇듯 노화의 시작도 획기적인 호르몬 변화를 동반한다. 그리고 나이가 들수록 남성과 여성이 서로 비슷해진다고 하더라도, 호르몬 변화는 각각 다르게 진행된다. 남녀 모두 노년의 호르몬 문제는 때때로 상당히 이례적이고, 의학 교재에 설명된 것과 항상 일치하는 것도 아니다. 그리고 우리가 노화를 총체적으로 두려워하기 때문에 신체의 변화 역시 다르게 경험하는 것 같다. 생일에 자신이 얼마나 '젊어졌는지' 말하기는 쉽지 않다. 나이가 들수록 신체 기능이 떨어지기 때문에 우리는 노화를 쇠퇴와 연결한다. 갑자기 더 잘 듣거나 더 빨리 달리거나 더 쉽게 배울 수는 없다. 모두가 어른이 되고자 하지 노인이 되고 싶지는 않다. 인체의 노화 과정에서 호르몬체계도 하향 곡선을 그린다. 즉, 대부분의 호르몬 신호물질이 점점 더 줄어든다.[63] 그러나 내분비계의 노화를 더 자세히 연구하면, 이런 변화는 쇠퇴가 아니라 적응이고 건강을 훼손하기보다는 지원한다는 것을 알게 될 것이다. '늙음'이 어떻게 '새로운 젊음'일 수 있는지 이해하려면 '항상성'과 '피드백'이라는 생물학 용어가 필요하다. 우리의 신체는 늘 건강을 모니터링하고, 조건이 바뀌더라도 내부 환경이 재생되고 균형을 유지할 수 있도록 관리한다. 이런 생리학적 과정을 우리는 항상성이라고 부른다. 그러므로 호르몬 균형이 흔들리면 문제가 있는 것이다. 예를 들어, 인슐린과 포도당 수치가 '너무 높으면' 이것은 췌장 질환의 증상일 수 있고, 인슐린 저항성이 생길 수 있다. 노년기에 이런 문제가 생기면 최대한 빨리 수치를 안정시키기 위해 약이나 합성호르몬제를 투여한다. 그러나 이것이 과연 필요한 일일까?[64] 이런 생각은 어디에서 비롯되었을까?

우리의 신체 기능은 오랜 기간 일정하게 유지된다. 나이가 들고 신체의 재생 능력이 떨어지면서 비로소 변화가 생긴다. 변화하는 신체 기능을 가능한 한 잘 수행할 수 있도록, 호르몬의 설정값이 새롭게 조정된다. 예를 들어, 인슐린 수치를 높게 설정한다. 그러면 더 많은 에너지를 결합할 수 있어, 병에 걸렸을 때 회복이 빨라진다. 서른 살이고 신체가 여전히 재생 능력을 완벽하게 발휘한다면 설정값을 바꿀 필요가 없다. 그러나 노년이 되면 긴 세월 끝에 처음으로 호르몬 정상 수치가 새롭게 설정된다.

예를 들어, 젖샘을 자극하는 뇌하수체호르몬 프로락틴의 생산이 감소한다. 어차피 60세 여성이 모유를 생산해봐야 아무 소용이 없다. 오랫동안 알려지지 않은 이유로 노인의 갑상샘 활동 역시 감소한다. 처음에 의사들은 노화 때문에 갑상샘 기능이 저하된다고 추측했다.[65] 그러나 나중에 그들은 갑상샘이 천천히 일할수록 뇌졸중과 심장 부정맥 위험이 낮아진다는 것을 알게 되었다. 이제 노인 환자의 혈액검사 기준값이 조정되었다. 그러므로 신체가 설정값을 새롭게 조정하는 과정에서 호르몬 수치가 달라진 노인을 모두 치료해야 할 환자로 볼 필요는 없다.

혈당수치를 낮게 유지하는 호르몬인 인슐린도 마찬가지다. 공복일 때 노인들의 혈액에는 포도당이 젊은 사람들보다 더 많고, 인슐린 수치도 더 높다.[66] 이것은 인슐린 저항성과도 잘 맞다. 이제 우리는 이것이 정상적 반응임을 알고 있다. 그러므로 노인에게 즉각적으로 '제2형 당뇨병' 딱지를 붙여서는 안 된다.

그런데 인생의 마지막 단계를 위한 올바른 설정값은 어떻게 결정될까? 자연이 준 호르몬 피드백시스템의 효과에서 그 답을 찾을 수 있다. 여기서도 우리의 호르몬시스템이 얼마나 영리하게 구성되어 있는지 다시 한번 확인하게 된다. 호르몬 피드백시스템은 우리의 모든 호르몬 수치를 아주 정확하게 조절한다. 이 시스템은 일종의 온도조절장치처럼, 그 순간 신체에 필요한 호르몬 수치에 맞게 계속 조절한다. 특정 호르몬이 너무 많으면 이 호르몬의 생산을 자극하는 신호가 억제된다. 반대로 어떤 호르몬이 부족하면 제동이 자동으로 풀려 생산이 재개된다.

많은 경우 호르몬 피드백시스템은 균형(항상성) 유지를 담당한다. 그러나 때때로 우리의 몸이 특정 발달단계에 있으면, 이 시스템의 목표는 수치를 정확히 조절하는 것이다. 이것은 예를 들어 생식능력에 적용된다. 사춘기 초기에는 생식기관이 더 활발해진다. 이 과정을 방해하지 않기 위해, 신체는 피드백 신호에 대한 성기의 민감도를 조절하여, 뇌하수체를 통한 자극을 일정하게 높게 유지하고 실제 생식능력을 갖추게 한다.[67] 노화 과정에서도 비슷한 일이 일어난다. 이때도 뇌하수체가 다시 중요한 역할을 한다. 인체에 생식능력이 생기는 것이 첫 번째 새로운 설정값이라면, 60세 이후에 발생하는 성호르몬 수치의 감소는 '두 번째 사춘기'의 시작을 의미한다. 뇌하수체 기능은 72쪽 그림을 참조하기 바란다.

다른 호르몬들도 나이가 들수록 명확히 다르게 활동하기 시작한다. 성장호르몬 변종인 IGF-1과 테스토스테론 유사 호르몬인 DHEA는 아주 낮게 떨어지지만,[68] 황체형성호르몬과 난포자극호르몬 수치는 올라간다(이것은 추가적 이점도 제공하는데, 이에 대해서는 뒤에서 다시 설명하겠다). 이 모든 것은 혈액 수치를 바꾼다. 호르몬의 수많은 기능을 고려하면, 마치 신체가 걸음마부터 다시 배워야 할 것만 같다. 네덜란드 속담에 "젊어서 배운 것은 평생 간다"고 했는데, 이 경우에는 적용되지 않는 것 같다.

항상성 조정은 노화 과정의 가장 명확한 징후다. 신체는 변한다. 그러나 신체 변화에 맞게 호르몬대사의 '건강한 표준'을 바꾸지 않으면, 당신과 당신의 주치의는 아마도 신체 변화를 이상 징후이자 병증으로 볼 것이다. 그러면 노화에 따른 특정 생리적 변화와 병증을 구별하기 어려워진다. 폐경을 생각해보라. 어떤 여성에게는 힘겨운 고통으로 느껴지지만, 어떤 여성에게는 아무렇지도 않은 일이다. 그러나 호르몬은 종종 여러 기능을 담당하기 때문에, 우리의 새로운 설정값은 비밀리에 진정한 축복으로 밝혀질 수 있다.

생식기관을 자극하는 황체형성호르몬과 난포자극호르몬 수치의 상승을 보자. 생식 임무가 없어졌으니, 지친 난소와 여타 분비샘을 계속 자극하는 것은 헛수고처럼 보인다. 그러니 그만두는 게 좋겠다고 생각할 수도 있다. 그러나 과학자들은, 혹시 뇌하수체가 조절하는 이런 호르몬이 나이가 들면서 다른 기능을 하지는 않을까, 의심했다. 그리고 그들의 의심이 맞았다. 이 호르몬들은 온갖 일을 맡아서 했다. 자신의 주요 기능 외에도 골밀도, 지방 저장, 체온, 기억력 등에서 중요한 역할을 한다.[69] 알츠하이머병이 남성보다 여성에게 두 배 더 자주 발생한다는 사실을 알고 있는가? 그리고 이런 차이가 남녀의 혈액 내 황체형성호르몬 수치가 다르기 때문이라는 것은?[70,71] 황체형성호르몬 수치는 여성의 기억력에 강한 영향을 미친다.[72,73]

복잡한 현상들을 바르게 이해하고 조사한 싱태라면, 이런 과정에 개입하는 것이 반드시 나쁜 것은 아니며 심지어 좋은 영향을 미칠 수도 있다. 그러나 이 경우에는 때때로 유익하지 않을 뿐 아니라 심지어 해로울 수도 있다. 나이 든 여성에게 에스트로겐을 투여하더라도, 8장에서 이미 보았듯이, 알츠하이머병 위험이 줄어들지 않는다. 오히려 심근경색과 유방암 위험이 더 커진다.[74] 그러니 부족한 호르몬을 보충하는 것이 항상 현명한 결정은 아니다.

호르몬에도 '때'가 있다

호르몬의 기능 변화

"올 때가 있고, 갈 때가 있다." 암스테르담 출신의 시인이자 신학자인 페트뤼스 아우휘스튀스 더헤네스텃Petrus Augustus de Génestet의 이 구절을 기억하는가? 이것은 우리의 호르몬에도 똑같이 적용되는 것 같다. 호르몬에는 일간 및 월간 리듬이 있을 뿐만 아니라, 인생의 여러 단계에서 상승하기도 하고 하락하기도 한다. 그러므로 성호르몬의 경우 사춘기 직전보다 노년에 수치가 더 낮은 것이 적합하다. 뇌하수체호르몬이 이런 감소를 보완하기 위해 서둘러 바쁘게 작동하지만, 몇 년 뒤에는 이마저 자연적으로 줄어들기 시작한다.

더헤네스텃이 뒤이어 말한 다음의 두 구절은 비록 잘 알려지진 않았지만, 호르몬과의 관련성은 더 높다. "그대는 이 말을 여러 번 들었을 터, 무슨 뜻인지도 이해했는가?" 호르몬 수치를 오래전 젊었을 때 수준까지 인위적으로 끌어올려 다시 젊어지려 애썼던 열정적인 그리고 실패로 끝난 모든 시도를 생각하면, 아직 이해하지 못한 것 같다. 호르몬 회춘 치료법을 개발하려는 모든 노력은 지금까지 거의 아무런 성과가 없었다. 심지어 안 좋은 결과를 낳을 때도 많았다. 그러나 이 분야의 실험이 끝없이 이어지는 것은 충분히 이해가 된다. 특정 호르몬 수치가 감소하면 신체적으로도 정신적으로도 질병을 유발한다는 연구 결과가 있기 때문이다.

다른 호르몬도 성호르몬과 유사하게 감소하지만, 그 이유는 아직 과학적으로 명확히 밝혀지지 않았다. 8장에서 이미 인용했던 리처드 브리비스카스의 주장처럼, 호르몬은 일반적으로 신체에서 한 가지 이상의 기능을 담당하고, 주요 역할 외에 진화적 이점도 제공할 수 있기 때문이다.[75] 호르몬의 역할이 중요한 수많은 유전자는 심지어 내분비계가 없는 동물종에서도 수천 년에 걸쳐 잘 보존되어왔다. 이것은 호르몬이 각자의 주요 기능 그 이상을 수행한다는 뜻이기도 하다. 난포자극호르몬의 역할을 생각해보라. 젊은 여성의 신체에서 이 호르몬은 에스트로겐 생산의 모터 역할을 하지만, 나이 든 여성의 신체에서는 체온 조절에 관여한다.[76] 과체중을 초래하는 풍부한 식량 확보 같은 비교적 최근의 생활 조건 변화 때문에, 먼 미래에는 어쩌면 이런 기능들이 사라질 수도 있다.

살짝 부족하다 싶을 때 숟가락을 놓아라

생체나이의 지표가 되는 호르몬

호르몬 결핍을 보충하여 사춘기 수준으로 재조정하는 대신에 건강하게 늙는 방법을 찾는 것이 더 좋을 것이다.[77] 간단히 조언하자면, 과식하지 말고 노화를 받아들여라. 식단을 통해 우리는 노화 과정에 적극적으로 영향을 미칠 수 있다. 배고픔을 80퍼센트만 달래면 된다. 일본 남부의 오키나와현 주민들을 예로 들 수있다. 이곳 주민들은 "배를 10분의 8까지만 채워라"는 모토와 함께 "열 숟가락이 있을 때, 여덟 숟가락은 사람을 돕고 두 숟가락은 의사를 돕는다"고 농담처럼 말한다.[78] 칼로리는 낮고 영양가는 높은 식단을 유지한 덕에 그들은 '블루존' 주민에 속한다. 블루존이란 평균수명과 건강기대치가 평균보다 눈에 띄게 높은 지역을 말한다.[79] 오키나와현 사람들은 인슐린 수치가 낮을 뿐 아니라, 테스토스테론 유사 호르몬인 DHEA의 혈중 수치가 높다.[80] 이 스테로이드호르몬은 일반적으로 청년기에 최고점에 도달한 후 나이가 들면서 극적으로 줄어들어, 서구의 경우 70~80대 노년층의 수치가 20~30퍼센트 수준으로 떨어진다. 이 호르몬은 생체나이를 추정할 때 좋은 지표가 된다. DHEA는 뇌에서도 매우 활동적으로 일하며 신경세포에 영양을 공급한다.[81] 오키나와현 주민의 건강과 DHEA 사이의 뚜렷한 연관성을 조사했던 연구자들은 우리의 건강을 향상할 방법을 찾고자 했다.[82] 그러나 DHEA를 추가로 투여한다고 해서 호르몬의 노화가 멈추는 건 아니다.[83] 그러니까 알약으로 혈중 DHEA 농도를 높인다고 해서 더 건강해지는 건 아니다. 오키나와현의 건강한 일본인의 DHEA 수치가 그렇게 높은 것은 그들이 많이 움직이고 칼로리를 적게 섭취하기 때문인 것 같다. 운동과 소식 모두 DHEA 방출을 자극한다. 그러므로 DHEA 수치가 높은 것은 건강한 노화의 원인이 아니라 결과다.

간단히 말해, '신체에 부족한 것을 알약으로 보충하는' 기존 방법은 호르몬의 노화를 늦추는 데 그다지 효과적이지 못했다. 게다가 우리의 호르몬체계는 매우 복잡해서 물질 하나로 노화 과정을 멈추거나 되돌릴 수는 없을 것이다. 하지만 끈질긴 과학자들은 계속해서 생명의 묘약을 탐구한다. 아무도 그들을 막을 수 없다. 한 물질이 높이 칭송받으며 흥분을 일으키고, 이 들뜬 흥분이 채 가라앉기도 전에 또 다른 이론이 등장한다.

노년기에 많은 일이 벌어지는 것은 여전히 사실이다. 여성들은 나이가 들수록 털이 늘고 주름이 생긴다. 남성들은 머리카락이 빠지고 성격이 더 부드러워지고 약간 더 침울해진다. 여성과 남성이 비록 호르몬 측면에서 서로 비슷해지지만, 다른 많은 영역에서 여전히 다르다. 그러므로 호르몬 변화를 받아들이고 이 복잡한 시스템을 다룰 때는 신중해야 한다는 것이, 여기서도 가장 중요한 결론인 것 같다.

10

당신은 스스로
몇 살이라고 느끼는가

삶의 질과 호르몬

루도는 1년에 한 번씩 진료를 받으러 온다. 혼자 사는 94세 노인이지만 여전히 활력이 넘치고 1년의 절반을 스페인 해안에서 보낸다. 진료실에 들어올 때 약간 구부정한 자세이긴 하지만 달력 나이로 예상할 수 있는 것보다 훨씬 젊고 활력 있어 보인다. 그는 종종 눈을 찡긋해 보이며 자신의 매력을 과시하는 일을 얼마나 즐기는지 그리고 "그 기술이 아직 녹슬지 않았다"고 농담을 한다. 루도는 풍성한 백발에 눈에 띄게 잘생겼고 늘 즐거워 보인다. 나는 그가 불평하는 것을 들어본 적이 없다. 근육질 몸매에 날씬하고, 엉덩이와 어깨, 무릎이 예전만큼 쌩쌩하진 못하더라도 여전히 매우 민첩하게 자리에서 일어난다.

진료실을 나갈 때 그는 노인성 질병 부대(갑상샘기능저하증, 당뇨병 초기 단계, 고혈압)에 절대 항복하지 않을 것이고, 자신의 "잔에는 아직 물이 반이나 차 있다"고 유쾌하게 말한다. 최근 백내장 수술을 받은 후에도("다시 독수리처럼 볼 수 있게 되었어요!") 그는 다른 사람의 도움을 약간 받으며 계속해서 독립적으로 자신의 삶을 꾸려나간다. 그는 소식하고 주로 생선과 채소를 먹으며 와인을 적당히 즐긴다. 루도는 늙었다고 느끼지 않고("선생님, 저는 아직 50대 같아요."), 체육 교사로서 몸을 많이 움직이는 것이 습관이 된 데다 은퇴 후에도 이 습관을 유지했다. 스페인에서 매일 바다 수영을 하고 격일로 해변을 건너 인근 마을까지 가서 장을 본다. 예전에는 왕복 10킬로미터를 뛰는 데 한 시간도 채 걸리지 않았지만 지금은 4~5시간이 걸린다. 낙관적 인생관과 많은 운동으로 평생 유지해온 체력이 루도를 건강한 노인으로 만든다.

이 마지막 장에서는 인생의 마지막 단계에 있는 노인들의 몸과 정신의 건강에 호르몬이 얼마나 중요한지 다룰 것이다. 그리고 그것은 결국 우리가 가능한 한 건강하게 늙으려면 무엇을 할 수 있는지 알아보는 일이다.

호르몬 측면에서 볼 때, 80세 이후에는 어떤 일이 일어날까? 고령에는 세 가지 변화가 일어난다. 수면의 질이 떨어져 밤과 낮의 리듬이 깨지면서 호르몬 생산에 차질이 생긴다. 또한 뼈와 근육의 질도 계속해서 떨어진다. 그리고 후각 능력도 크게 떨어진다. 80세가 넘으면 식욕이 떨어져 적게 먹게 되고, 결국 전체적으로 체력이 달린다. 이 모든 요소가 서로를 강화한다. 즉, 식욕 저하와 음식 섭취 감소로 수면의 질이 떨어지고 호르몬 방출이 감소한다.

미국 생리학자 월터 캐넌Walter Cannon은 2차 세계대진 이진에 이미 최초로 노년의 호르몬 균형 상실을 설명했다.[1] 그는 프랑스 동료 클로드 베르나르Claude Bernard의 연구 결과를 확장하여 항상성 이론을 세웠다. 나이가 들수록 신체적 균형을 회복할 수 있는 생리학적 여력이 줄어든다고, 캐넌은 주장했다. 이런 감소로 인해 기본적으로 질병에 제대로 대처하지 못한다. 그래서 나는 젊은 의사들에게, 고령의 노인은 약한 몸이 일단 아프기 시작하면 결말이 좋지 않은 경우가 많다고 자주 설명한다. 결국 종점에 도달하는 것이다.

노인의 호르몬대사도 마찬가지다. 이미 언급했듯이, 수면 패턴이 바뀌면 생체시계(활동일 주기Circadian rhythm라고도 하는데, circa는 '대략'이라는 뜻이고 dian은 '하루'를 뜻한다)의 24시간 리듬이 사라지고, 그 결과 호르몬 방출 패턴도 바뀐다. 호르몬 농도가 낮에 거의 증가하지 않거나 감소한다. 이것을 낮은 박동성이라고 하는데, 박동성은 해변의 밀물과 썰물의 과정을 닮았다. 노인의 신체는 낮은 박동성에 반응하여 인슐린이나 렙틴 같은 호르몬을 계속해서 더 많이 생산하고, 결국 저항성이 생긴다.[2] 호르몬 농도가 상승하고 저하하는 규칙적 반복은, 질병이 닥쳤을 때 유연하게 대처할 수 있도록 신체가 잘 기능하는 데 매우 중요하다. 노년기에 호르몬의 유연성 상실로 코르티솔 수치가 살짝만 높아져도, 이것은 치매와 조기 사망을 예측할 수 있는 신뢰할 만한 지표다.[3, 4]

노년의 또 다른 중요한 호르몬 변화는 성호르몬, 특히 테스토스테론 생산의 계속된 감소이고, 그 결과 근육의 질이 크게 떨어진다.[5] 또한 신체가 비타민 D를 덜 생산하여 장에서 칼슘을 덜 흡수하므로, 노인의 경우 혈중 칼슘 수치를 적절히 유지하기 위해 부갑상샘호르몬 생산을 늘려 뼈에서 칼슘을 빼낸다. 그러면 골다공증에 걸리기 쉽다. 게다가 (성)호르몬 변화의 영향으로 안구 신경의 기능이 저하되어 시력이 더 나빠진다.[6] 또한 청각 기관에도 같은 일이 발생하여 청각이 나빠지기 시작한다.[7] 고령에 이것은 치명적이다. 고령에는 더 자주 넘어질 수 있고, 뼈가 부러질 위험이 크며, 게다가 부러진 뼈는 잘 붙지도 않는다.

이제 우리는 호르몬이 어떤 일을 해내는지 알고 있다. 그런데 유
독 우리의 관심을 독차지하는 특성이 한 가지 있다. 다름 아닌
생명을 연장하고 어쩌면 영원히 계속되게 할 수도 있는 가능성
이다.[8] 1939년에 영국 작가 올더스 헉슬리Aldous Huxley(맞다,《멋진
신세계》의 그 헉슬리다)는《여러 해 여름이 지나고 백조들 죽다After
Many a Summer Dies the Swan》라는 장편소설을 썼다. 이 소설은 (헉슬리
가 막 이사한) 캘리포니아를 배경으로 젊음을 영원히 유지하려는
욕망을 은근히 꼬집는다.[9] 주인공인 백만장자 조 스토이트는 죽
음이 두려워 가능한 한 오래 살고 싶어 했다. 그래서 그는 과학
적으로 뭘 할 수 있는지 알아보기 위해 오비스포 박사를 고용
한다. 오비스포 박사는, 200년 전에 이미 영생의 샘을 찾기 위해
열정을 쏟았던 고니스터 백작의 일기에서 영감을 얻어, 무엇보
다 잉어의 창자와 창자 속 내용물을 먹으면(말하자면 일종의 대변
이식이다) 유익할 것이라고 제안한다. 소설의 마지막 부분에서 스

토이트와 오비스포 박사는 아직 살아 있는 고니스터 백작을 방문한다. 그러나 어떻게 된 일인지, 백작은 지하에 갇혀 원숭이처럼 행동한다. 스토이트는 결국 영생을 위한 치료를 받지 않기로 한다.

흥미롭게도 헉슬리는 소설을 완성하기 몇 년 전에, 잉어가 어떻게 그렇게 오래 살 수 있는지(그는 잉어가 100년 이상 산다고 믿었다) 확인하기 위해 직접 잉어를 연구했었다. 그는 소설에서 잉어의 특정 호르몬을 인간에게 투여하기 위해 배설물을 이식하는 치료법을 설명한다.

오늘날 영국계 미국인 노인학자이자 생물정보학자인 오브리 드그레이Aubrey de Grey는 (성장)호르몬에 기초한 '영생 복음'의 사도로 많이 인용된다. 인간의 불멸과 다른 동물 종에서 무엇을 배울 수 있을지 관심을 두는 것은 분명 새로운 일이 아니다. 그것은 심지어 선사시대부터 있었다. 드그레이는 우리의 장기를 정기적으로 유지 관리하면 구약성경에서처럼 1000살까지 쉽게 살 수 있다고 믿는다.[10] 정기적인 관리로 줄기세포를 통해 제때 체세포를 교체할 것이기 때문이다. 이것이 바로 그가 20년 동안 집중적으로 연구한 내용이고, 그가 글자 그대로 돈을 쏟아부은 물질 중 하나가 바로 멜라토닌이다.

최초의 영생 추구는 기원전 3000년으로 거슬러 오른다. 반신이자 남부메소포타미아 왕인 길가메시는 친구 엔키두와 동행하며 시련을 겪고, 엔키두가 죽은 이후에는 회춘의 묘약을 찾는 것을 인생의 목표로 삼는다.[11] 친구와 같은 운명을 겪게 될까 두려웠던 길가메시는 여러 현자를 찾아가 죽음을 피할 방법을 묻는다. 그에게 조언을 준 현자 중 한 명이 우트나피시팀('생명을 발견한 자')이다. 그는 노아의 홍수를 닮은 가장 오래된 홍수 전설의 주인공이고, 생명의 여신과 관계를 맺어 스스로 불멸의 존재가되었다.[12] 우트나피시팀은 대양의 밑바닥에서 영생을 찾을 수 있을 거라고 길가메시에게 설명한다.

길가메시는 영생을 찾는 데 실패했지만, 그의 모범을 따르는 추종자를 남겼다. 예를 들어, 약 30년 전에 독일의 생물학도 크리스티안 좀머Christian Sommer는 이탈리아 북부 해안에서 플랑크톤을 연구하던 중 우연한 발견을 하게 되었다.[13] 그가 떠온 물 샘플 안에는 아주 작은 해파리가 있었는데, 어느 날 실험실에 도착했을 때 이 동물의 모양이 변한 것처럼 보였다. 천천히 그러나 확실히 이 해파리는, 마치 나비가 다시 애벌레가 되는 것처럼, 원래 상태로 돌아갔다. 이제 우리는 그것이 '불멸의 해파리 *Turritopsis dohrnii*'라는 것을 알고 있다. 이 동물은 성공적으로 성체가 된 이후 다시 아기로 되돌아가서 건강하게 새 삶을 살 수 있는 유일한 종이다.[14] 이런 부활은 신체적 또는 환경적 스트레스에 대한 반응으로 발생한다. 해파리가 세월을 거슬러 아기로 돌아가게 하는 내부 요인도 있는데, 그것이 바로 삶의 특정 단계,

즉 노년기에 도달하는 것이다. 누가 이 일을 관장하는지 당신은 자신 있게 답할 수 있으리라. 그렇다, 바로 호르몬이다! 해파리의 회춘 과정을 책임지는 부활 호르몬은, 믿거나 말거나지만, 우리의 성장호르몬과 매우 유사해 보인다.[15]

지난 50년 동안 네덜란드의 기대수명은 13퍼센트나 증가했고 이것은 약 10년을 더 산다는 뜻이다.[16] 1970년에 태어난 아기의 기대수명은 남아의 경우 70.9세, 여아의 경우 76.5세였지만, 2021년에 벌써 남자가 79.7세, 여자가 83세로 상승했다.(한국의 기대수명은 1970년에 남자가 58.7세 여자가 65.8세였지만 2021년에는 남자가 80.6세, 여자가 86.6세로 약 20년이 증가했다 - 옮긴이) 앞으로는 인구 피라미드 이야기를 점점 적게 할 것이다. 점점 더 많은 사람이 고령에 도달할 것이고, 네덜란드만 그런 게 아니다. 2050년에는 전 세계적으로 65세 이상 인구가 15세 인구만큼 많을 것이다. 그것은 무엇보다 젊은 나이에 사망하는 위험을 계속해서 감소시키는 개선된 생활환경 덕분이다. 그렇다고 해서 예전에 고령까지 살지 못했다는 뜻이 아니다. 그러나 그럴 확률이 더 낮았다.[17] 122세가 최고 기록인 호모 사피엔스는, 아무튼 경외심을 불러일으키는 산타클로스의 나이에 도달하려면 아직 멀었다. 또한 인간보다 최대 네 배를 더 오래 살 수 있는 일부 동물종과 비교하면, 인간은 한참 아래에 있다. 우리는 회춘에 관한 꾸며낸 이야기에 만족할 수밖에 없다. 스콧 피츠제럴드의 단편소설을 영화화한 〈벤자민 버튼의 시간은 거꾸로 간다〉 또는 300년을 살면서 남자에서 여자로 변해가는 젊은 시인의 기묘한 인생 이야기를 그린 버지니아 울프의 《올랜드》를 생각해보라. 그러나 불멸의 해파리에게 이것은 일상에 불과하다.

그러나 연구들을 보면, 인간의 수명에서도 아직 개선의 여지가 남아 있다. 이런 인식은 노화와 죽음을 다르게 이해하게 한다. 대다수 과학자와 지구인은 우리의 종말을 피할 수 없는 인생의 한 부분으로 보지만,[18] 오브리 드그레이를 비롯한 일부 사람들은 인간도 노화 증상을 억제하여 수명을 연장할 수 있다고 확신한다. 미래에는 노화가 치료 가능한 '질병' 목록에 포함될 수도 있다는 것이다. 연구자들은 이런 변화된 사고방식에서 영감을 받아, 최고의 운동선수들이 새로운 개인 기록을 세우기 위해 노력하는 것처럼, 인간의 생리학적 가능성의 한계를 탐구한다. 노인 인구가 증가함에 따라, 노인들이 더 건강해지는 것이 사회의 지속가능성에 매우 중요해졌다. 더 건강해진 노인들은 더 오랫동안 젊은 세대의 지원 없이 독립적으로 살 수 있다.

구약성경의 에녹과 므두셀라처럼 초고령이 되는 것은 아직 먼 얘기지만, 무엇보다 호르몬을 더 잘 이해하면 달라질 수도 있다. 9장에서 우리는 호르몬 결핍을 단순히 보충하는 것만으로는 부족하다는 것을 확인했다. 그러나 열심히 연구가 진행되고, 가설이 테스트되고, 결과가 점차 개선되고 있다. 과학자들은 노년의 호르몬에 어떤 일이 일어나는지 점점 더 많이 알아내고 있다. 노년기에는 호르몬 본부에서 조직 개편이 진행된다. 이제 당신도 알고 있듯이, 이 모든 일의 수석 지휘자는 우리의 뇌 깊숙한 곳에 숨겨져 있다.

삶의 박자를 정하는 시상하부

미국 신경외과 의사 하비 쿠싱은 1929년에 이미 뇌 깊숙한 곳에 숨겨진 시상하부에 생명의 샘이 있다고 말했다.[19] 그러므로 데카르트가 영혼의 장소로 말한 솔방울샘 역시 시상하부 근처에 있는 것은 놀라운 일이 아니다.[20] 우리는 앞에서 시상하부를 여러 번 만났다. 그것은 엄지손톱만큼 작지만 영향력은 대단하다. 시상하부는 일종의 교통경찰처럼 호르몬이 건강하게 작동하도록 관리한다. 시상하부는 우리의 행동을 통제하고, 그 덕에 우리는 생존한다. 즉, 시상하부는 배고픔, 갈증, 포만감 등을 통해 우리가 충분히 먹고 마시게 하여 에너지를 넉넉히 확보하게 하고, 언제든 행동하도록 몸을 준비시켜 위험이 닥쳤을 때 방어하거나 도주할 수 있게 하고, 종족 보존을 위해 성관계를 갖게 한다. 또한 시상하부는 생체시계(밤과 낮의 리듬)와 체온을 조절한다.

시상하부가 조절하는 신체 기능은 노년기에 종종 뒤죽박죽 혼란에 빠진다. 그래서 과학자들은 시상하부가 24시간 리듬 이외에도, 마치 생명 에너지로 가득 찬 보물상자처럼, 인생 단계의 타이밍에도 영향을 미치지 않을까 추측했다. 쿠싱이 옳았던 것 같다. 쿠싱의 주장이 있은 지 거의 100년이 지난 지금, 연구자들은 시상하부가 신체의 노화 시작에 중요한 역할을 한다는 주장과 놀랍도록 잘 맞는 증거들을 찾아내고 있기 때문이다.

보물상자(쿠싱의 말을 빌리면 '샘')에 든 '보물'은 아마도 우리의 줄기세포일 것이다. 줄기세포는 피부, 혈액, 근육, 뇌 등 우리의 몸을 구성하는 거의 모든 유형의 세포로 발전할 수 있는 특별한 기본 세포다. 골수에 줄기세포가 들어 있다는 것은 오래전에 알려졌지만, 이제 연구들이 시상하부에도 줄기세포가 비축되어 있음을 입증했다. 시상하부에 있는 줄기세포는 적어도 생쥐의 경우 노화의 열쇠인 것 같다. 두 살짜리 생쥐(사람의 나이로 70~80세에 해당한다)의 시상하부에는 줄기세포가 더는 없기 때문이다. 줄기세포를 추가로 투여하면 수명이 (인간의 나이로 환산하여) 족히 11년 정도 연장될 수 있다.[21]

이 모든 것은 세포분열과 관련이 있다. 우리의 체세포는 일종의 지속적인 유지관리시스템을 통해 낡은 부분이 교체되어 끊임없이 새로워진다. 그렇게 신체는 조직을 건강하게 유지한다. 늙고 손상된 세포들을 면역체계가 제거하면 이어서 건강한 세포들이 분열하여 다시 막강해진다. 일부 기관의 세포들은 다른 기관보다 더 빨리 교체되어야 하지만, 일반적으로 이런 과정을 통해

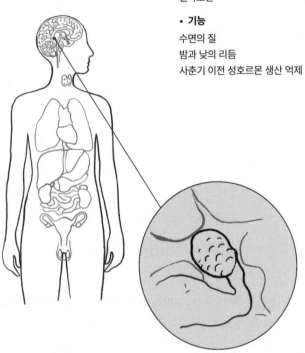

솔방울샘

- **호르몬**

멜라토닌

- **기능**

수면의 질
밤과 낮의 리듬
사춘기 이전 성호르몬 생산 억제

모든 지방조직을 포함하여 인체 대부분이 대략 7~10년마다 교체된다.[22]

젊을 때는 세포 재생이 쉼 없이 진행되고, 이 과정은 나이가 들수록 점점 더 중요해진다. 줄기세포는 우리 몸 전체의 기관에, 피부에, 뇌에, 간에, 혈액에 그리고 무엇보다 골수에 있다. 줄기세포는 재생을 자극하는데, 예를 들어 간의 상당 부분이 다시 자라도록 할 수 있다. 줄기세포는 새로운 줄기세포를 생산할 수도 있으므로 그 비축량이 무한할 것 같지만, 그렇지 않다. 노환의 경우 줄기세포의 지속적인 교체가 그 무엇보다 간절하더라도, 안타깝게도 줄기세포의 유지관리팀 역시 역량이 약해진다. 그리고 그것이 종말의 시작이다.

나이가 들면 줄기세포 비축량이 감소하고 시상하부에 있는 줄기세포의 운명도 이와 크게 다르지 않다. 비축량이 줄어들면서 삶의 종말이 점점 가까워진다고, 생각할 수 있겠다. 그러나 앞에서 언급했던 쥐 연구에서, 시상하부에 줄기세포를 보충하자 쥐의 신체적 노화가 멈췄다. 아무래도 호르몬과 관련이 있는 것 같다. 이 줄기세포는 시상하부에 있고, 시상하부는 생명 시계를 조절하는 호르몬을 생산하는 데 관여하기 때문이다. 그러므로 호르몬이 노화에 영향을 미친다고 추측할 수 있고, 반대로 노화가 호르몬 조정을 촉발한다고 추측할 수도 있다.

이것 역시 쥐 실험으로 연구되었다. 작은 뇌하수체가 신호 분자를 통해 노화 과정의 시작을 신체에 알리는 것을, 같은 연구진이 발견했다. '생명 시계'는 이런 전달물질을 이용해 특정 기관의 생체리듬에 영향을 미친다. 이런 신호물질 중 하나인 GnRH(생식샘자극호르몬 방출호르몬)를 우리는 이미 만났다. 시상하부가 자체적으로 GnRH를 생산한다(1장 참조). 이 호르몬의 전형적인 기능은, 성기가 성호르몬을 생산하게 하는 것이다. 줄기세포의 비축량 감소는 GnRH 방출 감소와 동행한다. 나이가 들수록 GnRH가 감소하기 때문이다.[23] GnRH 수치를 높인 쥐는 뇌세포 손실이 적고 인지능력이 향상되었을 뿐 아니라, 근력과 뼈질량, 결합조직 같은 다른 영역에서도 젊음을 유지했다. 또한 이 회춘 전략은 쥐의 성호르몬 수치를 높였다. 생식능력이 중단되면 빠르게 늙는 이유가 여기에 있는 것 같다.

그러나 시상하부에서 생산되는 전달물질이 GnRH만 있는 건 아니다. 줄기세포 역시 자체적으로 특정 신호물질을 생산하고, 이 신호물질이 모든 균형을 유지 및 관리한다. 그러나 줄기세포의 양이 적으면 이 신호물질도 적어지고, 결과적으로 신체 전체에 걸쳐 노화가 진행된다.[24] 그러면 다음 단계로 앞에서 언급한 일일 호르몬 수치 변화가 발생할 수 있다.

생체나이와 달력나이

노화를 얘기할 때, 우리는 일반적으로 나이, 그러니까 출생 이후 지나간 햇수를 이야기한다. 그러나 이런 달력나이가 건강한 노화의 지표인 생체나이와 항상 일치하는 건 아니다. 그러므로 80세가 넘은 두 사람은 비슷한 달력나이를 가졌지만, 체력과 기대수명 면에서는 크게 다를 수 있다.[25] 이런 차이는 몇 년 전부터 '당신의 진짜 나이'라는 용어와 함께 텔레비전 광고와 프로그램, 심지어 책을 통해 사람들의 관심을 끌고 있다. 질문지를 통해 자신의 달력나이와 생체나이의 차이를 계산할 수 있는 특별 웹사이트도 있다.[26] 운동, 음식, 흡연 및 음주 습관 같은 생활방식과 스트레스 요인, 체중을 입력하면 달력나이보다 생체나이가 더 낮은 긍정적 결과 또는 두 나이가 일치하는 결과 또는 부정적 결과가 나온다. 그리고 좋은 의도의 조언이 첨가된다. 이런 매개변수는 건강과 관련된 인상을 주지만, 질문지로는 체력을 정확하게 측정할 수 없다.

그렇다면 생체나이는 어떻게 측정해야 할까? 현재 우리는 생체나이를 잘 반영해주는 수정체의 강도나 손의 악력 같은 측정 가능한 지표를 사용한다.[27] 그러나 체력을 가늠하기 위한 객관적인 생물학적 수치, 이른바 바이오마커를 찾기는 쉽지 않다. 1960년대부터 과학자들은 생체나이를 측정할 수 있는 퍼즐 조각을 찾고 있다. 오키나와현의 건강한 노인들에게 높았던 DHEA 같은 호르몬도 검사된다.[28]

DHEA는 체내에서 성호르몬으로 바뀔 수 있고, 그래서 '모든 호르몬의 어머니'라고도 불린다. 연구자들이 이 호르몬의 혈중 농도가 높을수록 노년기에 건강할 수 있다고 믿었기 때문에, 이 부신호르몬은 오랫동안 관심의 중심에 있었다. 그러나 애석하게도 호르몬 치료는 좋은 결과를 보여주지 못했다.[29]

건강한 신체를 위한 수면, 영양, 운동의 중요성은 이미 3장에서 사춘기의 호르몬 건강을 다루면서 설명했다. 이런 요인들이 삶의 마지막 단계에 있는 노인들에게도 적용되는 것은 우연이 아니다. 말했듯이, 호르몬의 왕래는 밤에 활기를 띤다. 특히 깊은 수면 단계에서 성장호르몬이 혈액으로 다량 방출된다. 사춘기 청소년과 마찬가지로 노인들도 근육 및 뼈 조직의 재생과 발달에 필요한 양질의 수면이 부족하다. 그러나 노인들은 깊은 델타파 수면 단계가 적고 덜 효율적인 짧고 얕은 잠을 자기 때문에, 생체시계가 다르게 작동한다.[30] 노인의 경우 솔방울샘의 멜라토닌 방출을 조절하는, 망막과 시상하부 사이의 신경 경로(망막-시상하부 경로) 역시 제대로 기능하지 못하여 밤과 낮의 리듬도 깨진다.[31] 그래서 노년기에는 수면 호르몬인 멜라토닌의 생산 및 방출 패턴이 혼란스러워진다.[32] 여담인데, 이 신경 경로가 더는 작동하지 않아 평생 밤과 낮의 리듬이 깨져 고생하는 것처럼 보이

는 시각장애인도 마찬가지다.[33]

암스테르담 프레이대학의 신경생리학 교수 외스 판소메런Eus van Someren이 수행한 대규모 수면 연구에서, 노인들은 대체로 불면증을 앓는 것으로 나타났다.[34] 그러나 100세까지 건강하게 살고 싶으면, 연구 결과가 보여주듯이, 밤에 최소 여덟 시간을 자야 한다. 낮잠은 확실히 해결책이 아니다.[35] 그러나 대다수 노인은 이런 유익한 수면 패턴을 누리지 못하고, 사춘기와 마찬가지로 교란된 수면-각성 리듬이 (이미 손상된) 성장 및 스트레스 호르몬 생산에 직접 영향을 미친다. 그 결과 콜레스테롤과 혈당수치가 올라가 신체의 재생 능력이 더욱 떨어진다.

그럼에도 잠을 제대로 자지 못하는 노인들을 위한 희망의 빛이 지평선 멀리 보이는 것 같다. 알약 형태로 멜라토닌을 소량 매일 투여하면 약간의 효과가 있는 것 같기 때문이다.[36] 그러나 노인들에게도 건강한 생활방식이 약보다 훨씬 더 효과적이다. 그러니 너무 오래 앉아 있지 말고 밖에 나가 햇살을 받으며 움직여야 한다. 그것은 멜라토닌 생산을 돕고 수면의 질을 높인다.[37] 또한 잠들기 한 시간 전에는 스마트폰의 블루라이트를 피하고,[38] 특히 저녁에는 배불리 먹고 마시는 호화로운 식사를 삼가는 것이 좋다.[39] 요약하면, 어린이를 위한 건강한 생활방식은 노인들에게도 똑같이 적용된다.

운동은 아무리 강조해도 지나치지 않다

신체 활동은 자연스럽게 멜라토닌 같은 호르몬의 생산과 방출을 자극하지만,[40] 특히 성장호르몬의 생산과 방출도 자극한다.[41] 나이가 들수록 테스토스테론과 성장호르몬 같은 근육 형성(단백질 동화) 호르몬 수치가 떨어진다. 신체 활동은 노인의 호르몬 수치를 높일 수 있다. 근육량이 많아지면 넘어질 위험도 줄고, 나의 환자 루도처럼 물질대사도 원활해진다.[42] 80대 노인은 평균적으로 근육의 약 절반을 평생에 걸쳐 이미 잃은 상태다.[43] 근육 손실이 클수록 노인성 질병과 사망 위험이 높아진다.[44] 그러므로 나이가 들수록 지구력 및 근력 운동을 정기적으로 하는 것이 점점 더 중요해지고 있다. 그뿐만 아니라 최근 캐나다 연구진이 발표하기를, 달력나이만으로는 노년기 질병과 사망 위험을 거의 알 수 없지만 근육량으로는 알 수 있다고 한다.[45] 그러니까 근육량은 생체나이와 당사자가 실제로 느끼는 나이와 관련이 있다.

'시크교 슈퍼맨'으로도 알려진 인도계 영국인 파우자 싱Fauja

Singh은 앞에서 소개한 내 환자 루도의 최상급 상태를 보여준다. 2013년 102세의 나이로 은퇴한 세계 최고령 마라톤선수인 그는 달력나이가 생체나이와 아무 관련이 없다는 것을 입증했다.[46] 비록 건강한 노인의 극단적인 예이긴 하지만, 그의 나이는 건강한 노화의 열쇠가 규칙적인 운동임을 보여준다. 다큐멘터리 〈황혼 금메달Herbstgold〉의 주인공들로, 세계 시니어 육상선수권대회에서 메달을 따기 위해 매일 훈련하는 노인들도 같은 것을 입증한다.[47] 테스토스테론과 성장호르몬의 기초 수치가 수년에 걸쳐 감소한다는 사실에도 불구하고, 연구 결과가 말해주듯이, 80세 이상 남성이 규칙적으로 운동하면 유익한 성장호르몬이 여전히 증가한다. 여성의 경우에는 이 효과가 덜 연구되었지만, 확언하건대 여성 역시 매일 30분씩 운동하면(낱말 퍼즐 같은 두뇌 운동을 30분씩 보충하면 더 좋다) 근육과 뼈의 질이 나빠지는 것을 예방할 수 있다.[48]

루도의 유일한 고민거리는 운동 후에 유독 안 좋은 냄새가 난다고 주변 사람들이 불평하는 것이다. "선생님, 무슨 방법이 없을까요?"

체취는 신체가 얼마나 건강한지 또는 아픈지를 말해준다. 우리의 코가 그것을 우리에게 알려준다. 주변에 분명 늘 사향 냄새가 살짝 나는 사람이 있는가 하면, 썩은 버터 냄새를 풍기는 사람도 있을 것이다. 우리 의사들 역시 거의 매일 코를 이용한다. 의사라면 누구나 간 질환 말기 환자의 호흡에서 나는 매콤한 냄새를 알고 있다. 요로감염 초기의 코를 찌르는 냄새 또는 과거에 호르몬 질환인 당뇨병을 발견하는 데 사용되었던(그러나 치료법은 없었던) 소변의 달콤한 냄새를 모르는 의사가 어디 있겠는가? 나역시 특히 발 상처를 진료할 때 코를 사용하여 들쩍지근한 역한 냄새를 기반으로 어떤 세균 감염인지 알아내려 시도한다(세균 배양을 통해 며칠 후에야 확실한 답을 얻을 수 있음에도).

냄새는 일상생활에서도 우리를 매료시킨다. 아리스토텔레스가 이미 겨드랑이에서 왜 땀이 나는지 알아내려 애썼다. 그가 찾아낸 답인즉슨, 겨드랑이는 환기도 냉각도 거의 안 되기 때문이다. 그리고 역한 냄새가 나는 음식을 먹었는데도 왜 즉시 몸에서 악취가 풍기지 않을까? 나쁜 냄새가 나는 것을 삼키자마자 그 냄새가 체취에 덮이기 때문이라고, 아리스토텔레스는 설명했다.

페로몬 외에도 우리는 대변, 호흡, 소변, 혈액, 침, 질액 그리고 당연히 피부를 통해 냄새를 방출한다. 피부에는 체액을 분비하는 두 가지 유형의 분비샘이 있다. 피부에서 땀 형태로 수분을 배출하는 외분비샘과 모낭에서 피지를 배출하는 홀로크린샘. 특히 후자가 악취를 풍긴다. 악취는 피부 박테리아와 자외선의 합작이다. 갓 생산된 피지는 기분 좋게 달콤한 레몬 향이 나지만, 공기와 햇빛을 만나면 돌변하여 코를 찌르는 사향 비슷한 냄새가 난다. 또한 유럽과 아프리카 사람의 피지 유형은 아시아인과 다르다. 아프리카와 유럽인의 아포크린 땀샘은 끈적한 피지를 생성하여 치즈 냄새를 풍기지만, 아시아인은 이런 땀샘이 거의 없고 그래서 건조하고 잘 부서지는 피지를 생성한다.[49] 성호르몬 역시 이 땀샘을 통해 피지 생성에 영향을 미친다.[50]

우리의 식단과 장내미생물(6장 참조)이 대변 냄새를 결정한다. 예를 들어, 유제품을 많이 먹으면 역한 들쩍지근한 냄새 또는 시큼한 냄새가 나고, 달걀과 양배추를 먹은 후에는 암모니아 또는 유황 냄새가 난다. 문제는 피부에서 풍기는 냄새에도 식단이 영향을 미치느냐다. 연구 결과를 보면 분해된 물질은 당연히 우리의 대변에 남아 있을 뿐 아니라, 몸 전체를 돌아다니며 좋은 냄새와 나쁜 냄새 모두를 만들어낼 수 있다. 갓 출산한 산모뿐 아니라 아직 아기를 낳아본 적이 없는 여자들도 젖먹이 아기의 냄새를 맡으면 기분이 좋아진다. 그들의 도파민 보상체계가 활성화되는 것이 뇌 스캔에서 명확히 확인되었다.[51] 그리고 반대로, 침에 스트레스 호르몬인 코르티솔이 많은, 그러니까 더 '흥분한' 엄마가 아기의 냄새를 더 잘 인식할 수 있고, 그래서 아기 냄새를 맡고 진정할 수 있다.[52] 그리고 내 경험으로 알 수 있듯이, 남자들도 마찬가지다. 아들이 암 치료를 위해 몇 달 동안 병원에 입원했을 때, 나는 종종 집에서 아들의 잠옷 냄새를 잠깐씩 맡으며 '냄새 치료'로 스트레스를 해소하려 애썼다.

TMAO(트리메틸아민옥사이드)는 대변에 함유된 가장 잘 알려진 냄새 물질로, 성인의 건강 상태를 말해줄 수 있다. 장내미생물이 단백질에서 이 물질을 방출하는데, 썩은 생선 냄새가 난다.[53] 이 냄새는 심혈관 질환과 신장 손상을 알려주는 중요한 지표다. 대변 이식 연구를 통해 우리는 말똥 냄새가 나는 크레졸 역시 이런 질병의 신호일 수 있음을 안다. 또한 혈액 수치에서 부티르산과 아세트산이 낮을 때도 경고로 받아들여야 한다.[54, 55] 부티르산과 아세트산은 음식 섭취, 에너지대사, 면역체계에 유익한 영향을 미치기 때문이다.[56] 과음 후 아침에 입에서 나는 악취를 모르는 사람은 없을 것이다. 이것은 그 순간 신체의 물질대사 상태에 대해 아주 많은 것을 말해준다. 날숨의 냄새를 기반으로 암을 비롯해 위장관 질환과 폐 질환을 조기 발견하는 데 사용할 수 있는 의료 기술인 일종의 전자 '코'가 현재 개발되고 있다.[57]

이제 루도와 그의 역한 체취 걱정으로 돌아가자. 실제로 노인들은 젊은 사람들과 체취가 다르다.[58] 예를 들어, 미국 노인은 확실히 밀랍 냄새가 강하게 나고, 일본 노인은 오이 냄새가 난다.[59] 두 경우 모두 젊은 사람들은 버터 냄새를 닮은 자신의 체취보다 노인들 냄새를 더 불쾌하다고 여긴다.[60] 일본 사람들은 노인의 체취를 가레이슈加齢臭라고 부르는데, 이것은 해럴드 맥기Harold McGee가 자신의 책《노즈 다이브Nose Dive》에서 훌륭하게 묘사한 것처럼 '노인 냄새'라는 뜻이다.[61]

당신은 아마도 방금 이렇게 생각했을 것이다. 전에 어디선가 읽은 것 같은데?! 이런 냄새 물질은 정말로 페로몬처럼, 우리가 대화를 나눠보기도 전에 상대방의 나이와 의도를 짐작할 수 있게 해준다. 그래서 우리는 체취를 기반으로 나이를 상당히 정확하게 추정할 수 있다. 그리고 페로몬과 마찬가지로, 피부 박테리아가 생성한 몇몇 체취 물질도 시상하부에 신호를 보내 호르몬 생산을 조절할 수 있다.[62, 63]

이런 지식이 루도의 문제를 비록 해결하지는 못하지만, 기분 좋은 냄새를 더는 외부 세계에 방출하지 못하는 이유는 명확히 알려준다. 불행 중 다행인 것은 우리의 후각 능력은 나이가 들수록 약해져서 적어도 노인 자신은 냄새 때문에 힘들어할 일이 점점 줄어든다.[64]

호르몬 변화는 노인의 식습관에도 영향을 미친다. 80세가 넘으면 나이 때문만 아니라 체력 저하로 인해 식습관이 달라지기 시작한다. 사춘기에는 배가 터지기 직전까지 먹을 수 있고 그렇게 먹고도 포만감을 거의 느끼지 못하지만, 노년기에는 종종 배고픔을 거의 느끼지 않는다.[65] 노인들은 식욕이 적고 그래서 간식을 먹는 일도 드물다.[66] 그들은 또한 생각만 해도 입에 침이 고일 정도로 간절히 먹고 싶은 음식도 따로 없다.[67] 그것은 아마 콜레시스토키닌과[68] 포만감 호르몬인 렙틴 같은 소화 호르몬 수치의 변화와 관련이 있을 것이다.[69] 추가로 그렐린 수치까지 살짝 상승하면서 노인들은 식욕을 잃게 된다.[70]

노인의 소화 과정이 다르다는 것은 최근에 발견된 중요한 사실이다. 노년층은 영양실조가 흔하고, 이것은 식습관에 영향을 미치는 다른 질환들, 이를테면 구강 건조와 미각 손상으로 인해 더 나빠진다.[71] 이 모든 과정은 호르몬 변화의 결과다.

복잡한 소화 과정은 입에서 시작된다. 음식은 입에서 침을 만나 글자 그대로 '준비'를 마친다. 3장에서 이미 설명했듯이, 침에는 중요한 호르몬이 들어 있는데, 이 호르몬 덕분에 우리는 누가 내게 맞는 파트너인지 맛볼 수 있다. 나이가 들수록 침이 덜 생산되고, 그래서 씹고 삼키기가 점점 어려워진다.[72] 또한 호르몬은 혀에 있는 수용체를 통해 미각도 조절한다. 예를 들어 렙틴은 단맛에 대한 욕구를 감소시킨다.[73]

소화 호르몬 변화로 생긴 미각 변화와 입 마름이 합쳐져 식욕과 음식 섭취의 양과 질에 직접적인 영향을 미친다. 가장 잘 알려진 사례가 임산부의 '미각 장애'로, 평소 좋아하던 음식을 임신 후 갑자기 싫어하게 된다(1장 참조). 노인의 미각 장애 역시 분명 삶의 특정 단계에 적합한 영양소가 든 음식을 본능적으로 먹게 하는 진화적 적응일 것이다. 그러므로 할머니의 짭조름한 음식을 어린 손자들이 특별히 좋아하지 않는 것은 그리 놀라운 일이 아니다. 하지만 짭조름한 음식은 할머니의 혈압을 높여 넘어지거나 실신할 위험을 줄여준다.[74]

미각을 일부 잃은 노인들은 저체중 또는 과체중이 될 수 있다. 특정 맛을 더는 정확히 느끼지 못해 너무 적게 먹거나 편식하게 되면, 체중이 많이 빠져 건강을 해치게 된다. 이미 나이 때문에 섭취량이 줄어 살이 빠지고 병에 걸릴 위험이 더 큰 80세 이상 노인에게 특히 그러하다.[75] 이쯤 되면 당연히 묻고 싶으리라. 시상하부가 노인의 건강한 체중을 유지해줄 수는 없을까? 그래서 이 호르몬 조절센터는 현재 안티에이징 전략의 흥미로운 표적이 되었다.

시상하부는 내분비샘의 호르몬 방출뿐 아니라 뼈의 질과 근육량, 배고픔과 미각에도 관여하는 것으로 보인다.[76] 그러므로 전 세계 과학자들이, 시상하부를 통해 다양한 기관의 수명 시계를 재설정할 수 있다고 믿고, 심지어 어린 동물의 피를 늙은 동물에게 수혈하여 생체나이를 되돌리려 시도한다.[77] 어린 동물의 피에는 확실히 노화를 막는 물질이 들어 있는 것 같다. 하지만 불행하게도 우리는 아직 인간의 혈액에서 어떤 물질이 이 기능을 하는지 모른다. 그러므로 생명의 묘약을 찾는 방법으로 수혈이 선택될 가능성은 거의 없다. 현대판 드라큘라 신화는 이쯤에서 끝내도록 하자.

여유 있는 사람들이 돈을 투자하여 영원한 젊음을 연구하면 되지 않을까? 아마존 창업자이자 억만장자 제프 베이조스Jeff Bezos는 노화 방지 약물을 개발 중인 유니티 바이오테크놀로지Unity Biotechnology라는 스타트업 기업에 기꺼이 수백만 달러를 투자했다.[78] 돈을 벌려는 재정적 동기로 투자한 것이겠지만, 노화 방지 약물 개발이라는 같은 목표를 가진 칼리코Calico를 2013년에 설립한 구글 창립자들과의 영원한 경쟁 때문일 수도 있다.[79] 하지만 베이조스의 최근 우주 탈출 계획을 생각하면, 그는 자신의 불멸을 위해 최선을 다하는 것일지도 모른다.[80] 불멸의 해파리처럼 생체나이를 되돌리고 싶으면, 여러 호르몬 수치를 높여야 할 뿐 아니라 무엇보다 앞에서 언급했던 줄기세포의 자연적 쇠퇴를 막는 것이 좋은 전략처럼 보인다.

줄기세포 비축량을 급격히 줄이는 신체 과정 중 하나가 바로 이른바 좀비세포의 형성이다. 이것을 이해하려면 잠시 세포분열로 돌아가야 한다. 세포분열은 영원히 계속될 수 없다. DNA 손상 없이 일어날 수 있는 세포분열의 횟수에는 한계가 있기 때문이다. DNA 염색체에는, 말하자면 보호 말단인 텔로미어가 있는데, 이것은 세포분열 때마다 조금씩 짧아진다. 텔로미어가 너무 짧아져서 세포분열 때 중요한 DNA 정보를 잃게 되는 순간부터 세포는 일종의 좀비 모드가 된다. 더는 분열하지 못하지만 그렇다고 '자멸'하지도 않는다.[81]

이런 좀비세포가 우리의 노화세포다. 이들은 우리 몸 전체에 퍼져 있고, 조만간 모든 조직에 등장한다. 이들은 피부를 주름지게 하고 신체기관을 약하게 한다. 그리고 '좀비'라는 단어가 비활동적으로 들리지만, 불행히도 이 세포들은 염증을 일으킬 때 유독 활동적이다. 이런 세포가 많이 축적될수록 시상하부를 포함한 우리 몸에서 만성 염증반응이 일어나기 쉬워진다.[82] 줄기세포는 이런 염증 환경에 매우 취약하여 빠르게 소멸할 수 있다. 그러면 기관은 재생되지 않고 우리는 눈에 띄게 늙는다.

인간의 수명 연장 연구에서는 좀비세포를 선택적으로 제거하는 약물을 실험하고 있다. 비유하자면 봄맞이 대청소인 셈이다. 아직 실험 단계에 있는 이런 약물들을 세놀리틱스senolytics라고 부르는데, 직역하면 '노화 정지'라는 뜻이다. 네덜란드 세포생물학자 얀 판되르선Jan van Deursen은 이 분야의 선구자로, 2011년에 미국 연구진과 함께 처음으로 생쥐에게 세놀리틱스를 투여했다.[83] 이 약물은 좀비세포 수를 약 30퍼센트 감소시켜, 노화세포와 그에 따른 문제를 제거했다. 게다가 좋은 부작용까지 있었다. 이 행운의 생쥐들은 뼈의 질과 호르몬대사가 똑같이 개선되었다. 이 접근법은 지방세포에서 똑같은 제거 효과를 보였던 이전 실험을 기반으로 했다.[84] 이때 우리의 물질대사와 수명 모두에 영향을 미치는 특별한 전달물질이 있다는 것이 밝혀졌고, 그것이 바로 성장호르몬이다. 성장호르몬이 물질대사와 지방 저장에서 중요한 역할을 한다는 것을 우리는 이미 사춘기 과정에서 알고 있었다. 그러나 이제 이 호르몬은 건강한 장수를 말할 때 빼놓을 수 없는 것이 되었다.

이런 결과에 힘입어 오브리 드그레이는 호르몬에 개입함으로써 영생을 얻는 방법을 연구하게 되었다.[85] 미국 부동산 백만장자 대런 무어Darren Moore 같은 몇몇 사람은 아마존과 구글 자회사의 연구 결과를 기다리지 않고 스스로 실험 쥐 역할을 자처했다. 무어는 해파리를 불멸의 존재로 만드는 물질인 FOXO1을 다량으로 주입하고 매일 세놀리틱스를 복용한다.[86] 그는 현재 노화가 멈추기를 바라고, 더 나아가 생체나이가 더 어려지기를 바라고 있다.

그러나 판되르선 같은 과학자들은, 현재 연구 상태를 지나치게 장밋빛으로 해석해선 안 된다고 경고한다.[87] 세놀리틱스는 호르몬대사를 건강하게 유지하는 유망한 약물이지만, 지금까지 주로 생쥐에게 테스트되었다. 그것이 인간에게도 효과가 있는지는 아직 입증되지 않았다. 세놀리틱스를 성급하게 인간에게 투여하면, 건강에 문제가 발생할 수도 있다.

우리가 두려워하는 세포 쇠퇴를 막을 기적의 호르몬제는 아직 없다. 그러나 생명이 있는 한 희망도 있다. 그리고 "예방이 치료보다 낫다"는 모토 아래, 노화 방지에 호르몬을 사용하는 또 다른 가능성이 있을 것이다.

헨리에타 랙스Henrietta Lacks는 1920년 미국 버지니아주에서 태어나 담배공장에서 일했다. 그녀는 31세에 심한 복통으로 볼티모어에 있는 존스홉킨스 병원을 찾았다. 그곳에서 전이성 자궁경부암 진단을 받았고 얼마 후 사망했다. 그러나 엄밀히 말하면 헨리에타 랙스는 리베카 스클루트Rebecca Skloot의 책뿐 아니라 전 세계 곳곳에 아직 살아 있다.[88]

헨리에타 랙스를 치료했던 의사들은 가능한 치료법을 테스트하기 위해 그녀가 모르는 사이에 종양 세포를 채취했다(현재의 의료윤리규정은 이것을 허용하지 않는다). 인체 물질은 보존 기간이 매우 제한적인 경우가 많은데, 현재 헬라 세포로 더 잘 알려진 헨리에타의 세포는 유난히 오랫동안 생존했다. 더 나아가 이 세포들은 죽지 않을 것 같다. 이 세포의 놀라운 불멸성 덕분에 대규모 약물 연구가 가능해졌다. 나 역시 샌디에이고의 실험실에서 이 세포들을 이용했는데, 그들은 정말로 미친 듯이 성장한다! 이 세포를 이용한 연구는 효과적인 소아마비 백신, 에이즈와 특정 유형의 암에 관한 질병 지식 등, 의학 분야에서 귀중한 변혁을 가져왔다. 총 무게가 엠파이어스테이트빌딩 100개를 합친 것보다 더 많은, 여전히 살아 있는 이 세포들을 기반으로 현재 수만 개에 이르는 특허가 등록되었다. 헨리에타 랙스의 유가족이 헬라 세포로 수백만 달러를 벌어들인 기업과 연구 목적으로 이 세포를 이용하는 병원을 고소한 것은 당연하다.[89]

1984년 세 과학자가 텔로머레이스 효소를 발견하기 전까지, 헬라 세포의 불멸은 오랫동안 미스터리였다. 이것은 글자 그대로 목숨을 좌우하는 중요한 발견임이 입증되었고, 엘리자베스 블랙번Elizabeth Blackburn, 캐럴 그라이더Carol Greider, 잭 쇼스택Jack Szostak은 이 발견으로 2009년 노벨생리의학상을 받았다.[90] 텔로머레이스는 줄기세포에서 자연적으로 발생하는 단백질로, 텔로미어의 길이를 연장하여 앞서 말한 좀비 모드를 방지하고 세포가 더 오래 생존할 수 있게 한다. 헨리에타 랙스의 경우처럼, 이 단백질이 활성 상태를 유지한다면 영원히 생존할 수 있다. 헨리에타의 경우 유전자 코드에 돌연변이가 있었고, 그것은 줄기세포가 아닌 다른 세포도 자극하여 텔로머레이스를 생성하게 했다. 그 결과 조직이 통제 불가로 성장하여 종양이 생기고 암으로 이어졌다. 헨리에타는 이 질병으로 사망했지만 동시에 그녀의 세포는 이 유전적 이상으로 영생을 얻었다.

그래서 텔로머레이스는 수명 연장 연구에서 매우 흥미로운 대상이다.[91] 나이가 들수록 텔로미어가 짧아질 뿐 아니라, 짧아진 텔로미어는 심혈관 질환과 암, 당뇨병, 근력 저하 등 노인성 질병과도 관련이 있다.[92] 예를 들어, 목적에 맞게 생산을 켜거나 꺼서 텔로머레이스의 활동성을 제어하는 방법을 찾아낸다면, 필요한 경우 세포를 젊어지게 할 수도 있을 것이다. 이런 일을 해낸 후 기적의 물질에 영광을 돌리는 당신의 모습이 눈에 선하다. 기쁜 소식은 이 물질이 이미 발견되었다는 것이다. 바로 호르몬이다! 코르티솔과 만성 스트레스는 텔로미어를 짧아지게 하지만,[93] 혈액 내 성장호르몬 수치가 높으면 텔로미어는 더 길어지기 때문이다.[94] 운동과 수면도 간접적으로 도움이 된다! 그리고 식습관도 영향을 미친다.

설탕, 우리의 수명을 갉아먹다

포도와 그것으로 만든 적포도주, 녹차 그리고 우리 몸에서 활성산소를 없애준다는, 발음하기도 어려운 온갖 건강보조제들. 이것들은 건강한 장수를 약속하는 최신 비법들이다. 몇 년 전 벨기에 의사이자 과학자인 크리스 페르부르흐Kris Verburgh의 책《영양 모래시계De voedselzandloper》가 크게 성공하면서, 네덜란드에서는 노화에 미치는 식습관의 영향에 관심이 집중되었다.[95] 페르부르흐는 이 책에서 노인학과 영양학을 결합한 새로운 의학 분야인 '노인영양학'을 주창한다. 그는 비록 건강하게 오래 사는 데 건강한 식습관의 중요성을 인식한 최초의 의사는 아니지만, 수명 단축의 일부 책임이 당대사에 있다고 지적한 최초의 의사다.

페르부르흐의 표현을 빌리면, 우리의 식단에 자주 등장하여 우리의 신체를 늙게 하는 과당 같은 고칼로리 설탕이 수명을 갉아먹는 빌런이다. 이것을 입증하는 과학적 증거는 여전히 불명확하지만, 최근 연구들에서 당분을 소화하기 위해 작동하는 호르몬 메커니즘이 우리의 수명을 단축할 뿐 아니라, 아픈 몸으로 수년을 살게 한다는 것이 밝혀졌다.[96] 과당은 실험실 동물의 장수를 방해하는 것으로 잘 알려져 있다.[97] 인간 역시 노년기에 과당을 적게 섭취하는 것이 건강에 중요한 것 같다. 과당을 섭취하면 우리의 텔로미어가 짧아지기 때문이다.[98, 99] 이 고칼로리 설탕은 FOXO1이라는 물질을 통해 실험실 동물의 호르몬 조절 기능에 직접적 영향을 미치는 것으로 보인다.[100] 나쁜 식습관과 운동 부족은 이 물질을 감소시키지만, 좋은 식습관과 충분한 운동은 이 물질의 양을 증가시킨다.[101, 102] 그리고 이것은 불멸의 해파리가 사용하는 FOXO1 메커니즘과 정확히 일치한다.[103] 노인을 대상으로 한 대규모 임상연구는 아직 없다. 하지만 우리가 이미 본 것처럼, 그것이 부동산 백만장자 대런 무어의 약 복용을 막을 수는 없었다.

건강한 (무가당) 음식을 섭취하면 시상하부가 성장호르몬을 통해 잘 조절되어 11년을 더 오래 살 수 있다. 또는 특정 세놀리틱스를 복용하면 수명이 40퍼센트 연장될 수 있다. 대단히 인상적인 수치다. 호르몬의 파워를 보여주는 뚜렷한 예라고 생각하는가? 그렇다면 기쁜 소식을 알려주겠다. 앞으로 더 좋아질 수 있다!

새천년이 시작되기 직전에 〈네이처〉에 미국 연구진의 새로운 발견이 게재되었다. 새끼를 낳은 적이 없는 벌레가 새끼를 낳은 벌레보다 더 오래 산다는 사실이 밝혀졌다.[104] 이 메커니즘 역시 성장호르몬을 축으로 작동했다. 그리고 이것은 실제로 인간에게도 마찬가지인 것 같다. 그래서 특히 엄마들이 장수하기에 불리한데,[105] 그것은 분명 임신이 신체에 요구하는 모든 에너지와 헌신 때문일 것이다.[106] 반면에 아빠들은 딸을 낳은 후에 오래 산다(이상하게도 아들을 낳았을 때는 별 차이가 없다). 그 이유는 여전히 모호한 추측에 머물러 있지만, 고정관념에 따른 성별 역할 배분 및 육아에서 비롯되는 만성 스트레스가 어쩌면 작은 요인일 수도 있다.[107] 장수를 위해 처음부터 자손을 포기하려는 젊은이는 거의 없을 것이다. 그것은 대다수에게 너무 큰 대가일 것이다. 그렇더라도 장수를 향한 궁극의 노력에서 가장 성공적인 결과는 생식과 당대사 모두를 억제할 때 달성된다.[108] 이런 생활방식을 지킨 벌레는 평균 20일을 사는 동료들과 달리 최대 124일까지 족히 여섯 배 더 오래 살았다. 그리고 이 실험을 근거로 과학자들은 인간에게서도 비슷한 메커니즘을 발견할 수 있으리라, 조심스럽게 낙관한다.

끝으로 물을 수밖에 없다. 눈앞에 아른대는 아름다운 미래를 넘어 건강하게 늙으려면 우리는 무엇을 할 수 있을까? 그 대답은 생각했던 것보다 더 간단하다. 당신은 스스로 몇 살이라고 느끼는가? 그 나이는 당신이 얼마나 건강하다고 느끼는지를 말해준다.[109] 그리고 그것은 진료실에서 측정하기 어렵다. 삶을 긍정적으로 바라보고 믿는 노인들은 일반적으로 더 건강하고 실제로 몇 년 더 오래 산다.[110]

조사에 따르면, 85세 이상 노인들의 경우 긍정적인 마음으로 사는 사람이 우울한 사람보다 약 10~15퍼센트 더 오래 산다.[111] 노년기의 우울과 기억력 저하는 남성과 여성 모두 성호르몬 농도가 낮은 것과 관련이 있다.[112, 113] 그러나 당신도 분명 알고 있듯이, 성호르몬을 보충한다고 해서 침울과 우울감이 햇살에 눈 녹듯 사라지지는 않는다.[114, 115]

약이 해결책이 아니라면 우리는 스스로 무엇을 할 수 있을까?

기분 좋은 일과 감사한 일을 매일 기록하고 이것을 여러 번 큰 소리로 읽어라(긍정 선언). 오직 긍정적인 사람들만 만나라(이미 언급한 모토 "친구를 보면 그가 어떤 사람인지 알 수 있다"에 따라). 그리고 인생의 목표를 정하라(신앙 체험부터 손자와 함께하는 삶, 손자를 위한 삶 등 다양하다). 이것만으로도 벌써 꽤 효과가 있을 것이다! 한 연구가 입증했듯이, 마음챙김 수련 역시 노화를 늦추는 데 도움이 될 수 있다.[116] 간단히 말해, 수명을 연장해주는 특효약은 아직 없지만 긍정적인 마음으로 사는 현대판 길가메시에게는 언제나 더 많은 희망이 있다.

그러므로 가능한 한 이른 시기부터 호르몬 균형을 잘 유지하고자 할 때 참고할 '의학적 조언'은 건강하게 먹고 많이 움직이라는 것이다. 또한 밤과 낮의 리듬을 잘 지켜야 한다. "젊어서 배운 것은 평생 간다"는 네덜란드 옛 속담이 틀리지 않기 때문이다!

미지의 세계 너머에서 우리를 기다리는 것

나를 매료시킨 호르몬시스템의 매력을 당신도 충분히 느꼈기를 바란다. 지난 100년 동안 호르몬과 인간, 더 나아가 사회문제와의 상호작용에 관한 수많은 수수께끼가 해결되었다. 그러나 내분비샘과 호르몬 질환 치료는 아직 완전히 연구되지 못했고, 이는 우리 의사들에게 좌절감을 안겨준다.

의사들이 호르몬 질환을 쉽게 발견하고 치료할 수 있을 것처럼 보이겠지만, 솔직히 말하면 우리는 아직 많은 부분에서 어둠속을 더듬고 있다. 우리 의사들은 건강한 사람의 분비샘과 호르몬 방출을 여전히 정확히 관찰할 수 없다. 병든 호르몬 분비샘의 이상 현상은 두말할 것도 없다. 치료하는 의사와 치료받는 환자가 할 수 있는 것은 혈액검사뿐인데, 그것은 안타깝게도 호르몬 분비샘의 상태를 순간 포착해 스냅샷처럼 보여줄 뿐이다. 그리고 치료를 시작하더라도 치료법이 50년 전과 크게 다르지 않다.

인공 호르몬을 생산할 수 있게 된 이후, 우리는 환자들에게 매일 복용하거나 주사해야 하는 약을 처방해왔다. 이런 치료법으로 종종 호르몬 수치의 균형을 회복할 수 있더라도, 신체 분비샘이 호르몬을 방출하는 기발한 방식을 복제할 수는 없다.[1] 한마디로, 우리의 치료법은 여전히 다소 조잡한 수준이고, 많은 환자가 고통에서 벗어나지 못하는 이유도 분명 그것 때문일 것이다.

작은 펌프를 이용해 인슐린과 글루카곤을 체내에 주입하는 당뇨병 치료법이 있는데, 나는 이것에 거는 기대가 크다. 인슐린 펌프의 최신 버전에는 혈액 내 포도당 수치에 미치는 영향을 직접 측정하는 센서가 달려 있다. 이 측정기에는 자가학습 알고리즘이 있어서, 인슐린 펌프는 점점 더 당뇨병 환자의 신체 일부가 되고 환자의 췌장 기능을 점점 더 비슷하게 모방한다. 예를 들어, 이 장치는 혈당수치를 정상으로 유지하는 데 필요한 인슐린 용량을 알아낼 수 있다.[2] 이것은 당연히 하루 네 번씩 인슐린을 주사하는 것보다 훨씬 낫다. 이런 똑똑한 장치를 갑상샘 기능이 저하되거나 부신에 결함이 있는 사람들에게 제공하거나 성장호르몬 생산에 사용할 수 있다면 얼마나 좋을까!

그러므로 내 생각에 앞으로 10년 동안 해야 할 일이 아주 많을 것 같다. 호르몬 질환은 실제로 어떻게 발생하고, 유전과 환경 그리고 장내미생물 사이에 어떤 연관성이 있는지 알아내기는 여전히 어렵다. 특성 질병이 발생할 위험이 있는 사람들을 식별할 수 있는 신뢰할 만한 검사 방법을 갖는 것은 두말할 것도 없다. 목표는 환자들의 고통을 완화하고 더 나아가 고통을 제압할 수 있는 치료를 제공하는 것이어야 한다. 이 목표를 과연 이룰 수 있을지는 앞으로 지켜봐야 할 것이다. 분명 매우 흥미진진할 것이다.

이 책을 쓰는 것은 피와 땀, 눈물의 과정이었다. 생각을 글로 옮기는 데 이렇게 많은 시간이 걸릴 줄은 미처 몰랐다. 특히 나 같은 과학자들은 연구 결과를 간결하게 정리하도록 훈련받았기 때문에, 나는 이 책을 쓰면서 정반대 접근 방식을 취하고 서술형으로 메시지를 전달하는 방법을 새로이 배워야 했다. 또한 질병의 원인에 대해 내가 실제로 아는 것이 얼마나 적은지 깨닫고 가슴이 서늘해지는 경험을 거듭하다 보니, 책을 쓰는 과정이 곧 많은 것을 배우는 기회였다.

우리는 주변 세계와 조화를 이루며 살아간다. 인류가 이미 고대부터 이것을 깨닫고 영감을 받아 다른 사람들의 고통을 줄여줄 새로운 치료법을 계속해서 찾으려 했다는 사실은 매우 감명 깊다. 모든 의사가 졸업식 때 맹세해야 하는 선서에는 다음의 내용이 들어 있다. "나는 나 자신과 다른 사람의 의학 지식을 넓히는 데 힘쓰겠다."[3] 이 책이 이 맹세의 실천이 되었기를 바란다.

저자의 말 & 프롤로그

1 Mantel, H. (2015). *Von Geist und Geistern*. Köln: DuMont, S. 210.

2 https://www.trouw.nl/nieuws/professor-galjaard-neemt-afscheid~b513d97e.

3 Bayliss, W. M. & E. H. Starling (1902). »On the causation of the so-called ›Peripheral Reflex Secretion‹ of the pancreas«. In: *Proc Roy Soc*, 69: 352–3.

4 Bayliss, W. M. & E. H. Starling (1902). »The mechanism of pancreatic secretion«. In: *J Physiol*, 28: 325–3.

5 https://www.nobelprize.org/prizes/medicine/1904/summary.

6 Berthold, A. A. (1849). »Transplantation der Hoden«. In: *Archiv für Anatomie, Physiologie und Wissenschaftliche Medicin*. Berlin: J. Müller, Veit & Co.

7 https://de.wikipedia.org/wiki/Hundeherz.

8 Cussons, A. J., Bhagat, C. I., Fletcher, S. J. & J. P. Walsh (2002). »Brown-Séquard Revisited: A Lesson from History on The Placebo Effect of Androgen Treatment«. In: *J Aust*, Dec 2–16; 177(11–12): 678–9.

9 Knegtmans, P. J. (2014). *Geld, ijdelheid en hormonen. Ernst Lacqueur(1880–1947), hoogleraar en ondernemer*. Amsterdam: Boom.

10 Carson, R. (1962). *Der stumme Frühling*. München: Biederstein.

11 Rikken, B. et al. (1996). »Hypofysair groeihormoon en de ziekte van Creutzfeldt-Jakob in Nederland«. In: *Ned Tijdschr Geneeskd*. 1996; 140:1163–5.

12 https://www.descentrum.nl/voor-des-dochters.

1 인간의 탄생은 배 속이 아니라 뇌에서 시작한다 — 임신과 출산

1 Stockley, P. (2011). »Female Competition and Its Evolutionary Consequences in Mammals«. In: *Biological Reviews*, 86(2); 341–66.

2 Van Schaik, C. & J. B. Silk (2013). »Contributions of Sarah Blaffer Hrdy«. In: *Evol Anthropol*, 22(5): 200–1.

3 https://www.bbc.co.uk/mediacentre/mediapacks/planet-earth-ii/cities.

4 Bethmann, D. et al. (2009). »Why are More Boys Born During War? Evidence from Germany at Mid Century«. In: *Ruhr Economic Paper*, No. 154; 14 Pages Posted: 12 Dec.

5 Abreu, A. P. & U. B. Kaiser (2016). »Pubertal development and regulation«. In: *Lancet Diabetes Endocrinol*, Mar; 4(3): 254–64.

6 Carson, R. (1962). *Der stumme Frühling*. München: Biederstein.

7 Kasteren, J. van (1996). »De kwaliteit van het mannelijk zaad«. Nemokennislink.nl.

8 Carlsen, E. & N. E. Skakkebaek (1992). »Evidence for decreasing quality of semen during past 50 years«. In: *BMJ*, Sep 12; 305(6854): 609–13. doi:10.1136/bmj.305.6854.609.

9 Tiegs, A. W. et al. (2019). »Total Motile Sperm Count Trend Over Time: Evaluation of Semen Analyses From 119,972 Men From Subfertile Couples«. In: *Urology*, Oct; 132: 109–116.

10 Mammi, C. et al. (2012). »Androgens and adipose tissue in males: a complex and reciprocal interplay«. In: *Int J Endocrinol*, 2012: 789653.

11 Levine H. et al. (2017). »Temporal trends in sperm count: a systematic review and meta-regression analysis«. In: *Hum Reprod Update*, Nov 1; 23(6): 646–59.

12 Zerjal, T. et al. (2003). »Genetic Legacy of The Mongols«. In: *Am J Hum Genet*, Mar; 72(3): 717–21.

13 Barker, D. J. P., Lampl, M., Roseboom, T. & N. Winder (2012). »Resource Allocation in Utero and Health in Later Life«. In: *Placenta*, Nov; 33 Suppl 2: e30–4.

14 Lumey, L. H. & A. D. Stein (1997). »Offspring Birth Weights after Maternal Intrauterine Undernutrition: a Comparison within Sibships«. In: *Am J Epidemiol*, 146(10): 810–9.

15 Ward, Z. J. et al. (2019). »Projected U. S. State-Level Prevalence of Adult Obesity and Severe Obesity«. In: *N Engl J Med*, Dec 19; 381(25): 2440–50.

16 Han, J. et al. (2005). »Long-Term Effect of Maternal Obesity on Pancreatic Beta Cells of Offspring: Reduced Beta Cell Adaptation to High Glucose and High-Fat Diet Challenges in Adult Female Mouse Offspring«. In: *Diabetologia*, Vol. 48, 1810–18.

17 Gaspar, R. S. et al. (2021). »Maternal and offspring high-fat diet leads to platelet hyperactivation in male mice offspring«. In: *Scientific Reports*, Vol. 11, Article number: 1473.

18 Rodríguez-González, G. L. et al. (2015). »Maternal Obesity and Overnutrition Increase Oxidative Stress in Male Rat Offspring Reproductive System and Decrease Fertility«. In: *International Journal of Obesity*, Vol. 39, 549–56.

19 Beemsterboer, S. N. (2006). »The Paradox of Declining Fertility but Increasing Twinning Rates with Advance Maternal Age«. In: *Human Reproduction*, 21(6): 1531–2.

20 Azziz, R., Dumesic, D. A. & M. O. Goodarzi (2011). »Polycystic ovary syndrome: an ancient disorder?«. In: *Fertil Steril*, 95(5).

21 Kumar, P. et al. (2011). »Ovarian Hyperstimulation Syndrome«. In: *J Hum Reprod Sci*, May-Aug; 4(2): 70–75.

22 Taguchi, O. et al. (1984). »Timing and Irreversibility of Müllerian Duct Inhibition in the Embryonic Reproductive Tract of the Human Male«. In: *Developmental Biology*, 106 (2): 394–8.

23 Mauro, S. et al. (2021). »New Insights into Anti-Müllerian Hormone Role in the Hypothalamic-Pituitary-Gonadal Axis and Neuroendocrine Development«. In: *Cellular and Molecular Life Sciences*, Vol. 78, 1–16.

24 Wiweko, B. et al. (2014). »Anti-Mullerian Hormone as a Diagnostic and Prognostic Tool for PCOS Patients«. In: *J Assist Reprod Genet*, Oct; 31(10): 1311–1316.

25 Oncul, M. (2014). »May AMH levels distinguish LOCAH from PCOS among hirsute women?«. In: *Eur Journal of Obstetric Gynecol Reprod Biol*, Jul; 178: 183–7.

26 Pardoe, R. (1988). *The Female Pope; the Mystery of Pope Joan; the First Complete Documentation of the Facts Behind the Legend.* Crucible Publishers, Thorsons Publishing group. Wellingborough, UK.

27 New, M. I., Kitzinger, E. S. (1993). »Pope Joan: a recognizable syndrome«. In: *J Clin Endocrinol Metab*, Jan; 76(1): 3–13.

28 Speiser, P. W. (1985). »High frequency of nonclassical steroid 21-hydroxylase deficiency«. In: *Am J Hum Genet*, Jul; 37(4): 650–67.

29 Yaron, Y. et al. (2002). »Maternal Serum HCG is Higher in the Presence of a Female Fetus as Early as Week 3 Post-Fertilization«. In: *Human Reprod*, Feb; 17(2): 485–9.

30 Lee, N. et al. (2011). »Nausea and Vomiting of Pregnancy«. In: *Gastroenterol Clin North Am*, Jun; 40(2): 309-VII.

31 Buckwalter, J. G. (1999). »Pregnancy, the Postpartum, and Steroid Hormones: Effects on Cognition and Mood«. In: *Psychoneuroendocrinology.* 1999 Jan; 24(1): 69–84.

32 https://en.wikipedia.org/wiki/The_Distaff_Gospels.

33 McFadzen, M. et al. (2017). »Maternal Intuition of Fetal Gender«. In: *J Patient Cent Res Rev*, Summer; 4(3): 125–30.

34 https://www.sciencedirect.com/topics/veterinary-science-and-veterinarymedicine/human-placental-lactogen.

35 Abu-Raya, B. et al. (2020). »Maternal Immunological Adaptation During Normal

Pregnancy«. In: *Front Immunol*, 07 October: 11: 575197.

36 https://www.sciencedirect.com/science/article/pii/S0301211520304334.

37 Keynes, M. (2000). »The aching head and increasing blindness of Queen Mary I«. In: *Med Biogr*, May; 8(2): 102–9.

38 Deelen, M. (2020). »Melk van allebei je moeders, dat kan dus ook«. In: *de Volkskrant*, 5. Juni 2020.

39 Guastellaa, A. J. et al. (2010). »Intranasal Oxytocin Improves Emotion Recognition for Youth with Autism Spectrum Disorders«. In: *Biological Psychiatry*, Vol. 67, Issue 7, 692–94.

40 Swaab, D. F., Boer, G. J., Boer, K., Dogterom, J., Van Leeuwen, F. W. & M. Visser (1978). »Fetal neuroendocrine mechanisms in development and parturition«. In: *Prog Brain Res*, 48: 277–90.

41 Bell, A. F. et al. (2014). »Beyond labor: the Role of Natural and Synthetic Oxytocin in the Transition to Motherhood«. In: *J Midwifery Womens Health*, Jan-Feb; 59(1): 35–42.

42 Carvalho, B. et al. (2006). »Experimental heat pain for detecting pregnancy-induced analgesia in humans«. In: *Anesthesia & Analgesia*, Vol. 103(5), 1283–87.

43 Knechtle, B. et al. (2018). »Physiology and Pathophysiology in Ultra-Marathon Running«. In: *Front Physiol*, Jun 1; 9: 634.

44 https://de.wikipedia.org/wiki/Papyrus_Ebers.

45 https://www.ncbi.nlm.nih.gov/books/NBK53528.

46 Strandwitz, P. (2018). »Neurotransmitter Modulation by the Gut Microbiota«. In: *Brain Res*, Aug 15; 1693(Pt B): 128–33.

47 Schulte, E. M. et al. (2015). »Which Foods May Be Addictive? The Roles of Processing, Fat Content, and Glycemic Load«. In: *PLoS One*, Feb 18; 10(2): e0117959.

48 Tasca, C. et al. (2012). »Women And Hysteria In The History Of Mental Health«. In: *Clin Pract Epidemiol Ment Health* 8: 110–9.

49 Maines, R. P. (1998). *The Technology of Orgasm: »Hysteria«, the Vibrator, and Women's Sexual Satisfaction*. Baltimore: The Johns Hopkins University Press.

50 Anders, S. M. van (2009). »Associations among physiological and subjective sexual response, sexual desire, and salivary steroid hormones in healthy premenopausal women«. In: *J Sex Med*, Mar; 6(3): 739–51.

51 Stevenson, S., Thornton, J. (2007). »Effect of estrogens on skin aging and the potential role of serms«. In: *Clin Interv Aging*, Sep; 2(3): 283–97.

52 Munn, D. H. et al. (1998). »Prevention of Allogeneic Fetal Rejection by Tryptophan

Catabolism«. In: *Science*, Aug 21; 281(5380): 1191–3.

53 Russo, S. et al. (2009). »Tryptophan as an Evolutionarily Conserved Signal to Brain Serotonin: Molecular Evidence and Psychiatric Implications«. In: *World J Biol Psychiatry*, 10(4): 258–68.

54 Høgh, S., Hegaard, H. K., Renault, K. M. et al. (2021). »Short-Term Oestrogen as a Strategy to Prevent Postpartum Depression in High-Risk Women: Protocol for the Double-Blind, Randomised, Placebo-Controlled MAMA Clinical Trial«. In: *BMJ Open*, 11: e052922.

55 Edelstein, R. S. et al. (2015). »Prenatal hormones in first-time expectant parents: Longitudinal changes and within-couple correlations«. In: *Am J Hum Biol*, May-Jun; 27(3): 317–25.

56 Li, T. et al. (2017). »Intranasal oxytocin, but not vasopressin, augments neural responses to toddlers in human fathers«. In: *Horm Behav*, Jul; 93: 193–202.

57 Mascaro, J. S., Hackett, P. D. & J. K. Rilling (2014). »Differential neural responses to child and sexual stimuli in human fathers and non-fathers and their hormonal correlates«. In: *Psychoneuroendocrinology*, Aug; 46: 153–63.

58 Gettler, L. T. et al. (2011). »Longitudinal evidence that fatherhood decreases testosterone in human males«. In: *PNAS*, 108 (39): 16194–9.

59 Fleming, A. S. et al. (2002). »Testosterone and prolactin are associated with emotional responses to infant cries in new fathers«. In: *Hormones and Behavior*, 42(4): 399–413. Siehe auch: https://pubmed.ncbi.nlm.nih.gov/25504668.

60 Masoni, S. et al. (1994). »The couvade syndrome«. In: *Psychosom Obstet Gynaecol*, Sep; 15(3): 125–31.

61 Miller, S. L. & J. K. Maner (2010). »Scent of a woman: men's testosterone responses to olfactory ovulation cues«. In: *Psychol Sci*, 21(2): 276–83.

62 http://www.antiquitatem.com/en/couvade-matriarchy-gynecocracyapolloniu und https://de.wikipedia.org/wiki/M%C3%A4nnerkindbett.

63 Cohn, B. A. (1994). »In search of human skin pheromones«. In: *Arch Dermatol*, 130 (8): 1048–51.

64 Trotier, D. (2011). »Vomeronasal organ and human pheromones«. In: *Eur Ann Otorhinolaryngol Head Neck Dis*. Sep; 128(4): 184–90.

65 Keverne, E. B. (1999). »The vomeronasal organ«. In: *Science*, Oct 22; 286(5440): 716–20.

66 Stoyanov, G., Moneva, K., Sapundzhiev, N. & A. B. Tonchev (2016). »The vomeronasal organ–incidence in a Bulgarian population«. In: *The Journal of Laryngology and*

Otology, 130 (4): 344–7.

67 Verhaeghe, J. et al. (2013). »Pheromones and their effect on women's mood and sexuality«. In: *Facts Views. Vis Obgyn*, 5(3): 189–95.

68 Miller, G. (2007). »Ovulatory cycle effects on tip earnings by lap dancers: Economic evidence for human estrus?«. In: *Evolution and Human Behavior*, (28). 375–81.

69 http://healthland.time.com/2011/09/13/why-do-dads-have-lower-levelsof-testosterone.

70 https://de.wikipedia.org/wiki/Coolidge-Effekt.

71 Pizzari, T. et al. (2003). »Sophisticated Sperm Allocation in Male Fowl«. In: *Nature*, 426: 70–74. doi: 10.1038/nature02004.

72 Fiorino, D. F., Coury, A. & Phillips, A. G. (1997). »Dynamic Changes in Nucleus Accumbens Dopamine Efflux During the Coolidge Effect in Male Rats«. In: *Journal of Neuroscience*, 17(12): 4849–55.

2 앞으로의 삶을 결정할 위대한 도움닫기 — 영유아기

1 Hompes, T. et al. (2013). »Investigating the influence of maternal cortisol and emotional state during pregnancy on the dna methylation status of the glucocorticoid receptor gene (NR3C1) promoter region in cord blood«. In: *Journal of Psychiatric Research*, Vol. 47, Issue 7, Jul; 880–91.

2 Radtke, K. M. et al. (2015). »Epigenetic Modifications of the Glucocorticoid Receptor Gene Are Associated with the Vulnerability to Psychopathology in Childhood Maltreatment«. In: *Translational Psychiatry*, Vol. 5, e571.

3 Hansen, D. et al. (2000). »Serious Life Events and Congenital Malformations: a National Study with Complete Follow-Up«. In: *Lancet*. Sep 9; 356(9233): 875–80. doi:10.1016/S0140-6736(00)02676-3.

4 Laplante, D. P. et al. (2004). »Stress During Pregnancy Affects General Intellectual and Language Functioning in Human Toddlers«. In: *Pediatric Research*, Vol. 56, 400–10.

5 https://www.nobelprize.org/prizes/medicine/1977/summary/.

6 Forest, M. G. et al. (1973). »Total and Unbound Testosterone Levels in The Newborn and in Normal and Hypogonadal Children: Use of a Sensitive Radioimmunoassay for Testosterone«. In: *J Clin Endocrinol Metab*, Jun; 36(6): 1132–42.

7 Forest, M. G., Sizonenko, P. C., Cathiard, A. M. & Bertrand, J. (1974). »Hypophyso-Gonadal Function in Humans During the First Year of Life. 1. Evidence for Testicular Activity in Early Infancy«. In: *J Clin Invest*, Mar; 53(3): 819–28.

8 Andersson, A. M. et al. (1998). »Longitudinal Reproductive Hormone Profiles in Infants: Peak of Inhibin B Levels in Infant Boys Exceeds Levels in Adult Men«. In: *J*

Clin Endocrinol Metab. Feb; 83(2): 675–81.

9 François, C. M. et al. (2017). »A Novel Action of Follicle-Stimulating Hormone in the Ovary Promotes Estradiol Production Without Inducing Excessive Follicular Growth Before Puberty«. In: *Sci Rep*, Apr 11; 7: 46222.

10 https://www.jgzrichtlijnen.nl/alle-richtlijnen/richtlijn/?richtlijn=2&rlpag=378.

11 Sømod, M. E. et al. (2016). *Pediatric Endocrinology*, Vol. 2016, Article number: 4.

12 Kinson, G. A. (1976). »Pineal factors in the control of testicular function«. In: *Adv Sex Horm Res*. 2: 87–139.

13 Descartes, R. (1664). *Traité de l'homme*. Paris: chez Charles Angot.

14 Partsch, C. J. & W. G. Sippell (2001). »Pathogenesis and epidemiology of precocious puberty. Effects of exogenous oestrogens«. In: *Hum Reprod Update*. May-Jun; 7(3): 292–302.

15 https://www.dailymail.co.uk/femail/article-508020/The-girls-started-going-puberty-three.html.

16 Okdemir, D. et al. (2014). »Premature thelarche related to fennel tea consumption?«. In: *J Pediatr Endocr Met*, 27(1–2): 175–9.

17 https://onlinelibrary.wiley.com/doi/full/10.1111/jpc.12837.

18 Zung, A. (2008). »Breast Development in the First 2 Years of Life: an Association with Soy-Based Infant Formulas«. In: *Pediatr Gastroenterol Nutr*, Feb; 46(2): 191–5.

19 Andersson, A. M., Skakkebaek, N. E. (1999). »Exposure to exogenous estrogens in food: possible impact on human development and health«. In: *Eur J Endocrinol*, Jun; 140(6): 477–85.

20 Sáenz De Rodríguez, C., & M. Toro-Solá (1982). »Anabolic Steroids in Meat and Premature Telarche«. In: *The Lancet*, 319(8284), 1300.

21 Pérez Comas, A. (1982). »Precocious Sexual Development in Puerto Rico«. In: *The Lancet*, 319(8284), 1299–1300. doi: 10.1016/s0140–6736(82)92857–4.

22 Loizzo, A. et al. (1984). »The Case of Diethylstilbestrol Treated Veal Contained in Homogenized Baby-Foods in Italy. Methodological and Toxicological Aspects«. In: *Ann Ist Super Sanita*, Vol. 20, N. 2–3, 215–20.

23 Gaspari, L., Morcrette, E., Jeandel, C., Valé, F. D, Paris, F. & C. Sultan (2014). »Dramatic Rise in the Prevalence of Precocious Puberty in Girls over the Past 20 Years in the South of France«. In: *Horm Res Ped*.; 82 Suppl 1: 291–92.

24 Hoffman, J. R. & Falvo, M. J. (2004). »Protein–Which is Best?«. In: *J Sports Sci Med*, 3, 118–30.

25 Barrett, J. R. (2002). »Soy and children's health: a formula for trouble«. In: *Environ*

Health Perspect, Jun; 110(6): A294–6.

26 Strom, B. L. et al. (2001). »Exposure to soy-based formula in infancy and endocrinological and reproductive outcomes in young adulthood«. In: *JAMA*, Aug 15; 286(7): 807–14.

27 Colborn, Th. (1990). *Great Lakes, Great Legacy*? Institute for Research and Public Policy.

28 Gaspari, L. (2012). »High Prevalence of Micropenis in 2710 Male Newborns from an Intensive-Use Pesticide Area of Northeastern Brazil«. In: *Int J Androl*, Jun; 35(3): 253–64.

29 https://de.wikipedia.org/wiki/Scoubidou.

30 Paris, F. et al. (2013). »Increased serum estrogenic bioactivity in girls with premature thelarche: a marker of environmental pollutant exposure?«. In: *Gynecol Endocrinol*, Aug; 29(8): 788–92.

31 Gaspari, L. (2011). »Peripheral precocious puberty in a 4-month-old girl: role of pesticides?«. In: *Gynecol Endocrinol*, Sep; 27(9): 721–4.

32 Vogiatzi, M. G. et al. (2016). »Menstrual Bleeding as a Manifestation of Mini-Puberty of Infancy in Severe Prematurity«. In: *J Pediatr*, Nov; 178: 292–5.

33 Adgent, M. et al. (2011). »Early-life soy exposure and gender-role play behavior in children«. In: *Environ Health Perspect*, Dec; 119(12): 1811–6.

34 Mendez, M. A. et al. (2002). »Soy-based formulae and infant growth and development: a review«. In: *J Nutr*, Aug; 132(8): 2127–30.

35 Thorup, J. et al. (2010). »What is new in cryptorchidism and hypospadias –a critical review on the testicular dysgenesis hypothesis«. In: *J Pediatr Surg*, Oct; 45(10): 2074–86.

36 https://allthatsinteresting.com/annie-jones-bearded-lady.

37 https://de.wikipedia.org/wiki/Julia_Pastrana.

38 https://en.wikipedia.org/wiki/Krao_Farini.

39 Siehe Instagram, Rose Geil, Harnaam Kaur.

40 Fawzy, F. et al. (2015). »Cryptorchidism and Fertility«. In: *Clin Med Insights Reprod Health*. Dec 22; 9: 39–43.

41 Gill, W. B. (1988). »Effects on Human Males of in Utero Exposure to Exogenous Sex Hormones«. In: Mori T. & H. Nagasawa (Eds.), *Toxicity of Hormones in Perinatal Life*. Boca Raton: CRC Press Inc., 161–77.

42 https://de.wikipedia.org/wiki/Hoden.

43 Ford, B. (2011). *Secret Weapons: Technology, Science And The Race To Win World War II*. Bloomsbury Publishing Plc.

44 Brucker-Davis, F. et al. (2003). »Update on cryptorchidism: endocrine, environmental and therapeutic aspects«. In: *J Endocrinol Invest*, Jun; 26(6): 575–87.

45 García-Rodríguez, F. et al. (1996). »Exposure to pesticides and cryptorchidism: geographical evidence of a possible association«. In: *Environ Health Perspect*, Oct; 104(10): 1090–5.

46 Imajima, T. et al. (1997). »Prenatal phthalate causes cryptorchidism post natally by inducing transabdominal ascent of the testis in fetal rats«. In: *J Pediatr Surg*, Jan; 32(1): 18–21.

47 Hadziselimovic, F. et al. (2005). »The importance of mini-puberty for fertility in cryptorchidism«. In: *The Journal of Urology*, 174: 1536–9.

48 Zhang, R., et al. (2002). »A quantitative (stereological) study of the effects of experimental unilateral cryptorchidism and subsequent orchiopexy on spermatogenesis in adult rabbit testis«. In: *Reproduction*, 124(1), 95–105.

49 Moon, J. et al. (2014). »Unilateral cryptorchidism induces morphological changes of testes and hyperplasia of Sertoli cells in a dog«. In: *Lab Anim Res*, Dec; 30(4): 185–9.

50 Verkauskas, G. et al. (2016). »Prospective study of histological and endocrine parameters of gonadal function in boys with cryptorchidism«. In: *J Pediatr Urol*, Aug; 12(4): 238. e1–6.

51 Boas, M. et al. (2006). »Postnatal penile length and growth rate correlate to serum testosterone levels: a longitudinal study of 1962 normal boys«. In: *Eur J Endocrinol*, Jan; 154(1): 125–9.

52 Koskenniemi, J. et al. (2018). »Postnatal Changes in Testicular Position Are Associated With IGF-I and Function of Sertoli and Leydig Cells«. In: *J Clin Endocrinol Metab*, Apr 1; 103(4): 1429–37.

53 Bin-Abbas, B. et al. (1999). »Congenital hypogonadotropic hypogonadism and micropenis: effect of testosterone treatment on adult penile size why sex reversal is not indicated«. In: *J Pediatr*, May; 134(5): 579–83.

54 Reiner, W. G. et al. (2004). »Discordant sexual identity in some genetic males with cloacal exstrophy assigned to female sex at birth«. In: *N Engl J Med*, Jan 22; 350(4): 333–41.

55 Reiner, W. G. (2005). »Gender identity and sex-of-rearing in children with disorders of sexual differentiation«. In: *J Pediatr Endocrinol Metab*, Jun; 18(6): 549–53.

56 Hines, M. et al. (2015). »Early androgen exposure and human gender development«. In: *Biol Sex Differ*, Feb 26; 6: 3.

57 https://de.wikipedia.org/wiki/Foekje_Dillema.

58 Dohle, M. J. M. (2008). *Het verwoeste leven van Foekje Dillema*. Amsterdam: De Arbeiderspers.

59 https://www.npostart.nl/andere-tijden-sport/29-07-2018/vpwon_1293632.

60 Siehe Anmerkung 56.

61 Stiles, J. et al. (2010). »The basics of brain development«. In: *Neuropsychol Rev*, Dec; 20(4): 327–48.

62 Swaab, D. (2013). *Wir sind unser Gehirn. Wie wir denken, leiden und lieben*. München: Knaur.

63 Pasterski, V. L. et al. (2005). »Prenatal hormones and postnatal socialization by parents as determinants of male-typical toy play in girls with congenital adrenal hyperplasia«. In: *Child Dev*, Jan-Feb; 76(1): 264–78.

64 Lamminmaki, A. et al. (2012). »Testosterone measured in infancy predicts subsequent sex-typed behavior in boys and in girls«. In: *Hormones and Behavior*, 61, 611–616.

65 Pasterski, V. L. et al. (2015). »Postnatal penile growth concurrent with minipuberty predicts later sex-typed play behavior: Evidence for neurobehavioral effects of the postnatal androgen surge in typically developing boys«. In: *Hormones and Behavior*, 69, 98–105.

66 Wallen, K. (1996). »Nature needs nurture: the interaction of hormonal and social influences on the development of behavioral sex differences in rhesus monkeys«. In: *Hormones and Behavior*, 30 : 4 364–78.

67 Morgan, K. et al. (2011). »The sex bias in novelty preference of preadolescent mouse pups may require testicular Mullerian inhibiting substance«. In: *Behav Brain Res*, Aug 1; 221(1): 304–6.

68 Golombok, S. & J. Rust (1993). »The Measurement of Gender Role Behaviour in Pre-School Children: a Research Note«. In: *Journal of Child Psychology and Psychiatry*, 34(5), 805–11.

69 Alexander, G. (2014). »Postnatal testosterone concentrations and male social development«. In: *Front Endocrinol* (Lausanne), Feb 21; 5: 15.

70 Pankhurst, M. W. et al. (2012). »Inhibin B and anti-Mullerian hormone/Mullerian-inhibiting substance may contribute to the male bias in autism«. In: *Transl Psychiatry*, Aug 14; 2(8): e148.

71 Hadziselimovic, F. et al. (2014). »Decreased expression of genes associated with memory and x-linked mental retardation in boys with non-syndromic cryptorchidism and high infertility risk«. In: *Mol Syndromol*, Feb; 5(2): 76–80.

72 Hadziselimovic, F. et al. (2017). »Genes Involved in Long-Term Memory Are

Expressed in Testis of Cryptorchid Boys and Respond to GnRHA Treatment«. In: *Cytogenet Genome Res*, 152(1): 9–15.

73 Schaadt, G. et al. (2015). »Sex hormones in early infancy seem to predict aspects of later language development«. In: *Brain Language*, 141: 70–6.

74 Hier, D. B. & W. F. Crowley (1982). »Spatial ability in androgen-deficient men«. In: *N Engl J Med*, 306: 1202–5.

3 성장호르몬부터 사랑의 설렘까지 — 사춘기

1 Hall, G. S. (1904). *Adolescence. Its psychology and its relations to physiology, anthropology, sociology, sex, crime, religion and education*. New York: D. Appleton & Company.

2 https://www.theguardian.com/society/2012/oct/21/puberty-adolescence-childhood-onset.

3 Euling, S. Y. et al. (2008). »Examination of us puberty-timing data from 1940 to 1994 for secular trends: panel findings«. In: *Pediatrics*, Feb; 121 Suppl 3: 172–91.

4 Lee, J. M. et al. (2016). »Timing of Puberty in Overweight Versus Obese Boys«. In: *Pediatrics*, Feb; 137(2): e20150164.

5 Tanner, J. M. (2010). *A History of the Study of Human Growth*. Cambridge University Press.

6 https://de.wikipedia.org/wiki/De_generatione_animalium.

7 Georg Friedrich Rall, *De generatione animalium disquisitio medico-physica in qua celeberrimorum virorum* (Frankfurt: Melchior Klosemann, 1669), 164–5.

8 Protsiv, M. et al., (2020). »Decreasing human body temperature in the United States since the industrial revolution«. In: *Elife*, 2020 Jan 7; 9:e49555.

9 Janssen, D. F. (2021). »Puer Barbatus: Precocious Puberty in Early Modern Medicine«. In: *Journal of the History of Medicine and Allied Sciences*, Vol. 76, Issue 1, January, 20–52.

10 https://www.nrc.nl/nieuws/2008/03/22/ik-ruik-seks-11508699-a160883.

11 McClintock, M. K. (1971). »Menstrual Synchrony and Suppression«. In: *Nature*, 229(5282): 244–5.

12 Stern, K. & M. K. McClintock (1998). »Regulation of Ovulation by Human Pheromones«. In: *Nature*, 392(6672): 177–9.

13 Shinohara, K. et al. (2001). »Axillary Pheromones Modulate Pulsatile LH Secretion in Humans«. In: *Neuroreport*, 12(5): 893–5.

14 Daw, S. F. (1970). »Age of Boy's Puberty in Leipzig, 1727–1749, as Indicated by Voice

Breaking«. In: »J. S. Bach's Choir Members«, *Human Biology*, 42: 1, 87–9.

15 https://www.jellejolles.nl/kennisarchief/boeken/tienerbrein.

16 Crone, E. et al. (2018). »Media use and brain development during adolescence«. In: *Nat Commun*; 9: 588.

17 Spielberg, J. M. et al. (2015). »Pubertal testosterone influences threat-related amygdala-orbitofrontal cortex coupling«. In: *Soc Cogn Affect Neurosci*, Mar; 10(3): 408–15.

18 Cardoos, S. L. et al. (2017). »Social status strategy in early adolescent girls: Testosterone and value-based decision making«. In: *Psychoneuroendocrinology*, 81: 14–21.

19 Nave, G. et al. (2017). »Single-Dose Testosterone Administration Impairs Cognitive Reflection in Men«. In: *Psychol Sci*, 28(10): 1398–1407.

20 Chicaiza-Becerra, L., Garcia-Molina, M. et al. (2017). »Prenatal testos terone predicts financial risk taking: Evidence from Latin America«. In: *Personality and Individual Differences*, 116(1): 32–7.

21 https://de.wikipedia.org/wiki/Kindheit_und_Jugend_auf_Samoa.

22 Bourbon, N. (Cratander 1533). *Nugae (Bagatelles)*. Reprint Librarie Droz; Bilingual edition (31 Dec. 2008).

23 Goleman, D. (1996). *Emotionale Intelligenz*. München/Wien: Hanser.

24 Shoda, Y. & W. D. Mischel (1990). »Predicting Adolescent Cognitive and Self-Regulatory Competencies From Preschool Delay of Gratification: Identifying Diagnostic Conditions«. In: *Developmental Psychology*, 26(6), 978–86 47.

25 Harris, C. et al. (2015). »Changes in dietary intake during puberty and their determinants: results from the GINI plus birth cohort study«. In: *BMC Public Health*, Sep 2; 15: 841.

26 Terry, N. & Margolis, K. G. (2017). Gross Handb Exp Pharmacol, 239: 319–42.

27 Pease, A. & B. Pease (2000). *Warum Männer nicht zuhören und Frauen schlecht einparken*. Berlin: Ullstein.

28 Graf, H. et al. (2019). »Serotonergic, Dopaminergic, and Noradrenergic Modulation of Erotic Stimulus Processing in the Male human Brain«. In: *J Clin Med*, Mar; 8(3): 363.

29 Hughes, S. M. et al. (2007). »Sex differences in romantic kissing among college students: An evolutionary perspective«. In: *Evolutionary psychology*, 612–31.

30 Wlodarski, R. et al. (2014). »What's in a Kiss? The Effect of Romantic Kissing on Mate Desirability«. In: *Evolutionary Psychology* 12(1): 178–99.

31 Prosser, C. G. et al. (1983). »Saliva and breast milk composition during the menstrual cycle of women«. In: *Aust J Exp Biol Med Sci*, Jun; 61 (Pt 3): 265–75.

32 Cerda-Molina, A. L. et al. (2013). »Changes in Men's Salivary Testosterone and Cortisol Levels, and in Sexual Desire after Smelling Female Axillary and Vulvar Scents«. In: *Front Endocrinol* (Lausanne), Oct 28; 4: 159.

33 Kromer, J. et al. (2016). »Influence of HLA on human partnership and sexual satisfaction«. In: *Sci Rep*, 6: 32550.

34 Roberts, S. C. et al. (2008). »MHC-correlated odour preferences in humans and the use of oral contraceptives«. In: *Proc Biol Sci*, Dec 7; 275(1652): 2715–22.

35 https://www.theguardian.com/lifeandstyle/2013/sep/08/can-you-smellperfect-partner.

36 https://www.latimes.com/archives/la-xpm-1987-12-02-mn-17142-story.html.

37 Ranke, M. B. et al. (2018). »Growth hormone–past, present and future«. In: *Nat Rev Endocrinol*, May; 14(5): 285–300.

38 https://www.destatis.de/DE/Themen/Gesellschaft-Umwelt/Gesundheit/ Gesundheitszustand-Relevantes-Verhalten/Tabellen/liste-koerpermasse.html

39 https://www.nemokennislink.nl/publicaties/waarom-nederlanders-zolang-zijn.

40 Rich-Edwards, J. W. (2007). »Milk consumption and the prepubertal somatotropic axis«. In: *Nutr J*, Sep 27; 6: 28.

41 https://rarediseases.org/rare-diseases/acromegaly.

42 https://de.wikipedia.org/wiki/Periplus.

43 Armocida, E. et al. (2020). »Hereditary acromegalic gigantism in the family of Roman Emperor Maximinus Thrax«. In: *Med Hypotheses*, Mar; 136: 109525.

44 Minozzi, S. et al. (2012). »Pituitary disease from the past: a rare case of gigantism in skeletal remains from the Roman Imperial Age«. In: *JCEM* 87: 12, 4302–3.

45 Chahal, H. S. et al. (2011). »AIP mutation in pituitary adenomas in the 18th century and today«. In: *N Engl J Med*, Jan 6; 364(1): 43–50.

46 https://de.wikipedia.org/wiki/Trijntje_Keever.

47 Herder, W. W. de (2004). »Giantism. A historical and medical view«. In: *Ned Tijdschr Geneeskd*, Dec 25; 148(52): 2585–90.

48 https://de.wikipedia.org/wiki/Altpreu%C3%9Fisches_Infanterieregiment_No._6_ (1806).

49 LeBourgeois, M. K. et al. (2017). »Digital Media and Sleep in Childhood and Adolescence«. In: *Pediatrics*, Nov; 140(Suppl 2): 92–6.

50 Valcavi, R. et al. (1993). »Melatonin stimulates growth hormone secretion through pathways other than the growth hormone-releasing hormone«. In: *Clin Endocrinol (Oxf)*, Aug; 39(2): 193–9.

51 https://www.cbs.nl/nl-nl/nieuws/2021/37/nederlanderskorter-maarnog-steeds-lang.

52 Wideman, L. et al. (2002). »Growth hormone release during acute and chronic aerobic and resistance exercise: recent findings«. In: *Sports Med*, 32(15): 987–1004.

53 https://www.medicosport.eu/nl/doping/doping1996-os.html.

54 Ho, K. Y. et al. (1988). »Fasting enhances growth hormone secretion and amplifies the complex rhythms of growth hormone secretion in man«. In: *J Clin Invest*, Apr; 81(4): 968–75.

55 Boudesteyn, K. et al. (2002). »Ghrelin, an important hormone produced by the stomach«. In: *Ned Tijdschr Geneeskd*, Oct 12; 146(41): 1929–33.

56 Levy, E. et al. (2019). »Intermittent Fasting and Its Effects on Athletic Performance: A Review«. In: *Curr Sports Med Rep*, Jul; 18(7): 266–9.

57 Schorr, M. et al. (2017). »The endocrine manifestations of anorexia nervosa: mechanisms and management«. In: *Nat Rev Endocrinol*, Mar; 13(3): 174–86.

58 Muñoz-Hoyos, A. et al. (2011). »Psychosocial dwarfism: psychopathological aspects and putative neuroendocrine markers«. In: *Psychiatry Res*, Jun 30; 188(1): 96–101.

59 Gohlke, B. C., Frazer, F. L. & R. Stanhope (2004). »Growth hormone secretion and long-term growth data in children with psychosocial short stature treated by different changes in environment«. In: *J Pediatr Endocrinol Metab*, 17(4): 637–43.

60 Powell-Jackson, J. et al. (1985). »Creutzfeldt-Jakob disease after administration of human growth hormone«. In: *The Lancet*, Aug 3; 2(8449): 244–6.

4 호르몬이 결정하는 것과 그렇지 못한 것 — 젠더와 섹슈얼리티

1 https://www.boomgeschiedenis.nl/product/100-3527_Transgender-in-Nederland.

2 Money, J. et al. (1955). »An examination of some basic sexual concepts: the evidence of human hermaphroditism«. In: *Bulletin of the Johns Hopkins Hospital*, Vol. 97, Issue 4, 301–19.

3 Siehe Kapitel 2, Anmerkung 56. Siehe auch: https://taz.de/Intersexualitaet-im-Spitzensport/!5457222/.

4 https://www.at5.nl/artikelen/171722/homoseksuele-gieren-en-pingu%C3%AFns-inartis-veel-minder-gevaarlijk.

5 https://www.cbc.ca/news/world/gay-penguin-couple-adopts-abandoned-egg-in-german-zoo-1.794702.

6 https://en.wikipedia.org/wiki/Hermaphrodite.

7   https://natuurwijzer.naturalis.nl/leerobjecten/soms-een-man-soms-eenvrouw.

8   Spencer-Hall, A. & B. Gutt (2021). *Trans and Genderqueer Subjects in Medieval Hagiography*. Amsterdam: Amsterdam University Press.

9   Herman, J. L. et al. (2017). »Demographic and Health Characteristics of Transgender Adults in California: Findings from the 2015–2016 California Health Interview Survey«. In: *Policy Brief* (UCLA Center for Health Policy Research), 01 Oct 2017, (8): 1–10.

10 https://williamsinstitute.law.ucla.edu/publications/global-acceptance-index-lgbt.

11 https://www.ad.nl/show/nikkie-de-jager-dacht-na-coming-out-dat-alles-voorbij-was ~abd09f3e/?referrer=https%3A%2F%2Fwww.google.nl%2F.

12 Sociaal Cultureel Planbureau (2018) bzw. https://www.ipsos.com/de-de/jeder-zweite-deutsche-sieht-wachsende-toleranz-gegenuber-transgendern.

13 Vries, A. L. C. de et al (2014). »Young adult psychological outcome after puberty suppression and gender reassignment«. In: *Pediatrics*. Oct; 134(4): 696–704.

14 Seibel, B. L. et al. (2018). »The Impact of the Parental Support on Risk Factors in the Process of Gender Affirmation of Transgender and Gender Diverse People«. In: *Front Psychol*, Mar 27; 9: 399.

15 Beusekom, G. van et al. (2015). »Same-sex attraction, gender nonconformity, and mental health: The protective role of parental acceptance«. In: *Psychology of Sexual Orientation and Gender Diversity*, 2(3), 307–12. 21.

16 https://www.smithsonianmag.com/arts-culture/when-didgirls-start-wearing-pink-1370097.

17 https://en.wikipedia.org/wiki/Mamie_Eisenhower.

18 Jonauskaite, D. et al. (2019). »Pink for girls, red for boys, and blue for both genders: Colour preferences in children and adults«. In: *Sex Roles*, 80, 630–42.

19 https://de.wikipedia.org/wiki/Das_lila_Lied.

20 https://nos.nl/artikel/2193985-best-wel-stoer-meisje-blij-met-gendervrijekleren-bij-hema.

21 https://en.wikipedia.org/wiki/Elagabalus.

22 https://www.ranker.com/list/transgender-people-in-history/devon-ashby.

23 Die Geschichte wurde von Tom Hooper in *The Danish Girl* (2015) nach dem gleichnamigen Roman von David Ebershoff verfilmt. Der Film zeigt jedoch ein manchmal etwas unglaubwürdiges Geschehen.

24 https://de.wikipedia.org/wiki/Christine_Jorgensen.

25 Hamburger, C. (1953). »The desire for change of sex as shown by personal letters

from 465 men and women«. In: *Acta Endocrinol* (Copenh), Dec; 14(4): 361–75.

26 Zhou, J. N. et al. (1995). »A sex difference in the human brain and its relation to transsexuality«. In: *Nature*, Nov 2; 378(6552): 68–70.

27 https://www.volkskrant.nl/nieuws-achtergrond/het-grootste-complimentis-ik-heb-een-gewoon-leven-nu~b319de37.

28 https://nos.nl/artikel/2172194-steeds-meer-mensen-wijzigen-hun-geslachtna-transgenderwet.

29 https://www.scp.nl/publicaties/publicaties/2017/05/09/transgender-personen-in-nederland.

30 Heijer, M. den et al. (2017). »Long term hormonal treatment for transgender people«. In: *BMJ*, 359: j5027.

31 https://www.zilverencamera.nl/jaargang/zc-2018/documentair-nationaal-serie/inner-journey-into-manhood.

32 Lo Galbo, C. (2015). »Ik ben geen George Clooney, maar ik kan ermee door.« Interview mit Maxim Februari in *Vrij Nederland*.

33 Waanders, L. (2014). Rezension zu *De maakbare man. Notities over transseksualiteit* von Maxim Februari. Hanta.nl

34 Ongenae, C. (2015). »Na de geslachtsverandering: Maxim Februari vertelt wat je wel en niet moet weten over transgenders«. Interview auf www.catherineongenae.com.

35 Februari, M. (1989). *De zonen van het uitzicht*. Amsterdam: Querido.

36 Swaab, D. & E. Fliers (1985). »A sexually dimorphic nucleus in the human brain«. In: *Science*, May 31; 228(4703): 1112–5.

37 Swaab, D. F. & M. A. Hofman (1990). »An enlarged suprachiasmatic nucleus in homosexual men«. In: *Brain Res*; 537(1–2): 141–8.

38 Savic, I., Berglund, H. & P. Lindstrom (2005). »Brain response to putative pheromones in homosexual men«. In: *Proc Natl Acad Sci USA*, 102: 7356–61.

39 Berglund, H., Lindstrom, P. & I. Savic (2006). »Brain response to putative pheromones in lesbian women«. In: *Proc Natl Acad Sci USA*, 103(21): 8269–74.

40 Zhou, W., et al. (2014). »Chemosensory communication of gender through two human steroids in a sexually dimorphic manner«. In: *Curr Biol*, 24(10): 1091–5.

41 Jordan-Young, R. (2011). *Brain Storm: The Flaws in the Science of Sex Differences*. Cambridge: Harvard University Press.

42 Ward, I. L. (1972). »Brain response to putative pheromones in homosexual men«. In: *Science*, Jan 7; 175(4017): 82–4.

43 Radtke, K. M. et al. (2015). »Epigenetic modifications of the glucocorticoid receptor

gene are associated with the vulnerability to psychopathology in childhood maltreatment«. In: *Transl Psychiatry*, 5, e571.

44 Waal, F. de (2022). *Der Unterschied. Was wir von Primaten über Gender lernen können*. Stuttgart: Klett-Cotta.

45 Balthazart, J. (2012). *The Biology of Homosexuality*. Oxford University Press, UK.

46 Terman, L. M. & C. C. Miles (1936). *Sex and Personality: Studies in Masculinity and Femininity*. New York: McGraw-Hill.

47 Blanchard, R. J. (2004). »Quantitative and theoretical analyses of the relation between older brothers and homosexuality in men«. In: *Theor Biol*, 230(2): 173–187.

48 Blanchard, R. (2008). »Review and Theory of Handedness, Birth Order and Homosexuality in Men«. In: *Laterality*, 13, 51–70.

49 Bos, H. W. & T. G. M. Sandfort (2010). »Children's Gender Identity in Lesbian and Heterosexual Two-Parent Families«. In: *Sex Roles*, 62(1): 114–26.

50 Breedlove, S. M. (2017). »Prenatal Influences on Human Sexual Orientation: Expectations versus Data«. In: *Arch Sex Behav*, Aug; 46(6): 1583–92.

51 Maccoby, E. E. et al. (1979). »Concentrations of Sex Hormones in Umbilical-Cord Blood: Their Relation to Sex and Birth Order of Infants«. In: *Child Development*, Vol. 50, No. 3, Sept, 632–42.

52 Blanchard, R. & A. F. Bogaert (1996). »Homosexuality in Men and Number of Older Brothers«. In: *Am J Psychiatry*, 153: 27–31.

53 Blanchard, R. et al. (1997). »H-Y Antigen and Homosexuality in Men«. In: *Journal of Theoretical Biology*, Vol. 185, Issue 3, 7 April, 373–8.

5 우리 뇌는 배고픔에 어떻게 대처할까? ─ 식욕과 체중 조절

1 Laar, A. van de (2014). *Onder het mes: de beroemdste patiënten en operaties uit de geschiedenis van de chirurgie*. Amsterdam: Thomas Rap.

2 Reutrakul, S. & Van Cauter, E. (2018). »Sleep influences on obesity, insulin resistance, and risk of type 2 diabetes«. In: *Metabolism*, Jul; 84: 56–66.

3 Dickens, Ch. (2012). *The Pickwick Papers* (Penguin Classics). London: Penguin. Deutsche Ausgabe: *Die Pickwickier* (Fischer Klassik). Frankfurt a. M.: Fischer.

4 Almuli, T. (2019). *Knap voor een dik meisje*. Amsterdam: Nijgh & Van Ditmar.

5 https://www.destatis.de/Europa/DE/Thema/Bevoelkerung-Arbeit-Soziales/Gesundheit/Uebergewicht.html.

6 https://www.bundesgesundheitsministerium.de/themen/praevention/gesundheits gefahren/ diabetes.html#:~:text=In%20Deutschland%20ist%20bei%20circa,Stellsch rauben%20zur%20Bekämpfung%20von%20Diabetes.

7   Hübel, C. et al. (2019). »Epigenetics in eating disorders: a systematic review«. In: *Mol Psychiatry*, 24, 90115.

8   Booij, L. & H. Steiger (2020). »Applying epigenetic science to the understanding of eating disorders: a promising paradigm for research and practice«. In: *Curr Opin Psychiatry*, Nov; 33(6): 515–20.

9   http://psychclassics.yorku.ca/Pavlov.

10 Dimaline, R. et al. (2014). »Novel roles of gastrin«. In: *J Physiol*, Jul 15; 592(Pt 14): 2951–8.

11 Rehfeld, J. F. (2017). »Cholecystokinin–From Local Gut Hormone to Ubiquitous Messenger«. In: *Front Endocrinol* (Lausanne), 8: 47.

12 https://lion-nutrition.weebly.com/digestive-system.html.

13 Broglio, F. et al. (2007). »Brain-gut communication: cortistatin, somatostatin and ghrelin«. In: *Trends in Endocrinology & Metabolism*, Vol. 18, Issue 6, August, 246–51.

14 Cheng, H. L. et al. (2018). »Ghrelin and Peptide YY Change During Puberty: Relationships With Adolescent Growth, Development, and Obesity«. In: *J Clin Endocrinol Metab*, Aug 1; 103(8): 2851–60.

15 Danziger, S., Levav, J. & L. Avnaim-Pesso (2011). »Extraneous factors in judicial decisions«. In: *PNAS USA*, 108(17): 6889–92.

16 Linder, J. A. et al. (2014). »Time of day and the decision to prescribe antibiotics«. In: *JAMA Intern Med*, 174(12): 2029–31.

17 Tal, A. et al. (2013). »Fattening fasting: hungry grocery shoppers buy more calories, not more food«. In: *JAMA Intern Med*, 173(12): 1146–8.

18 https://books.google.be/books/about/De_borgelyke_tafel_om_lang_gesond_sonder. html?id=X4lbAAAAQAAJ&redir_esc=y.

19 Walker, M. (2018). *Das große Buch vom Schlaf. Die enorme Bedeutung des Schlafs. Beste Vorbeugung gegen Alzheimer, Krebs, Herzinfarkt und vieles mehr.* München: Goldmann.

20 Ulhoa, M. A. (2015). »Shift work and endocrine disorders«. In: *Int J Endocrinol*, 826249.

21 Mitler, M. M. et al. (1988). »Catastrophes, sleep, and public policy: consensus report«. In: *Sleep* 11(1): 100–9.

22 Leroyer, E. et al. (2014). »Extended-duration hospital shifts, medical errors and patient mortality«. In: *Br J Hosp Med* (Lond), 75(2): 96–101.

23 Ekirch, R. (2006). *In der Stunde der Nacht. Eine Geschichte der Dunkelheit.* Köln:

Bastei Lübbe.

24 Mattingly, S. M. et al. (2021). »The effects of seasons and weather on sleep patterns measured through longitudinal multimodal sensing«. In: *NPJ Digit Med*, Apr 28; 4(1): 76.

25 Yetish, G. et al. (2015). »Natural sleep and its seasonal variations in three pre-industrial societies«. In: *Curr Biol*, Nov 2; 25(21): 2862–8.

26 Wehr, T. A. (1992). »In short photoperiods, human sleep is biphasic«. In: *J Sleep Res*, Jun; 1(2): 103–7.

27 Mesarwi, O. et al. (2013). »Sleep disorders and the development of insulin resistance and obesity«. In: *Endocrinol Metab Clin North Am*, Sep; 42(3): 617–34.

28 Kojima, M. et al. (2013). »Ghrelin discovery: a decade after«. In: *Endocr Dev*, 25: 1–4.

29 Anderberg, R. H. et al. (2016). »The Stomach-Derived Hormone Ghrelin Increases Impulsive Behavior«. In: *Neuropsychopharmacology*, Apr; 41(5): 1199–209.

30 Parikh, S., Parikh, R., Michael, K. et al. (2022). »Food-seeking behavior is triggered by skin ultraviolet exposure in males.« Nat Metab.

31 Theander, C. et al. (2006). »Ghrelin action in the brain controls adipocyte metabolism«. In: *J Clin Invest*, Jul; 116(7): 1983–93.

32 King, W. C. et al. (2017). »Alcohol and other substance use after bariatric surgery: prospective evidence from a U. S. multicenter cohort study«. In: *Surg Obes Relat Dis*, Aug; 13(8): 1392–402.

33 Hao, Z. et al. (2016). »Does gastric bypass surgery change body weight set point?«. In: *Int J Obes Suppl*, Dec; 6 (Suppl 1): 37–43.

34 Luchtman, D. W. et al. (2015). »Defense of Elevated Body Weight Setpoint in Diet-Induced Obese Rats on Low Energy Diet Is Mediated by Loss of Melanocortin Sensitivity in the Paraventricular Hypothalamic Nucleus«. In: *PLoS One*. Oct 7; 10(10): e0139462.

35 Peters, A. et al. (2004). »The selfish brain: competition for energy resources«. In: *Neurosci Biobehav Rev*, Apr; 28(2): 143–80.

36 Cummings, D. E. et al. (2002). »Plasma ghrelin levels after diet-induced weight loss or gastric bypass surgery«. In: *N Engl J Med*, May 23; 346(21): 1623–30.

37 German, A. J. et al. (2006). »The growing problem of obesity in dogs and cats«. In: *The Journal of Nutrition*, Vol. 136, Issue 7, 1 July, 1940S–1946S.

38 Ingalls, A. M. et al. (1950). »Obese, a new mutation in the house mouse«. In: *J Hered*, Dec; 41(12): 3 17–8.

39 O'Rahilly, S. (2014). »20 years of leptin: what we know and what the future holds«. In:

J Endocrinol, Oct; 223(1): E1–3.

40 Tausk, M. (1978). *Organon. De geschiedenis van een bijzondere Nederlandse onderneming.* Nijmegen: Dekker & van de Vegt.

41 Goldschmidt, S. (2014). *Die Glücksfabrik.* München: dtv.

42 Gershon, M. (2001). *Der kluge Bauch. Die Entdeckung des zweiten Gehirns.* München: Goldmann.

43 Reiter, S. et al. (2017). »On the Value of Reptilian Brains to Map the Evolution of the Hippocampal Formation«. In: *Brain Behav Evol*, 90(1): 41–52.

44 O'Neill, P. M. et al. (2018). »Efficacy and safety of semaglutide compared with liraglutide and placebo for weight loss in patients with obesity: a randomised, double-blind, placebo and active controlled, dose-ranging, phase 2 trial«. In: *The Lancet*, Aug 25; 392(10148): 637–49.

45 https://de.wikipedia.org/wiki/Naturalis_historia.

46 Siehe auch Anmerkung 1.

47 https://de.wikipedia.org/wiki/Ivo_Pitanguy.

48 https://medicine.uiowa.edu/surgery/content/memory-dr-edward-e-mason.

49 Adams, T. D. et al. (2017). »Weight and Metabolic Outcomes 12 Years after Gastric Bypass«. In: *N Engl J Med*, 377: 1143–55.

6 장 속, 보이지 않는 동반자들의 활약 ─ 장내미생물

1 Eiseman, B. et al. (1958). »Fecal enema as an adjunct in the treatment of pseudomem branous enterocolitis«. In: *Surgery*, Nov; 44(5): 854–9.

2 Nood, E. van (2013). »Duodenal infusion of donor feces for recurrent Clostridium difficile«. In: *NEJM*, 368(5): 407–15.

3 Enders, G. (2014). *Darm mit Charme. Alles über ein unterschätztes Organ.* Berlin: Ullstein.

4 Covasa, M. et al. (2019). »Intestinal Sensing by Gut Microbiota: Targeting Gut Peptides«. In: *Review Front Endocrinol* (Lausanne), Feb 19; 10: 82.

5 Knudsen, L. B. et al. (2019). »The Discovery and Development of Liraglutide and Semaglutide«. In: *Front Endocrinol* (Lausanne), Apr 12; 10: 155.

6 Pijper, P. (2020). *Schatgravers en Scheppers.* Zierikzee: Uitgeverij De Woordenwinkel.

7 Engeland, C. G. et al. (2016). »Psychological distress and salivary secretory immunity«. In: *Brain Behav Immun*, Feb; 52: 11–7.

8 Madsen, K. B. et al. (2013). »Acute effects of continuous infusions of glucagon-like peptide (GLP)-1, GLP-2 and the combination (GLP-1+GLP-2) on intestinal absorption in short bowel syndrome (SBS) patients. A placebocontrolled study«. In: *Regul Pept*, Jun 10; 184: 30–9.

9   Fung, T. C. et al. (2019). »Intestinal serotonin and fluoxetine exposure modulate bacterial colonization in the gut«. In: *Nat Microbiol*, Dec; 4(12): 2064–2073.

10 Kim, D. Y. et al. (2000). »Serotonin: a mediator of the brain-gut connection«. In: *Am J Gastroenterol*, Oct; 95(10): 2698–709.

11 Neuman, H. et al. (2015). »Microbial endocrinology: the interplay between the microbiota and the endocrine system«. In: *fems Microbiol Rev*, Jul; 39(4): 509–21.

12 Gershon, M. (2001). *Der kluge Bauch*. a. a. O.

13 Fan, Y. et al. (2021). »Gut microbiota in human metabolic health and disease«. In: *Nat Rev Microbiol*, Jan; 19(1): 55–71.

14 Bullmore, E. (2019). *Die entzündete Seele. Ein radikal neuer Ansatz zur Heilung von Depressionen*. München: Goldmann.

15 https://www.nobelprize.org/prizes/medicine/1958/lederberg/biographical.

16 Groot, P. F. de et al. (2017). »Fecal Microbiota Transplantation in Metabolic Syndrome: History, Present and Future«. In: *Gut Microbes*, May 4; 8(3): 253–67.

17 Antonelli, G. et al. (2016). »Evolution of the Koch postulates: towards a 21st-century understanding of microbial infection«. In: *Clin Microbiol Infect*, Jul; 22(7): 583–4.

18 Smits, L. P. et al. (2013). »Therapeutic potential of fecal microbiota transplantation«. In: *Gastroenterology*, Nov; 145(5): 946–53.

19 Hanssen, N. M. J. et al. (2021). »Fecal microbiota transplantation in human metabolic diseases: From a murky past to a bright future?«. In: *Cell Metab*, Jun 1; 33(6): 1098–110.

20 Rogers, M. A. M. et al. (2013). »Depression, antidepressant medications, and risk of Clostridium difficile infection«. In: BMC Med, May 7; 11: 121. doi: 10.1186/1741–7015–11–121.

21 Lyte, J. M. et al. (2020). »Gut-brain axis serotonergic responses to acute stress exposure are microbiome-dependent«. In: *Neurogastroenterol Motil*, Nov; 32(11): e13881.

22 Malik, F. (2019). »Case report and literature review of auto-brewery syndrome: probably an underdiagnosed medical condition«. In: *BMJ Open Gastroenterol*, Aug 5; 6(1): e000325.

23 Chen, L. et al. (2021). »Tryptophan-kynurenine metabolism: a link between the gut and brain for depression in inflammatory bowel disease«. In: *J Neuroinflammation*, 18: 135.

24 Esplugues, E. et al. (2011). »Control of TH17 cells occurs in the small intestine«. In: *Nature*, Jul 28; 475(7357): 514–8.

25 Knezevic, J. et al. (2020). »Thyroid-Gut-Axis: How Does the Microbiota Influence Thyroid Function?«. In: *Nutrients*, Jun; 12(6): 1769.

26 Heiss, C. N. et al. (2018). »Gut Microbiota-Dependent Modulation of Energy Metabolism«. In: *J Innate Immun*, 10(3): 163–71.

27 Groot, P. F. de et al. (2020). »Donor metabolic characteristics drive effects of faecal microbiota transplantation on recipient insulin sensitivity, energy expenditure and intestinal transit time«. In: *Gut*, Mar; 69(3): 502–12.

28 Chevalier, C. et al. (2015). »Gut Microbiota Orchestrates Energy Homeostasis during Cold«. In: *Cell*, Dec 3; 163(6): 1360–74.

29 Smith, R. P. et al. (2019). »Gut microbiome diversity is associated with sleep physiology in humans«. In: *PLoS One*, Oct 7; 14(10): e0222394.

30 Thaiss, C. A. et al. (2014). »Transkingdom control of microbiota diurnal oscillations promotes metabolic homeostasis«. In: *Cell*, Oct 23; 159(3): 514–29.

31 Kumar Dogra, S. et al. (2020). »Gut Microbiota Resilience: Definition, Link to Health and Strategies for Intervention«. In: *Front Microbiol*, 11: 572921.

32 Garcia-Gutierrez, E. et al. (2019). »Gut microbiota as a source of novel antimicrobials«. In: *Gut Microbes*, 10(1): 1–21.

33 Munger, E. et al. (2018). »Reciprocal Interactions Between Gut Microbiota and Host Social Behavior«. In: *Front Integr Neurosci*, 12: 21.

34 Koren, O. et al. (2012). »Host remodeling of the gut microbiome and metabolic changes during pregnancy«. In: *Cell*, Aug 3; 150(3): 470–80.

35 Kristensen, K. et al. (2016). »Cesarean section and disease associated with immune function«. In: *J Allergy Clin Immunol*, Feb; 137(2): 587–90.

36 Korpela, K. et al. (2020). »Maternal Fecal Microbiota Transplantation in Cesarean-Born Infants Rapidly Restores Normal Gut Microbial Development: A Proof-of-Concept Study«. In: *Cell*, Oct 15; 183(2): 324–34.

37 Elsen, L. W. J. van den et al. (2019). »Shaping the Gut Microbiota by Breastfeeding: The Gateway to Allergy Prevention?«. In: *Front Pediatr*, 7: 47.

38 Song, S. J. et al. (2013). »Cohabiting family members share microbiota with one another and with their dogs«. In: *Elife*, Apr 16; 2: e00458.

39 Costea, P. I. et al. (2018). »Enterotypes in the landscape of gut microbial community composition«. In: *Nat Microbiol*, Jan; 3(1): 8–16.

40 Yao, Z. et al. (2020). »Relation of Gut Microbes and L-Thyroxine Through Altered

Thyroxine Metabolism in Subclinical Hypothyroidism Subjects«. In: *Front Cell Infect Microbiol*, 10: 495.

41 Krogh Pedersen, H. et al. (2016). »Human gut microbes impact host serum metabolome and insulin sensitivity«. In: *Nature*, Jul 21; 535(7612): 376–81.

42 Blaser, M. (2017). *Antibiotika-Overkill. So entstehen die modernen Seuchen*. Freiburg: Herder.

43 Clemente, J. C. et al. (2015). »The microbiome of uncontacted Amerindians«. In: *Sci Adv*, Apr 3; 1(3): e1500183.

44 Dominguez-Bello, M. G. et al. (2018). »Preserving microbial diversity«. In: *Science*, Oct 5; 362(6410): 33–4.

45 https://taymount.com.

46 Niazi, A. K. et al. (2011). »Thyroidology over the ages«. In: *Indian J Endocrinol Metab*, Jul; 15(Suppl2): 121–6.

7 스트레스가 당신을 소리 없이 망가뜨릴 때 — 성인기

1 Golden, S. H. et al. (2009). »Clinical review: Prevalence and incidence of endocrine and metabolic disorders in the United States: a comprehensive review«. In: *J Clin Endocrinol Metab*, June 1; 94(6): 1853–1878.

2 Mantel, H. (2015). *Von Geist und Geistern*. Köln: DuMont.

3 Djerassi, C. (2001). *This Man's Pill. Sex, die Kunst und Unsterblichkeit*. Innsbruck: Haymon.

4 Rosing, J., Middeldorp, S. et al. (1999). »Low-dose oral contraceptives and acquired resistance to activated protein C: a randomised cross-over study«. In: *The Lancet*, Dec 11; 354(9195): 2036–40.

5 Pletzer, B. A. et al. (2014). »50 years of hormonal contraception-time to find out, what it does to our brain«. In: *Front Neurosci*, Aug 21; 8: 256.

6 Schaffir, J. et al. (2016). »Combined hormonal contraception and its effects on mood: a critical review«. In: *Eur J Contracept Reprod Health Care*, Oct; 21(5): 347–55.

7 Skovlund, C. W. et al. (2018). »Association of Hormonal Contraception With Suicide Attempts and Suicides«. In: *Am J Psychiatry*, Apr 1; 175(4): 336–42.

8 Zimmerman, Y. et al. (2014). »The effect of combined oral contraception on testosterone levels in healthy women: a systematic review and metaanalysis«. In: *Hum Reprod Update*, Jan; 20(1): 76–105.

9 Panzer, C. et al. (2006). »Impact of oral contraceptives on sex hormonebinding globulin and androgen levels: a retrospective study in women with sexual dysfunction«. In: *J Sex*

Med, 2006 Jan; 3(1): 104–13.

10 Nielsen, S. E. et al. (2011). »Hormonal contraception usage is associated with altered memory for an emotional story«. In: *Neurobiol Learn Mem*, Sep; 96(2): 378–84.

11 Mordecai, K. L. et al. (2017). »Cortisol reactivity and emotional memory after psychosocial stress in oral contraceptive users«. In: *J Neurosci Res*, Jan 2; 95(1–2): 126–35.

12 Toni, R. (2000). »Ancient views on the hypothalamic-pituitary-thyroid axis: an historical and epistemological perspective«. In: *Pituitary*, Oct; 3(2): 83–95.

13 Janicki-Deverts, D. et al. (2016). »Basal salivary cortisol secretion and susceptibility to upper respiratory infection«. In: *Brain Behav Immun*, Mar; 53: 255–61.

14 Fröhlich, E. et al. (2017). »Thyroid Autoimmunity: Role of Anti-thyroid Antibodies in Thyroid and Extra-Thyroidal Diseases«. In: *Front Immunol*, 8: 521.

15 https://schildklier.nl/over-son/organisatie/historie.

16 Chaker, L. et al. (2017). »Hypothyroidism«. In: *The Lancet*, Sep 23; 390(10101): 1550–62.

17 Martino, E. (2012). »Endocrinology and Art. Madonna del Rosario (Lady of the rosary)–Michelangelo Merisi called Caravaggio (1571–1610)«. In: *Journal of Endocrinological Investigation*, Vol. 35, 243.

18 Papapetrou, P. D. (2015). »The philosopher Socrates had exophthalmos (a term coined by Plato) and probably Graves' disease«. In: *Hormones* (Athens), Jan–Mar; 14(1): 167–71.

19 https://thyroidwellness.com/blogs/default-blog/president-bush-s-gravesdisease-story-and-the-potential-triggers-of-his-thyroid-condition.

20 https://columbiasurgery.org/news/2015/09/03/history-medicine-leonardo-da-vinci-and-elusive-thyroid-0.

21 Laios, K. et al. (2019). »From thyroid cartilage to thyroid gland«. In: *Folia Morphol*, Vol. 78, No. 1, 171–3.

22 Niazi, A. K. et al. (2011). »Thyroidology over the ages«. In: *Indian J Endocrinol Metab*, Jul; 15(Suppl2): 121–6.

23 Leung, A. M. et al. (2012). »History of U. S. iodine fortification and supplementation«. In: *Nutrients*, Nov; 4(11): 1740–6.

24 Meijer van Putten, J. B. (1997). »Jodiumtekort«. In: *Ned Tijdschr Geneeskd*, 141: 453–4.

25 https://manuthek.de/thyroid-die-natuerliche-alternative-zu-l-thyroxin/.

26 Loos, V. (2008). »A thyrotoxicosis outbreak due to dietary pills in Paris«. In: *Ther Clin*

Risk Manag, Dec; 4(6): 1375–9.

27 Parmar, M. et al. (2003). »Recurrent hamburger thyrotoxicosis«. In: *CMAJ*, Sep 2; 169(5): 415–7.

28 Ranabir, S. et al. (2011). »Stress and hormones«. In: *Indian J Endocrinol Metab*, Jan–Mar; 15(1): 18–22.

29 Bérard, L. (1916). »La maladie de Basedow et la guerre«. In: *Bull. Acad. de méd*, 76: 428.

30 Weisschedel-Freiburg, E. (1953). »Characteristics of Basedow's disease and hyperthyreoses after the war; therapy with radioiodine«. In: *Langenbecks Arch. u. Dtsch. Z. Clair*, 273 (Kongressbericht), S. 817–9.

31 Paunkovic, N. et al. (1998). »The significant increase in incidence of Graves' disease in eastern Serbia during the civil war in the former Yugoslavia (1992 to 1995)«. In: *Thyroid*, Jan; 8(1): 37–41.

32 https://www.brainimmune.com/caleb-parry-and-the-relationship-between-hyperthyroidism-and-stress.

33 https://www.schilddruesengesellschaft.at/sites/osdg.at/files/upload/15%20Weissel%20-%20Schilddruese%20und%20Stressful%20Life%20Events.pdf.

34 Vita, R. et al. (2009). »A patient with stress-related onset and exacerbations of Graves disease«. In: *Nat Clin Pract Endocrinol Metab*, Jan; 5(1): 55–61.

35 https://www.thyroid.org/thyroid-disease-pregnancy.

36 Michels, A. W. et al. (2010). »Immunologic endocrine disorders«. In: *J Allergy Clin Immunol*, Feb; 125(2 Suppl 2): 226–37.

37 https://neuroendoimmune.wordpress.com/2013/04/16/horror-autotoxicus-the-story-of-autoimmunity.

38 Ngo, S. T. et al. (2014). »Gender differences in autoimmune disease«. In: *Frontiers in Neuroendocrinology*, 35(3): 347–69.

39 Quintero, O. et al. (2012). »Autoimmune disease and gender: plausible mechanisms for the female predominance of autoimmunity«. In: *J Autoimmun*, May; 38(2–3): J109–19.

40 Flak, M. B. et al. (2013). »Immunology. Welcome to the microgenderome«. In: *Science*, Mar 1; 339(6123): 1044–5.

41 Fuhri Snethlage, C. M. et al. (2021). »Auto-immunity and the gut microbiome in type 1 diabetes: Lessons from rodent and human studies«. In: *Best Pract Res Clin Endocrinol Metab*, May; 35(3): 101544.

42 http://www.endocrinesurgery.net.au/adrenal-history.

43 Owen, D. (2008). *Zieke wereldleiders. Hoe overmoed, depressie en andere aandoeningen politieke beslissingen sturen.* Amsterdam: Nieuw Amsterdam.

44 Horby, P. et al. (2021). »Dexamethasone in Hospitalized Patients with Covid-19«. In: *N Engl J Med*, Feb 25; 384(8): 693–704.

45 Lee, D. et al. (2015). »Technical and clinical aspects of cortisol as a biochemical marker of chronic stress«. In: *BMB Rep*, Apr; 48(4): 209–16.

46 https://www.historynet.com/jack-kennedy-dr-feelgood/?f.

47 https://www.history.com/topics/us-presidents/kennedy-nixon-debates.

48 Mandel, L. R. (2009). »Endocrine and autoimmune aspects of the health history of John F. Kennedy«. In: *Ann Intern Med*, Sep 1; 151(5): 350–4.

49 Carney, J. A. (1995). »The Search for Harvey Cushing's Patient, Minnie G., and the Cause of Her Hypercortisolism«. In: *Am J Surg Path*, 19(1): 100–108.

50 Lupien, S. (2014). *Well Stressed. Manage Stress Before It Turns Toxic.* HarperCollins Canada.

51 https://www.nobelprize.org/prizes/medicine/1950/hench/facts.

52 QJM (2005). Jun; 98(6): 387–402.

53 Hinz, L. et al. (2011). »Why did Harvey Cushing misdiagnose Cushing's disease? The enigma of endocrinological diagnoses«. In: *UWOMJ*, 79: 1, 43–6.

54 Househam, A. M. et al. (2017). »The Effects of Stress and Meditation on the Immune System, Human Microbiota, and Epigenetics«. In: *Adv Mind Body Med*, Fall; 31(4): 10–25.

55 Keown, D. (2021). *Der Funke im System. Wie die chinesische Medizin die Rätsel der westlichen Medizin löst.* München: Elsevier.

56 Ma, X. (2017). »The Effect of Diaphragmatic Breathing on Attention, Negative Affect and Stress in Healthy Adults«. In: *Front Psychol*, 8; 874.

57 Benvenutti, M. J. et al. (2017). »A single session of hatha yoga improves stress reactivity and recovery after an acute psychological stress task-A counterbalanced, randomized-crossover trial in healthy individuals«. In: *Complement Ther Med*, Dec; 35: 120–126.

58 Thind, H. et al. (2017). »The effects of yoga among adults with type 2 diabetes: A systematic review and meta-analysis«. In: *Prev Med*, Dec; 105: 116–26.

59 Nilakanthan, S. et al. (2016). »Effect of 6 months intense Yoga practice on lipid profile, thyroxine medication and serum TSH level in women suffering from hypothyroidism: A pilot study«. In: *J Complement Integr Med*, Jun 1; 13(2): 189–93.

60 Chu, P. et al. (2016). »The effectiveness of yoga in modifying risk factors for cardiovascular disease and metabolic syndrome: A systematic review and meta-analysis of randomized controlled trials«. In: *European Journal of Preventive Cardiology*, 23(3), 291–307.

61 Lequin, R. M. et al. (2002). »Marius Tausk (1902–1990), influential endocrinologist and producer of medicines; a retrospect to mark the centenary of his birth«. In: *Ned Tijdschr Geneeskd*, Feb 16; 146(7): 327–30.

62 Knegtmans, P. J. (2014). *Geld, ijdelheid en hormonen. Ernst Laqueur (1880–1947), hoogleraar en ondernemer.* Amsterdam: Boom.

63 https://www.nobelprize.org/prizes/chemistry/1939/butenandt/biographical.

64 Anonymous (1896). »The brown-sequard method of testicular extract therapy«. In: *JAMA, XXVI*(10): 488.

65 https://historianet.nl/oorlog/tweede-wereldoorlog/hitler/hitler-was-in-detweede-wereldoorlog-aan-de-drugs.

66 Williams, B. R. et al. (2017). »Hormone Replacement: The Fountain of Youth?«. In: *Prim Care*, Sep; 44(3): 481–98.

67 Wade, N. (1972). »Anabolic Steroids: Doctors Denounce Them, but Athletes Aren't Listening«. In: *Science*, Jun 30; 176(4042): 1399–403.

68 Nieschlag, E. & E. Voron (2015). »Mechanisms in endocrinology: Medical consequences of doping with anabolic androgenic steroids: effects on reproductive functions«. In: *Eur J Endocrinol*, Aug; 173(2): R47–58.

69 Tod, D. et al. (2016). »Muscle dysmorphia: current insights«. In: *Psychol Res Behav Manag*, 9: 179–88.

70 https://wgs160.wordpress.com/2014/10/13/the-evolution-of-gi-joe.

71 Herman, C. W. et al. (2014). »The very high premature mortality rate among active professional wrestlers is primarily due to cardiovascular disease«. In: *PLoS One*, November; 9(11): e109945.

72 Achar, S. et al. (2010). »Cardiac and metabolic effects of anabolic-androgenic steroid abuse on lipids, blood pressure, left ventricular dimensions, and rhythm«. In: *American Journal of Cardiology*, September; 106(6): 893–901.

73 https://www.fda.gov/consumers/consumer-updates/teens-and-steroidsdangerous-combo.

74 https://www.europarl.europa.eu/news/en/press-room/20120314IPR40752/win-win-ending-to-the-hormone-beef-trade-war.

8 성호르몬 감소가 노화를 가속화한다 — 갱년기

1 Lobo, R. (2003). »Early ovarian ageing: a hypothesis. What is early ovarian ageing?«. In: *Hum Reprod*, Sep; 18(9): 1762–4.

2 Buckler, H. (2005). »The menopause transition: endocrine changes and clinical symptoms«. In: *J Br Menopause Soc*, Jun; 11(2): 61–5.

3 Greenblatt, R. B. et al. (1976). »Estrogen-androgen levels in aging men and women: therapeutic considerations«. In: *J Am Geriatr Soc*, Apr; 24(4): 173–8.

4 Alpanes, M. et al. (2012). »Management of postmenopausal virilization«. In: *The Journal of Clinical Endocrinology & Metabolism*, 97 (8) 2584–8.

5 Aristoteles (2007). *Zoologische Schriften II: Über die Teile der Lebewesen*. Berlin: Akademie-Verlag.

6 https://de.wikipedia.org/wiki/Trotula.

7 Muscat Baron, Y. (2012). *A history of the menopause*. Hrsg. vom Department of Obstetrics and Gynaecology, Faculty of Medicine & Surgery, University of Malta.

8 https://www.laphamsquarterly.org/roundtable/significant-life-event.

9 Livesley, B. (1977). »The climacteric disease«. In: *J Am Geriatr Soc*, Apr; 25(4): 162–6.

10 Rees, M. et al. (2021). »Global consensus recommendations on menopause in the workplace: A European Menopause and Andropause Society (EMAS) position statement«. In: *Maturitas*, Sep; 151: 55–62.

11 https://www.nrc.nl/nieuws/2011/01/08/de-overgang-is-de-weg-naar-dedood-11986165-a21417.

12 Ayranci, U. et al. (2010). »Menopause status and attitudes in a Turkish midlife female population: an epidemiological study«. In: *BMC Womens Health*, Jan 11; 10: 1.

13 Jones, E. K. et al. (2012). »Menopause and the influence of culture: another gap for Indigenous Australian women?«. In: *BMC Womens Health*, 12: 43.

14 Flint, M. (1975). »The menopause: reward or punishment?«. In: *Psychosomatics*, 16, 161–3.

15 Hoga, L. et al. (2015). »Women's experience of menopause: a systematic review of qualitative evidence«. In: *JBI Database System Rev Implement Rep*, Sep 16; 13(8): 250–337.

16 Beyene, Y. (1986). »Cultural significance and physiological manifestations of menopause. A biocultural analysis«. In: *Cult Med Psychiatry*. Mar; 10(1): 47–71.

17 Mar, S. O. (2020). »Rural urban difference in natural menopausal age«. In: *International Journal of Women's Health and Reproduction Sciences*, Vol. 8, No. 2, 112–8.

18 Peccei, J. S. (1995). »A hypothesis for the origin and evolution of menopause«. In:

Maturitas, Feb; 21(2): 83–9.

19 Kuhle, B. X. (2007). »An evolutionary perspective on the origin and ontogeny of menopause«. In: *Maturitas*, Aug 20; 57(4): 329–37.

20 Ellis, S. et al. (2018). »Postreproductive lifespans are rare in mammals«. In: *Ecol Evol*, Jan 31; 8(5): 2482–94.

21 Stockwell, S. (1983). »Classics in oncology. George Thomas Beatson, M. D. (1848–1933)«. In: *Cancer J Clin*, Mar-Apr; 33(2): 105–21.

22 https://www.nobelprize.org/prizes/medicine/1966/huggins/facts.

23 Wilson, R. A. (1966). *Die vollkommene Frau. Keine kritischen Jahre mehr. Östrogen: Geschenk der Wissenschaft*. München: Kindler.

24 Chung, H. F. et al. (2021). »Age at menarche and risk of vasomotor menopausal symptoms: a pooled analysis of six studies«. In: *BJOG*, Feb; 128(3): 603–13.

25 Saccomani, S. et al. (2017). »Does obesity increase the risk of hot flashes among midlife women?: a population-based study«. In: *Menopause*, Sep; 24(9): 1065–70.

26 Ameye, L. et al. (2014). »Menopausal hormone therapy use in 17 European countries during the last decade«. In: *Maturitas*, Nov; 79(3): 287–91.

27 Rossouw, J. E. et al. (2002). »Risks and benefits of estrogen plus progestin in healthy postmenopausal women: principal results From the Women's Health Initiative randomized controlled trial«. In: *JAMA*, Jul 17; 288(3): 321–33.

28 Beral, V. et al. (2015). »Menopausal hormone use and ovarian cancer risk: individual participant meta-analysis of 52 epidemiological studies«. In: *The Lancet*, May 9; 385(9980): 1835–42.

29 Chen, M. N. et al. (2015). »Efficacy of phytoestrogens for menopausal symptoms: a meta-analysis and systematic review«. In: *Climacteric*, Mar; 18(2): 260–9.

30 Spalek, K. et al. (2019). »Women using hormonal contraceptives show increased valence ratings and memory performance for emotional information«. In: *Neuropsychopharmacology*, Vol. 44, 1258–64.

31 Weber, M. T. et al. (2014). »Cognition and mood in perimenopause: a systematic review and meta-analysis«. In: *J Steroid Biochem Mol Biol*, Jul; 0: 90–8.

32 Caldwell, B. M. et al. (1954). »An evaluation of sex hormone replacement in aged women«. In: *J Genet Psychol*, Dec; 85(2): 181–200.

33 Berg, J. S. et al. (2000). »Early menopause presenting with mood symptoms in a student aviator«. In: *Aviat Space Environ Med*, Mar; 71(3): 251–4.

34 Henderson, V. W. (2011). »Gonadal hormones and cognitive aging: a midlife perspective«. In: *Womens Health* (Lond Engl), Jan; 7(1): 81–93.

35 Luine, V. N. (2014). »Estradiol and cognitive function: past, present and future«. In: *Horm Behav*, Sep; 66(4): 602–18.

36 https://de.wikipedia.org/wiki/Erlassjahr.

37 Ginsberg, J. (1991). »What determines the age at the menopause?«. In: *BMJ*, Jun 1; 302(6788): 1288–9.

38 Haller-Kikkatalo, K. et al. (2015). »The prevalence and phenotypic characteristics of spontaneous premature ovarian failure: a general population registry-based study«. In: *Human Reproduction*, Vol. 30, Issue 5, May; 1229–38.

39 http://www.dailymail.co.uk/femail/article-2125245/I-went-menopause-Hot-flushes-classroom-hrt-shed-kiss-Knowing-d-baby-But-shocking-Amanda-s-ordeal-far-unique.html.

40 Bentzen, J. G. et al. (2013). »Maternal menopause as a predictor of anti-Mullerian hormone level and antral follicle count in daughters during reproductive age«. In: *Hum Reprod*. Jan; 28(1): 247–55.

41 Evans, D. G. et al. (2014). »The Angelina Jolie effect: how high celebrity profile can have a major impact on provision of cancer related services«. In: *Breast Cancer Res*, Sep 19; 16(5): 442.

42 Depmann, M. et al. (2016). »Can we predict age at natural menopause using ovarian reserve tests or mother's age at menopause? A systematic literature review«. In: *Menopause*, Feb; 23(2): 224–32.

43 Murabito, J. M. et al. (2005). »Heritability of age at natural menopause in the Framingham Heart Study«. In: *J Clin Endocrinol Metab*, Jun; 90(6): 3427–30.

44 Snieder, H. et al. (1998). »Genes control the cessation of a woman's reproductive life: a twin study of hysterectomy and age at menopause«. In: *J Clin Endocrinol Metab*, Jun; 83(6): 1875–80.

45 Schmidt, C. W. (2017). »Age at Menopause: Do Chemical Exposures Play a Role?«. In: *Environ Health Perspect*, Jun; 125(6): 062001.

46 https://de.wikipedia.org/wiki/Sevesounglück.

47 Eskenazi, B. et al. (2005). »Serum dioxin concentrations and age at menopause«. In: *Environ Health Perspect*, Jul; 113(7): 858–62.

48 Ding, N. (2020). »Associations of Perfluoroalkyl Substances with Incident Natural Menopause: The Study of Women's Health Across the Nation«. In: *J Clin Endocrinol Metab*, 105 (9); e3169–3182.

49 Coperchini, F. (2020). »Thyroid Disrupting Effects of Old and New Generation PFAS«. In: *Front Endocrinol* (Lausanne), 11: 612320.

50 Chevrier, J. (2014). »Serum dioxin concentrations and thyroid hormone levels in the Seveso Women's Health Study«. In: *Am J Epidemiol*, Sep 1; 180(5): 490–8.

51 Chow, E. T. et al. (2016). »Cosmetics use and age at menopause: is there a connection?«. In: *Fertil Steril*, Sep 15; 106(4): 978–90.

52 Bonneux, L. et al. (2008). »Sensible family planning: do not have children too late, but not too early either«. In: *Ned Tijdschr Geneeskd*, 152: 1507–12.

53 Wang, J. et al. (2006). »In vitro fertilization (IVF): a review of 3 decades of clinical innovation and technological advancemen«. In: *Ther Clin Risk Manag*, Dec; 2(4): 355–64.

54 Kawamura, K. et al. (2016). »Activation of dormant follicles: a new treatment for premature ovarian failure?«. In: *Curr Opin Obstet Gynecol*, Jun; 28(3): 217–22.

55 Zhang, L. et al. (2021). »Autotransplantation of the ovarian cortex after in vitro activation for infertility treatment: a shortened procedure«. In: *Human Reproduction*, Vol. 36, Issue 8, August, 2134–2147.

56 https://www.kinderwunsch-im-ausland.de/einfrieren-von-eizellen/kurzer-ratgeber-einfrieren-eizellen-ausland/.

57 Farquhar, C. et al. (2013). »Assisted reproductive technology: an overview of Cochrane Reviews«. In: *Cochrane Database Syst Rev*, Aug 22; (8): CD010537.

58 https://www.nytimes.com/1984/04/11/us/first-baby-born-of-frozen-embryo.html.

59 Siehe Anmerkung 51.

60 http://www.businessinsider.com/egg-freezing-at-facebook-apple-google-hot-new-perk-2017-9.

61 https://www.theatlantic.com/technology/archive/2012/06/the-ivf-panic-all-hell-will-break-loose-politically-and-morally-all-over-the-world/258954.

62 https://www.nvog.nl/wp-content/uploads/2017/12/Anovulatie-en-kinderwens-2.0-12-11-2004.pdf.

63 Sandin, S. et al. (2013). »Autism and mental retardation among offspring born after in vitro fertilization«. In: *JAMA*, Jul 3; 310(1): 75–84.

64 Zhu, J. L. et al. (2009). »Parental infertility and sexual maturation in children«. In: *Hum Reprod*, Feb; 24(2): 445–50.

65 https://www.timesnownews.com/health/article/meet-tiantian-the-babyboy-who-was-born-four-years-after-his-parents-died-in-a-car-crash-inchina/216924.

66 Lyngsø, J. et al. (2019). »Impact of female daily coffee consumption on successful fertility treatment: a Danish cohort study«. In: *Fertil Steril*, Jul; 112(1): 120–29.

67 https://www.huffingtonpost.co.uk/2015/01/19/worlds-oldest-mother-omkali-singh_

n_6501268.html.

68 https://www.bbc.com/news/world-asia-china-43724395.

69 https://www.independent.co.uk/life-style/health-and-families/embryo-24-years-frozen-born-baby-longest-ever-tina-benjamin-gibson-emmawren-nedc-tennessee-a8119776.html.

70 Bribiescas, R. (2016). *How men age*. Princeton: Princeton University Press.

71 Karasik, D. et al. (2005). »Disentangling the genetic determinants of human aging: biological age as an alternative to the use of survival measures«. In: *J Gerontol A Biol Sci Med Sci*, May; 60(5): 574–87.

72 Wu, F. C. W. et al. (2008). »Hypothalamic-pituitary-testicular axis disruptions in older men are differentially linked to age and modifiable risk factors: the European Male Aging Study«. In: *J Clin Endocrinol Metab*, 93(7): 2737.

73 Amore, M. et al. (2012). »Partial androgen deficiency, depression, and testosterone supplementation in aging men«. In: *Int J Endocrinol*, 2012: 280724.

74 Wolffers, I. (2006). *Heimwee naar de lust. Over seks en ziekte*. Amsterdam: Contact.

75 Jones, G. H. et al. (2015). »Traumatic andropause after combat injury«. In: *BMJ Case Rep*, 2015: bcr2014207924.

76 Tajar, A. et al. (2012). »Characteristics of androgen deficiency in late-onset hypogonadism: results from the European Male Aging Study (EMAS)«. In: *J Clin Endocrinol Metab*, May; 97(5): 1508–16.

77 Kruif, Paul de (1947). *Das männliche Hormon: jugendliche Spannkraft bis ins hohe Alter*. Zürich: Orell Füssli.

78 https://lowtcenter.com.

79 Bachmann, E. et al. (2014). »Testosterone induces erythrocytosis via increased erythropoietin and suppressed hepcidin: evidence for a new erythropoietin/hemoglobin set point«. In: *J Gerontol A Biol Sci Med Sci*, Jun; 69(6): 725–35.

80 Nieschlag, E. et al. (2014). »Testosterone deficiency: a historical perspective«. In: Asian J Androl, Mar–Apr; 16(2): 161–8.

81 Herman, C. W. et al. (2014). »The very high premature mortality rate among active professional wrestlers is primarily due to cardiovascular disease«. In: *PLoS One*, November; 9(11): e109945.

82 Achar, S. et al. (2010). »Cardiac and metabolic effects of anabolic-androgenic steroid abuse on lipids, blood pressure, left ventricular dimensions, and rhythm«. In: *American Journal of Cardiology*, September; 106(6): 893–901.

83 Gentil, P. et al. (2017). »Nutrition, Pharmacological and Training Strategies Adopted by Six Bodybuilders: Case Report and Critical Review«. In: *Eur J Transl Myol*, Feb 24; 27(1): 6247.

84 Kelly, D. M. et al. (2015). »Testosterone and obesity«. In: Obes Rev, Jul; 16(7): 581–606.

85 Smith, G. et al. (2004). »Treatments of homosexuality in Britain since the 1950s–an oral history: the experience of patients«. In: *BMJ*, Feb 21; 328(7437): 427.

9 건강한 노후를 위한 새로운 호르몬 균형 — 노년기

1 Gray, J. (1993). *Männer sind anders. Frauen auch*. München: Goldmann.

2 Karastergiou, K. et al. (2012). »Sex differences in human adipose tissues –the biology of pear shape«. In: *Biol Sex Differ*, 3: 13.

3 Tomassoni, D. et al. (2014). »Gender and age related differences in foot morphology«. In: *Maturitas*, Dec; 79(4): 421–7.

4 Sforza, C. et al. (2008). »Spontaneous blinking in healthy persons: an optoelectronic study of eyelid motion«. In: *Ophthalmic Physiol Opt*, Jul; 28(4): 345–53.

5 https://www.nytimes.com/2020/04/27/well/live/car-accidents-deaths-menwomen. html.

6 Pataky, M. W. et al. (2021). »Hormonal and Metabolic Changes of Aging and the Influence of Lifestyle Modifications«. In: *Mayo Clin Proc*, Mar; 96(3): 788–814.

7 Ali, L. et al. (2011). »Physiological changes in scalp, facial and body hair after the menopause: a cross-sectional population-based study of subjective changes«. In: *Br J Dermatol*, Mar; 164(3): 508–13.

8 https://de.wikipedia.org/wiki/K%C3%BCmmernis.

9 New, M. I. (1993). »Pope Joan: a recognizable syndrome«. In: *Clin Endocrinol Metab*, Jan; 76(1): 3–13.

10 https://www.nomadbarber.com/blogs/barbering/masai-male-grooming.

11 https://www.telegraph.co.uk/health-fitness/body/finasteride-does-donald-trumps-favourite-hair-loss-treatment.

12 Gunn, D. A. et al. (2009). »Why some women look young for their age«. In: *PLoS One*, Dec 1; 4(12): e8021.

13 Mandal, S. et al. (2017). »Automated Age Prediction using Wrinkles Features of Facial Images and Neural Network«. In: *International Journal of Emerging Engineering Research and Technology*, Vol. 5, Issue 2, February; 12–20.

14 Stevenson, S., Thornton, J. (2007). »Effect of estrogens on skin aging and the potential role of serms«. In: *Clin Interv Aging*, Sep; 2(3): 283–97.

15 Thornton, M. J. (2013). »Estrogens and aging skin«. In: *Dermatoendocrinol*, Apr 1; 5(2): 264–70.

16 Vermeulen, A. et al. (2002). »Estradiol in elderly men«. In: *Aging Male*, Jun; 5(2): 98–102.

17 Mydlova, M. et al. (2015). »Sexual dimorphism of facial appearance in ageing human adults: A cross-sectional study«. In: *Forensic Sci Int*, Dec; 257: 519.

18 Verdonck, A. et al. (1999). »Effect of low-dose testosterone treatment on craniofacial growth in boys with delayed puberty«. In: *Eur J Orthod*, Apr; 21(2): 137–43.

19 Teede, H. J. et al. (2018). »Recommendations from the international evidence-based guideline for the assessment and management of polycystic ovary syndrome«. In: *Clin Endocrinol* (Oxf), Sep; 89(3): 251–68.

20 Urban, J. E. et al. (2016). »Evaluation of morphological changes in the adult skull with age and sex«. In: *J Anat*, Dec; 229(6): 838–46.

21 Robertson, J. M. et al. (2017). »Sexually Dimorphic Faciometrics in Humans From Early Adulthood to Late Middle Age: Dynamic, Declining, and Differentiated«. In: *Evol Psychol*, Jul-Sep; 15(3): 1474704917730640.

22 Zube, M. (1982). »Changing Behavior and Outlook of Aging Men and Women: Implications for Marriage in the Middle and Later Years«. In: *Family Relations*, v31 n1 p147–56 Jan.

23 https://www.psychiatrictimes.com/view/geriatric-depression-does-gender-make-difference.

24 Coren, S. et al. (1999). »Sex differences in elderly suicide rates: Some predictive factors«. In: *Aging & Mental Health*, Vol. 3, (2): 112–8.

25 Hahn, T. et al. (2017). »Facial width-to-height ratio differs by social rank across organizations, countries, and value systems«. In: *PLoS One*, Nov 9; 12(11): e0187957.

26 Re, D. E. et al. (2013). »Looking like a leader–facial shape predicts perceived height and leadership ability«. In: *PLoS One*, 8(12): e80957.

27 Antonaik, J. et al. (2009). »Predicting elections: child's play!«. In: *Science*, Feb 27; 323(5918): 1183.

28 Overbeek, B. (2016). *Mannen en/of Vrouwen*. Veghel: Libris.

29 Morrison, M. D. et al. (1986). »Voice disorders in the elderly«. In: *J Otolaryngol*, Aug; 15(4): 231–4.

30 https://www.webmd.com/menopause/news/20040316/voice-change-isoverlooked-menopause-symptom#2.

31 Pavela Banai, L. (2017). »Voice in different phases of menstrual cycle among naturally cycling women and users of hormonal contraceptives«. In: *PLoS One*, 12(8): e0183462.

32 Puts, D. A. (2005). »Mating context and menstrual phase affect women's preferences for male voice pitch«. In: *Evolution and Human Behavior*, Vol. 26, Issue 5, September; 388–97.

33 Schild, C. et al. (2020). »Linking human male vocal parameters to perceptions, body morphology, strength and hormonal profiles in contexts of sexual selection«. In: *Sci Rep*, Dec 4; 10(1): 21296.

34 Aung, T. et al. (2020). »Voice pitch: a window into the communication of social power«. In: *Curr Opin Psychol*, Jun; 33: 154–61.

35 Mody, L. et al. (2014). »Urinary tract infections in older women: a clinical review«. In: *JAMA*, Feb 26; 311(8): 844–54.

36 Jung, J. et al. (2012). »Clinical and functional anatomy of the urethral sphincter«. In: *Int Neurourol J*, Sep; 16(3): 102–6.

37 Heidari, B. (2011). »Knee osteoarthritis prevalence, risk factors, pathogenesis and features: Part I«. In: *Caspian J Intern Med*, Spring; 2(2): 205–12.

38 Souza, A. A. et al. (2013). »Association between knee alignment, body mass index and physical fitness variables among students: a cross-sectional study«. In: *Rev Bras Ortop*, Jun 11; 48(1): 46–51.

39 Milic, J. et al. (2018). »Menopause, ageing, and alcohol use disorders in women«. In: *Maturitas, May*; 111: 100–9.

40 Devries, M. C. et al. (2006). »Menstrual cycle phase and sex influence muscle glycogen utilization and glucose turnover during moderate-intensity endurance exercise«. In: *Am J Physiol Regul Integr Comp Physiol*, Oct; 291(4): R1120–8.

41 Carter, S. L. et al. (2001). »Substrate utilization during endurance exercise in men and women after endurance training«. In: *Am J Physiol Endocrinol Metab*, Jun; 280(6): E898–907.

42 https://www.hartstichting.nl/hart-en-vaatziekten/vrouwen-en-hart-envaatziekten.

43 Mehta, L. (2016). »Acute Myocardial Infarction in Women: A Scientific Statement From the American Heart Association«. In: *Circulation*, 133(9): 916–47.

44 Wittekoek, J. (2017). *Het vrouwenhart*. Hilversum: Lucht.

45 Maas, A. (2020). *Das weibliche Herz. Wie Frauenherzen schlagen und was sie gesund hält*. Köln: Lübbe Life sowie (2022). *Der andere Herzinfarkt. Schluss mit Fehldiagnosen, die Frauenleben kosten*. Köln: Lübbe Life.

46 Lansky, A. J. et al. (2012). »Gender and the extent of coronary atherosclerosis, plaque composition, and clinical outcomes in acute coronary syndromes«. In: *JACC Cardiovasc Imaging*, Mar; 5(3 Suppl): 62–72.

47 Grundtvig, M. et al. (2009). »Sex-based differences in premature first myocardial infarction caused by smoking: twice as many years lost by women as by men«. In: *Eur J Cardiovasc Prev Rehabil*, Apr; 16(2): 174–9.

48 Mieszczanska, H. et al. (2008). »Gender-related differences in electrocardiographic parameters and their association with cardiac events in patients after myocardial infarction«. In: *Am J Cardiol*, Jan 1; 101(1): 20–24.

49 Brenner, H. et al. (2010). »Sex differences in performance of fecal occult blood testing«. In: *Am J Gastroenterol*, Nov; 105(11): 2457–64.

50 Glezerman, M. (2018). *Frauen sind anders krank. Männer auch. Warum wir eine geschlechtsspezifische Medizin brauchen*. Gütersloh: Mosaik.

51 Westergaard, D. et al. (2019). »Population-wide analysis of differences in disease progression patterns in men and women«. In: *Nat Commun*, Feb 8; 10(1): 666.

52 Tamargo, J. et al. (2017). »Gender differences in the effects of cardiovascular drugs«. In: *Eur Heart J Cardiovasc Pharmacother*, Jul 1; 3(3): 163–82.

53 Pinn, V. W. (2013). »Women's Health Research: Current State of the Art«. In: *Glob Adv Health Med*, Sep; 2(5): 8–10.

54 https://thoughtcatalog.com/lorenzo-jensen-iii/2015/06/14-real-physical-differences-between-men-and-women-besides-the-obvious.

55 Healy, B. (1991). »The Yentl syndrome«. In: *N Engl J Med*, Jul 25; 325(4): 274–6.

56 Santin, A. P. et al. (2011). »Role of estrogen in thyroid function and growth regulation«. In: *J Thyroid Res*, 2011: 875125.

57 Baumgartner, R. N. et al. (1999). »Age-related changes in sex hormones affect the sex difference in serum leptin independently of changes in body fat«. In: *Metabolism*, Mar; 48(3): 378–84.

58 Shi, H. et al. (2009). »Diet-induced obese mice are leptin insufficient after weight reduction«. In: *Obesity* (Silver Spring), Sep; 17(9): 1702–9.

59 Jenks, M. Z. et al. (2017). »Sex Steroid Hormones Regulate Leptin Transcript Accumulation and Protein Secretion in 3T3-L1«. In: *Cells Sci Rep*, Aug 15; 7(1): 8232.

60 Vermeulen, A. et al. (1999). »Testosterone, body composition and aging«. In: *J Endocrinol Invest*, 22(5 Suppl): 110–6.

61 Toss, F. et al. (2012). »Body composition and mortality risk in later life«. In: *Age and Ageing*, Sep; 41(5): 677–81.

62 Baumgartner, R. N. et al. (1999). »Predictors of skeletal muscle mass in elderly men

and women«. In: *Mech Ageing Dev*, Mar 1; 107(2): 123–36.

63 Beld, A. W. van den et al. (2018). »The physiology of endocrine systems with ageing«. In: *Lancet Diabetes Endocrinol*, Aug; 6(8): 647–58.

64 Junnila, R. K. et al. (2013). »The GH/IGF-1 axis in ageing and longevity«. In: *Nat Rev Endocrinol*, Jun; 9(6): 366–76.

65 Jones, C. M. et al. (2015). »The Endocrinology of Ageing: A Mini-Review«. In: *Gerontology*, 61(4): 2 91–300.

66 Nunn, A. V. W. et al. (2009). »Lifestyle-induced metabolic inflexibility and accelerated ageing syndrome: insulin resistance, friend or foe?«. In: *Nutr Metab* (Lond), 6: 16.

67 Zaidi, M. et al. (2018). »Actions of pituitary hormones beyond traditional targets«. In: *J Endocrinol*, Jun; 237(3): R83-R98.

68 Lamberts, S. W. et al. (1997). »The endocrinology of aging«. In: *Science*, Oct 17; 278(5337): 419–24.

69 Liu, P. et al. (2017). »Blocking FSH induces thermogenic adipose tissue and reduces body fat«. In: *Nature*, Jun 1; 546(7656): 107–12.

70 Pincus, S. (1996). »Older males secrete luteinizing hormone and testosterone more irregularly, and jointly more asynchronously, than younger males«. In: *PNAS*, 93 (24), 14100–5.

71 Verdile, G. et al. (2014). »Associations between gonadotropins, testosterone and β amyloid in men at risk of Alzheimer's disease«. In: *Mol Psychiatry*, Jan; 19(1): 69–75.

72 Bhatta, S. et al. (2018). »Luteinizing Hormone Involvement in Aging Female Cognition: Not All Is Estrogen Loss«. In: *Front Endocrinol* (Lausanne), Sep 24; 9: 544.

73 Vinogradova, Y. et al. (2021). »Use of menopausal hormone therapy and risk of dementia: nested case-control studies using QResearch and CPRD databases«. In: *BMJ*, Sep 29; 374: n2182.

74 Manson, J. E. et al. (2013). »Menopausal hormone therapy and health outcomes during the intervention and extended poststopping phases of the Women's Health Initiative randomized trials«. In: *JAMA*, Oct 2; 310(13): 1353–68.

75 Bribiescas, R. (2010). *Evolutionary endocrinology.* Cambridge: Cambridge University Press.

76 Charkoudian, N. et al. (2014). »Reproductive hormone influences on thermoregulation in women«. In: *Compr Physiol*, Apr; 4(2): 793–804.

77 Bartke, A. (2008). »Growth hormone and aging: a challenging controversy«. In: *Clin Interv Aging*, Dec; 3(4): 659–65.

78 https://en.m.wikipedia.org/wiki/Hara_hachi_bu.

79 Marston, H. R. et al. (2021). »A Commentary on Blue Zones®: A Critical Review of Age-Friendly Environments in the 21st Century and Beyond«. In: *Int J Environ Res Public Health*, Jan 19; 18(2): 837.

80 Willcox, B. J. et al. (2007). »Caloric restriction, the traditional Okinawan diet, and healthy aging: the diet of the world's longest-lived people and its potential impact on morbidity and life span«. In: *Ann N Y Acad Sci*, Oct; 1114: 434–55.

81 Karishma, K. K. et al. (2002). »Dehydroepiandrosterone (DHEA) stimulates neurogenesis in the hippocampus of the rat, promotes survival of newly formed neurons and prevents corticosterone-induced suppression«. In: *Eur J Neurosci*, Aug; 16(3): 445–53.

82 Krokakai, K. et al. (2021). »Correlation of age and sex with urine dehydroepiandrosterone sulfate level in healthy Thai volunteers«. In: *Pract Lab Med*, Mar; 24: e00204.

83 Sreekumaran Nair, K. et al. (2006). »DHEA in elderly women and DHEA or testosterone in elderly men«. In: *N Engl J Med*, Oct 19; 355(16): 1647–59.

10 당신은 스스로 몇 살이라고 느끼는가 — 삶의 질과 호르몬

1 Billman, G. E. (2020). »Homeostasis: The Underappreciated and Far Too Often Ignored Central Organizing Principle of Physiology«. In: *Front Physiol*, Mar 10; 11: 200.

2 Beld, A. W. van den et al. (2018). »The physiology of endocrine systems with ageing«. In: *Lancet Diabetes Endocrinol*, Aug; 6(8): 647–58.

3 Ennis, G. E. et al. (2017). »Long-term cortisol measures predict Alzheimer disease risk«. In: *Neurology*, Jan 24; 88(4): 371–8.

4 Schoorlemmer, R. M. M. et al. (2009). »Relationships between cortisol level, mortality and chronic diseases in older persons«. In: *Clin Endocrinol* (Oxf), Dec; 71(6): 779–86.

5 Kiljour, A. H. M. et al. (2013). »Increased skeletal muscle 11 β HSD1 mRNA is associated with lower muscle strength in ageing«. In: *PLoS One*, Dec 31; 8(12): e84057.

6 Vajaranant, T. S. et al. (2012). »Estrogen deficiency accelerates aging of the optic nerve«. In: *Menopause*, Aug; 19(8): 942–7.

7 Frisina, R. D. et al. (2021). »Translational implications of the interactions between hormones and age-related hearing loss«. In: *Hear Res*, Mar 15; 402: 108093.

8 https://singularityhub.com/2018/05/03/is-the-secret-to-significantly-longer-life-hidden-in-our-cells/#sm.0001rlq28qruaef311rukgyhfsv5t.

9 Huxley, A. (1986). *Nach vielen Sommern*. München: Piper.

10 Grey, A. D. N. J. de (2015). »Do we have genes that exist to hasten aging? New data, new arguments, but the answer is still no«. In: *Curr Aging Sci*, 8(1): 24–33.

11 https://de.wikipedia.org/wiki/Gilgamesch.

12 https://de.wikipedia.org/wiki/Uta-napi%C5%A1ti.

13 https://www.nytimes.com/2012/12/02/magazine/can-a-jellyfish-unlock-the-secret-of-immortality.html?src=me&ref=general.

14 Piraino, S. et al. (1996). »Reversing the Life Cycle: Medusae Transforming into Polyps and Cell Transdifferentiation in Turritopsis nutricula (Cnidaria, Hydrozoa)«. In: *Biol Bull*, Jun; 190(3): 302–312.

15 Lisenkova, A. A. et al. (2017). »Complete mitochondrial genome and evolutionary analysis of Turritopsis dohrnii, the ›immortal‹ jellyfish with a reversible life-cycle«. In: *Mol Phylogenet Evol*, Feb; 107: 232–8.

16 https://de.statista.com/statistik/daten/studie/273406/umfrage/entwicklungder-lebenserwartung-bei-geburt-in-deutschland-nach-geschlecht/#:~:text=Wir%20werden%20immer%20älter&text=In%20der%20zweiten%20Hälfte%20des,um%2014%2C9%20Jahre%20gestiegen.

17 https://www.ancient-origins.net/news-evolution-humanorigins/life-expectancy-myth-and-why-many-ancient-humanslived-long-077889.

18 Nelson, P. et al. (2017). »Intercellular competition and the inevitability of multicellular aging«. In: *Proc Natl Acad Sci USA*, Dec 5; 114(49): 12982–7.

19 Bliss, M. (2007). *Harvey Cushing, a life in surgery*. Oxford: Oxford University Press.

20 Descartes, R. (1664). *Traité de l'homme*. Paris: chez Charles Angot.

21 Zhang, Y. et al. (2017). »Hypothalamic stem cells control ageing speed partly through exosomal miRNAs«. In: *Nature*, Aug 3; 548(7665): 52–7.

22 Spalding, K. L. et al. (2008). »Dynamics of fat cell turnover in humans«. In: *Nature*, Jun 5; 453(7196): 783–7.

23 Zhang, G. et al. (2013). »Hypothalamic programming of systemic ageing involving IKK- β , NF-KB and GnRH«. In: *Nature*, May 9; 497(7448): 211–6.

24 Mendelsohn, A. R. et al. (2017). »Inflammation, Stem Cells, and the Aging Hypothalamus«. In: *Rejuvenation Res*, Aug; 20(4): 346–9.

25 Yoo, J. et al. (2017). »Disability, Frailty and Depression in the community-dwelling older adults with Osteosarcopenia«. In: *BMC Geriatr*, Jan 5; 17(1): 7.

26 https://nl.wikipedia.org/wiki/Je_Echte_Leeftijd.

27 Jia, L. et al. (2017). »Common methods of biological age estimation«. In: *Clin Interv Aging*, 12: 759–72.

28 Willcox, B. J. et al. (2007). »Caloric restriction, the traditional Okinawan diet, and healthy aging: the diet of the world's longest-lived people and its potential impact on morbidity and life span«. In: *Ann N Y Acad Sci*, Oct; 1114: 434–55.

29 Orentreich, N. et al. (1984). »Age changes and sex differences in serum dehydroepian drosterone sulfate concentrations throughout adulthood«. In: *J Clin Endocrinol Metab*, Sep; 59(3): 551–5.

30 Sreekumaran Nair, K. et al. (2006). »DHEA in elderly women and DHEA or testosterone in elderly men«. In: *N Engl J Med*, Oct 19; 355(16): 1647–59.

31 Ohayon, M. M. et al. (2004). »Meta-analysis of quantitative sleep parameters from childhood to old age in healthy individuals: developing normative sleep values across the human lifespan«. In: *Sleep*, Nov 1; 27(7): 1255–73.

32 Feng, R. et al (2016). »Melanopsin retinal ganglion cell loss and circadian dysfunction in Alzheimer's disease«. In: *Mol Med Rep*, Apr; 13(4): 3397–3400.

33 Scholtens, R. M. et al. (2016). »Physiological melatonin levels in healthy older people: A systematic review«. In: *J Psychosom Res*, Jul; 86: 20–7.

34 Lockley, S. W. et al. (2007). »Visual impairment and circadiam rhythm disorders Dialogues«. In: *Clin Neurosci*; 9(3): 301–14.

35 Kocesvka, D. et al. (2021). »Sleep characteristics across the lifespan in 1.1 million people from the Netherlands, United Kingdom and United States: a systematic review and meta-analysis«. In: *Nat Hum Behav*, Jan; 5(1): 113–22.

36 Klein, L. et al. (2017). »Association between Sleep Patterns and Health in Families with Exceptional Longevity«. In: *Front Med* (Lausanne), Dec 8; 4: 214.

37 Pierce, M. et al. (2019). »Optimal Melatonin Dose in Older Adults: A Clinical Review of the Literature«. In: *Sr Care Pharm*, Jul 1; 34(7): 419–31.

38 Aarts, M. P. J. et al. (2018). »Exploring the impact of natural light exposure on sleep of healthy older adults: A field study«. In: *Journal of Daylighting*, 5, 14–20.

39 Tähkämö, L. et al. (2019). »Systematic review of light exposure impact on human circadian rhythm«. In: *Chronobiol Int*, Feb; 36(2): 151–70.

40 Buxton, O. M. et al. (1997). »Acute and delayed effects of exercise on human melatonin secretion«. In: *J Biol Rhythms*, Dec; 12(6): 568–74.

41 Lanfranco, F. et al. (2003). »Ageing, growth hormone and physical performance«. In: *J Endocrinol Invest*, Sep; 26(9): 861–72.

42 Rowe, J. W. et al. (1987). »Human aging: usual and successful«. In: *Science*, Jul 10; 237(4811): 143–9.

43 Faulkner, J. A. et al. (2007). »Age-related changes in the structure and function of

skeletal muscles«. In: *Clin Exp Pharmacol Physiol*, Nov; 34(11): 1091–6.

44 Volaklis, K. A. et al. (2015). »Muscular strength as a strong predictor of mortality: A narrative review«. In: *Eur J Intern Med*, Jun; 26(5): 303–10.

45 Mitnitski, A. et al. (2017). »Heterogeneity of Human Aging and Its Assessment«. In: *J Gerontol A Biol Sci Med Sci*, Jul 1; 72(7): 877–84.

46 https://deadline.com/2021/01/worlds-oldest-marathon-runner-fauja-singhbiopic-indian-creative-trio-1234676075.

47 https://de.wikipedia.org/wiki/Herbstgold.

48 Leon, J. et al. (2015). »A combination of physical and cognitive exercise improves reaction time in persons 61–84 years old«. In: *J Aging Phys Act*, Jan; 23(1): 72–7.

49 Martin, J. (2010). »A functional ABCC11 allele is essential in the biochemical formation of human axillary odor«. In: *Journal of Investigative Dermatology*, 130 (2): 529–40.

50 Honorat, M. et al. (2008). »ABCC11 expression is regulated by estrogen in MCF7 cells, correlated with estrogen receptor alpha expression in postmenopausal breast tumors and overexpressed in tamoxifen-resistant breast cancer cells«. In: *Endocr Res Cancer*, 15(1): 125–38.

51 Lundstrom, J. et al. (2013). »Maternal status regulates cortical responses to the body odor of newborns«. In: *Front Psychol*, 4: 597.

52 Fleming, A. S. et al. (1997). »Cortisol, hedonics, and maternal responsiveness in human mothers«. In: *Horm Behav*, 32(2): 85–98.

53 Tang, W. H. (2013). »Intestinal microbial metabolism of phosphatidylcholine and cardiovascular risk«. In: *NEJM*, 368: 1575–84.

54 Kootte, R. S. (2017). »Improvement of Insulin Sensitivity after Lean Donor Feces in Metabolic Syndrome Is Driven by Baseline Intestinal Microbiota Composition«. In: *Cell metabolism*, 26(4): 611–9.

55 Meijers, B. K. I. et al. (2010). »p-Cresol and cardiovascular risk in mild-tomoderate kidney disease«. In: *Clin J Am soci Neprhol*, 5(7): 1182–9.

56 Fluitman, K. et al. (2018). »Potential of butyrate to influence food intake in mice and men«. In: *Gut*, 67(7): 1203–4.

57 Jalal, A. H. et al. (2018). »Prospects and Challenges of Volatile Organic Compound Sensors in Human Healthcare«. In: *ACS Sens*, 27; 3(7): 1246–63.

58 Mitro, S. et al. (2012). »The smell of age: perception and discrimination of body odors of different ages«. In: *PLoS One*, 7: e38110.

59 Kimura, K. (2016). »Measurement of 2-nonenal and diacetyl emanating from human skin surface employing passive flux sampler-GCMS system«. In: J *Chromatogr B Analyt Biomed Life*, 1028: 181–5.

60 Yamazaki, S. et al. (2010). »Odor Associated with Aging«. In: *Anti-Aging Medicine*, 7(6): 60–5.

61 McGee, H. (2022). *Duftreich. Ein Wegweiser zur Welt der Gerüche*. München: Matthaes.

62 Lundstrom, J. (2010). »Functional neuronal processing of human body odors«. In: *Vitam Horm*, 83: 1–23.

63 Mogilnicka, L. et al. (2020). »Microbiota and Malodor-Etiology and Management«. In: *Int J Mol Sci*, Apr; 21(8): 2886.

64 Boesveldt, S. et al. (2011). »Gustatory and olfactory dysfunction in older adults: a national probability study«. In: *Rhinology*, 49(3): 324–30.

65 Suzuki, K. et al. (2010). »The role of gut hormones and the hypothalamus in appetite regulation«. In: *Endocr J*, 57(5): 359–72.

66 Castro, J. M. de (1993). »Age-related changes in spontaneous food intake and hunger in humans«. In: *Appetite*, Dec; 21(3): 255–72.

67 Pelchat, M. L. et al. (2000). »Dietary monotony and food cravings in young and elderly adults«. In: *Physiol Behav*, Jan; 68(3): 353–9.

68 MacIntosh, C. G. et al. (1999). »Effects of age on concentrations of plasma cholecystokinin, glucagon-like peptide 1, and peptide YY and their relation to appetite and pyloric motility«. In: *Am J Clin Nutr*, 69: 999–1006.

69 Atalayer, D. et al. (2013). »Anorexia of aging and gut hormones«. In: *Aging Dis*, Oct; 4(5): 264–275.

70 Amitani, M. et al. (2017). »The Role of Ghrelin and Ghrelin Signaling in Aging«. In: *Int J Mol Sci*, Jul; 18(7): 1511.

71 Villa, A. et al. (2015). »Diagnosis and management of xerostomia and hyposalivation«. In: *Ther Clin Risk Manag*, 11: 45–51.

72 Ohara, Y. et al. (2020). »Association between anorexia and hyposalivation in community-dwelling older adults in Japan: a 6-year longitudinal study«. In: *BMC Geriatr*, 20: 504.

73 Fluitman, K. et al. (2021). »Poor Taste and Smell Are Associated with Poor Appetite, Macronutrient Intake, and Dietary Quality but Not with Undernutrition in Older Adults«. In: *J Nutr*, Mar 11; 151(3): 605–14.

74 Zemel, M. B. et al. (1988). »Salt sensitivity and systemic hypertension in the elderly«. In: *Am J Cardiol*, 81: 7H-12H.

75 Park, S. Y. et al. (2018). »Weight change in older adults and mortality: the Multiethnic Cohort Study«. In: *Int J Obes* (Lond), Feb; 42(2): 205–12.

76 Veldhuis, J. D. (2008). »Aging and hormones of the hypothalamo-pituitary axis: gonadotropic axis in men and somatotropic axes in men and women«. In: *Ageing Res Rev*, Jul; 7(3): 189–208.

77 Katsimpardi, L. et al. (2014). »Vascular and neurogenic rejuvenation of the aging mouse brain by young systemic factors«. In: *Science*, May 9; 344(6184): 630–4.

78 https://unitybiotechnology.com.

79 https://www.calicolabs.com.

80 https://www.cnbc.com/2018/08/29/-jeff-bezos-is-backing-this-scientistwho-is-working-on-a-cure-for-aging.html.

81 Scudellari, M. (2017). »To stay young, kill zombie cells«. In: *Nature*, Oct 24; 550(7677): 448–50.

82 Xiao, Y. Z. et al. (2020). »Reducing Hypothalamic Stem Cell Senescence Protects against Aging-Associated Physiological Decline«. In: *Cell Metab*, Mar 3; 31(3): 534–48.e5.

83 Baker, D. J. et al. (2011). »Clearance of p16Ink4a-positive senescent cells delays ageing-associated disorders«. In: *Nature*, Nov 2; 479(7372): 232–6.

84 Pajvani, U. B. et al. (2005). »Fat apoptosis through targeted activation of caspase 8: a new mouse model of inducible and reversible lipoatrophy«. In: *Nat Med*, Jul; 11(7): 797–803.

85 https://www.ted.com/talks/aubrey_de_grey_a_roadmap_to_end_aging.

86 https://foxo4dri.com/about/.

87 Deursen, J. M. van (2014). »The role of senescent cells in ageing«. In: *Nature*, May 22; 509(7501): 439–46.

88 Skloot, R. (2012). *Die Unsterblichkeit der Henrietta Lacks. Die Geschichte der HeLa-Zellen.* München: Goldmann.

89 https://www.livescience.com/henrietta-lacks-hela-cell-lawsuit-thermo-fisher.

90 https://www.nobelprize.org/prizes/medicine/2009/illustrated-information.

91 Shammas, M. A. (2011). »Telomeres, lifestyle, cancer, and aging«. In: *Curr Opin Clin Nutr Metab Care*, Jan; 14(1): 28–34.

92 Zglinicki, T. von et al. (2005). »Telomeres as biomarkers for ageing and age-related diseases«. In: *Curr Mol Med*, Mar; 5(2): 197–203.

93 Epel, E. S. et al. (2004). »Accelerated telomere shortening in response to life stress«. In: *Proc Natl Acad Sci usa*, Dec 7; 101(49): 17312–5.

94 Movérare-Skrtic, S. et al. (2009). »Serum insulin-like growth factor-I concentration is associated with leukocyte telomere length in a populationbased cohort of elderly men«. In: *J Clin Endocrinol Metab*, Dec; 94(12): 5078–84.

95 Verburgh, K. (2012). *De Voedselzandloper. Over afvallen en langer jong blijven.* Amsterdam: Prometheus. (Auf Deutsch (2015): *Die Ernährungs-Sanduhr. Wie man wirklich gesund abnimmt und länger jung bleibt.* München: Goldmann.)

96 Johnson, R. J. et al. (2020). »Fructose metabolism as a common evolutionary pathway of survival associated with climate change, food shortage and droughts«. In: *J Intern Med*, Mar; 287(3): 252–62.

97 Zheng, J. et al. (2017). »Lower Doses of Fructose Extend Lifespan in Caenorhabditis elegans«. In: *J Diet Suppl*, May 4; 14(3): 264–77.

98 Stephan, B. C. M. et al. (2010). »Increased fructose intake as a risk factor for dementia«. In: *J Gerontol A Biol Sci Med Sci*, Aug; 65(8): 809–14.

99 Leung, C. W. et al. (2014). »Soda and cell aging: associations between sugarsweetened beverage consumption and leukocyte telomere length in healthy adults from the National Health and Nutrition Examination Surveys«. In: *Am J Public Health*, December; 104(12): 2425–31.

100 Sato, T. et al. (2019). »Acute fructose intake suppresses fasting-induced hepatic gluconeogenesis through the akt-FoxO1 pathway«. In: *Biochem Biophys Rep*, Jul; 18: 100638.

101 Marissal-Arvy, N. et al. (2014). »Effect of a high-fat–high-fructose diet, stress and cinnamon on central expression of genes related to immune system, hypothalamic-pituitary-adrenocortical axis function and cerebral plasticity in rats«. In: *Br J Nutr*, Apr 14; 111(7): 1190–201.

102 Dobson, A. J. et al. (2017). »Nutritional Programming of Lifespan by FOXO Inhibition on Sugar-Rich Diets«. In: *Cell Rep*, Jan 10; 18(2): 299–306.

103 Boehm, A. M. et al. (2012). »FOXO is a critical regulator of stem cell maintenance in immortal Hydra«. In: *Proc Natl Acad Sci USA*, Nov 27; 109(48): 19697–702.

104 Hsin, H. et al. (1999). »Signals from the reproductive system regulate the lifespan of C. elegans«. In: *Nature*, May 27; 399(6734): 362–6.

105 Jasienska, G. et al. (2006). »Daughters increase longevity of fathers, but daughters and sons equally reduce longevity of mothers«. In: *Am J Hum Biol*, May-Jun; 18(3): 422–5.

106 Jasienska, G. (2009). »Reproduction and lifespan: Trade-offs, overall energy budgets, intergenerational costs, and costs neglected by research«. In: *Am J Hum Biol*, Jul-

Aug; 21(4): 524–32.

107 Endendijk, J. J. et al. (2016). »Gender-Differentiated Parenting Revisited: Meta-Analysis Reveals Very Few Differences in Parental Control of Boys and Girls«. In: *PLoS One*, Jul 14; 11(7): e0159193.

108 Arantes-Oliveira, N. et al. (2003). »Healthy animals with extreme longevity«. In: *Science*, Oct 24; 302(5645).

109 Chopik, W. J. (2018). »Age Differences in Age Perceptions and Developmental Transitions«. In: *Front Pyschol*, 9: 67.

110 Lee, L. O. (2019). »Optimism is associated with exceptional longevity in 2 epidemiologic cohorts of men and women«. In: *Proc Natl Acad Sci USA*, Sep 10; 116(37): 18357–62.

111 Li, S. et al. (2016). »Association of Religious Service Attendance With Mortality Among Women«. In: *JAMA Intern Med*, Jun 1; 176(6): 777–85.

112 Seidman, S. N. et al. (2002). »Low testosterone levels in elderly men with dysthymic disorder«. In: *Am J Psychiatry*, Mar; 159(3): 456–9.

113 Hogervorst, E. (2013). »Effects of gonadal hormones on cognitive behaviour in elderly men and women«. In: *J Neuroendocrinol*, 25(11); 1182–95.

114 Zarrouf, F. et al. (2009). »Testosterone and depression: systematic review and meta-analysis«. In: *J Psychiatr Pract*, Jul; 15(4): 289–305.

115 Yalamanchili, V. (2012). »Treatment with hormone therapy and calcitriol did not affect depression in older postmenopausal women: no interaction with estrogen and vitamin D receptor genotype polymorphisms«. In: *Menopause*, Jun; 19(6): 697–703.

116 Epel, E. (2009). »Can meditation slow rate of cellular aging? Cognitive stress, mindfulness, and telomeres«. In: *Ann N Y Acad Sci*, Aug; 1172: 34–53.

에필로그

1 Ikegami, K. et al. (2019). »Interconnection Between Circadian Clocks and Thyroid Function«. In: *Nat Rev Endocrinol*, Oct; 15(10): 590–600.

2 Wilson, L. et al. (2020). »Dual-Hormone Closed-Loop System Using a Liquid Stable Glucagon Formulation Versus Insulin-Only Closed-Loop System Compared With a Predictive Low Glucose Suspend System: An Open-Label, Outpatient, Single-Center, Crossover, Randomized Controlled Trial«. In: *Diabetes Care*, Nov; 43(11): 2721–9.

3 Niederländischer Ärzteeid (einschließlich Hippokratischer Eid / GenferÄrztege löbnis); siehe auch: https://flexikon.doccheck.com/de/Hippokratischer_Eid und https://flexikon.doccheck.com/de/Genfer_%C3%84rztegel%C3%B6bnis.

호르몬은 어떻게 나를 움직이는가

초판 1쇄 발행 2024년 4월 9일
초판 5쇄 발행 2024년 9월 6일

지은이 막스 니우도르프
옮긴이 배명자
발행인 김형보
편집 최윤경, 강태영, 임재희, 홍민기, 강민영, 송현주, 박지연
마케팅 이연실, 이다영, 송신아 **디자인** 송은비 **경영지원** 최윤영

발행처 어크로스출판그룹(주)
출판신고 2018년 12월 20일 제 2018-000339호
주소 서울시 마포구 동교로 109-6
전화 070-8724-0876(편집) 070-8724-5877(영업) **팩스** 02-6085-7676
이메일 across@acrossbook.com **홈페이지** www.acrossbook.com

한국어판 출판권 ⓒ 어크로스출판그룹(주) 2024

ISBN 979-11-6774-144-8 03470

만든 사람들
편집 임재희 **교정** 하선정 **디자인** 송은비 **조판** 박은진